Ditie Gaibian Shenghuo

地 铁 改 变 生 活

Beijing Guidao Jiaotong Shinian Chuangxin Chengguo Lilun yu Shijian (2003—2013)

——北京轨道交通十年创新成果理论与实践(2003—2013)

Guihua yu Touzi pian

规 划 与 投 资 篇

北京市基础设施投资有限公司

人民交通出版社

内 容 提 要

本书是从北京市基础设施投资有限公司承担和开展的市级以上重要课题和获得市级以上奖励创新成果中精选汇编而成的，共收录20项创新成果，包括前期规划、投融资、资产管理、路网运营、资源开发、产业投资和基础管理等内容。

图书在版编目(CIP)数据

地铁改变生活——北京轨道交通十年创新成果理论与实践：2003～2013. 规划与投资篇／北京市基础设施投资有限公司编. —北京：人民交通出版社，2014.01

ISBN 978-7-114-11021-4

Ⅰ.①北… Ⅱ.①北… Ⅲ.①城市铁路－轨道交通－交通规划－北京市－文集②城市铁路－轨道交通－基本建设投资－北京市－文集 Ⅳ.①U239.5-53②F532.81-53

中国版本图书馆CIP数据核字(2013)第277407号

书　　名：地铁改变生活——北京轨道交通十年创新成果理论与实践(2003—2013)　规划与投资篇
著 作 者：北京市基础设施投资有限公司
责任编辑：闫东坡
出版发行：人民交通出版社
地　　址：(100011)北京市朝阳区安定门外外馆斜街3号
网　　址：http://www.ccpress.com.cn
销售电话：(010)59757973
总 经 销：人民交通出版社发行部
经　　销：各地新华书店
印　　刷：北京盛通印刷股份有限公司
开　　本：787×1092　1/16
印　　张：19.25
字　　数：330千
版　　次：2014年1月　第1版
印　　次：2014年1月　第1次印刷
书　　号：ISBN 978-7-114-11021-4
定　　价：77.00元

北京轨道交通十年创新成果理论与实践(2003—2013)

编委会名单

编撰单位

北京市基础设施投资有限公司

北京市轨道交通建设管理有限公司

北京市地铁运营有限公司

指导委员会 （排名不分先后）

主　　任：田振清　吴宏建　谢正光

副 主 任：丁树奎　张树人

编 委 会

主　　编：王文璇　寅燕燕　杜秀君

执行主编：王燕凯　严志和　贾　鹏　王洪伟

编　　委：何彦斌　刘　莉　康悦颖　吴　雷

李泽江　王晓慧　马　硕

序

同心共筑“轨道梦”

——写在北京市基础设施投资有限公司成立十周年之际

十年峥嵘岁月，筚路蓝缕；十年自主创新，一路凯歌。十年来，北京市基础设施投资有限公司（京投公司）紧密围绕北京市轨道交通建设热点、难点问题，加强基础性研究，拓宽与政府、企业的合作，承担和开展了一大批重要的科研项目，为不断提升公司核心竞争力、引领公司健康持续发展创造了源源动力。

京投公司立足主业，全面满足轨道交通建设资金需求，PPP、BT等多项创新成果获得国家级奖励；履行轨道交通“顶层设计”职责，在线网规划、工可研阶段引入了多项新制式、新技术，真正建设“人文、科技、绿色”的轨道交通；自主设计、投资、建设的北京市轨道交通指挥中心成为全国学习和借鉴的典范；车辆段上盖综合利用开发模式创新，实现了土地资源集约高效利用，带来了土地增值收益，节省了轨道交通建设资金；轨道交通产业链逐步完善，为做大做强轨道交通产业，有效落实北京市推进“北京创造”的产业发展思路打下了坚实基础。这些创新举措，搭建了公司不断向上攀升的阶梯，铸造了公司十年的辉煌，促进了北京市轨道交通建设又好又快发展。

本书是从公司承担和开展的市级以上重要课题和获得市级以上奖励创新成果中精选汇编而成，包括前期规划、投融资、资产管理、路网运营、资源开发、产业投资和基础管理等内容，共收录20项创新成果，是一部公司科研人员潜心钻研的集锦。本书真实记录了公司科技创新工作的艰辛发展历程，集中展示了多年来京投公司取得的丰硕创新成果，是全体京投人矢志不移、开拓进取、艰辛创业的精神写照。

抚今追昔，感慨万千；展望未来，豪情满怀。这一部创新成果集是京投人智慧的结晶；是京投公司十年辉煌的见证；更是新征程的基础和动力。新的起点，希望京投人继续保持“坚实、质朴、开拓、承载”的企业文化精神，以干创事业的激情与豪迈，为公司科学健康快速发展不懈努力，为北京城市基础设施建设做出实实在在的贡献！

北京市基础设施投资有限公司

目录

现代有轨电车系统在北京的应用研究

北京市基础设施投资有限公司前期规划部

摘　要:通过对国内外现代有轨电车系统应用的分析,研究现代有轨电车的功能定位;对北京市建设现代有轨电车系统适用性进行研究,提出适合于北京市的现代有轨电车系统主要技术标准,希望能够为北京市今后现代有轨电车的规划设计建设提供指导。

关键词:现代有轨电车;综述;适用性分析;技术标准

1 现代有轨电车系统综述

现代有轨电车是采用新型低地板、钢轮钢轨、多模块化、电力牵引的现代有轨电车车辆,具有多种路权方式,是以地面线路为主,与城市环境相协调的中低运量的生态环保型城市轨道交通系统。虽然是从旧式有轨电车的基础上发展而来的,但无论从系统的运能、路权等级还是旅行速度等方面都远远超出了有轨电车的范畴。同时,现代有轨电车与轻轨系统有着不可分割的密切联系。国内的文献也普遍将现代有轨电车划为"低运量轻轨交通"的范畴。而随着近年来业内对有轨电车认识的逐步清晰,更多的是将其作为大容量公共交通的一种,同时是与城市环境相融合的环保生态型的城市轨道交通的一种。

1.1 国内外有轨电车应用情况介绍

表1介绍了国内外部分城市有轨电车的情况,介绍的内容包括城市人口、有轨电车线路长度、采用车型、最小行车间隔、行驶路权。

国内外有轨电车情况介绍　　表1

国家	城市	人口(人)	线路长度	车　型	最小行车间隔(min)	路权	状态
澳大利亚	墨尔本	407万	245km(28条线路成网)	W、Z、A、B、C、D系列,20%车辆为低地板	6	68%混行	运营中
	悉尼	440万	7.2km(1条线)	—	10	混行	

续上表

国家	城市	人口(人)	线路长度	车型	最小行车间隔(min)	路权	状态
美国	圣地亚哥	127.9 万	95km(橙/绿/蓝线,不包括银线)	U2 Model、SD 100 Model、S70 Model	5	混行	运营中
	波特兰	55.8 万	15.05km(1 条线)	Škoda 10T、Inekon Trio、United Streetcar	13	混行	
法国	斯特拉斯堡	27.7 万	55.8km(A/B/C/D/E/F 线)	Citadis 403	3	独立	运营中
	波尔多	25 万	43.9km(A/B/C3 条线)	Alstom Citadis 402	10	独立	
	巴黎	220 万	38.1km(T1/T2/T3/T4 线)	Alstom(1991/92) M17、Alstom(1996) M22	5	独立	
	里昂	130 万	74.3km(T1/T2/T3/T4 线)	Alstom 公司的 Citidas 系列	—	半独立	
英国	伦敦	750 万	28km(3 条线)	Bombardier 公司 Fleixty 系列	—	独立	运营中
	诺丁汉	29.24 万	14km(1 条线)	Bombardier 公司 Fleixty 系列	5	半独立	
德国	柏林	339 万	293.78km(22 条线成网)	Bombardier 公司 Fleixty 系列	3	独立	运营中
日本	广岛	110 万	16.1km(1 条线)	5001 型	5	独立	运营中
中国	天津	1355 万	7.86 km(1 条线)	法国 LOHR Translohr STE 3 型	5	独立	运营中
	长春	869 万	16.33 km(1 条线)	国标 C 型 CCQG3041、CCQG3000、CCQG2000	目前 5 远期 2	独立	
	大连	669 万	23.5km(201、202 两条线)	DL3000、DL6WA	5、3	混行	
	上海	2348 万	10km(1 条线)	法国 LOHR Translohr STE 3 型	10	混行	
	沈阳	规划 100 万	64km(5 条线)	首期 70% 低地板 远期 100% 低地板	3	半独立	
	苏州	规划 120 万	17.8km(1 条线)	钢轮钢轨 100% 低地板	近期 5 远期 3	半独立	建设中
	南京	规划 110 万	40.71km(4 条线)	Flexity2 100% 低地板	3	半独立	
	深圳	规划 190 万	11.48km(1 条线)	100% 低地板	主线:初期 6 近期 3.3 远期 2.4	独立	规划中
	珠海	规划 303 万	156km(7 条线)	100% 低地板	2	独立	
	泰州	规划 100 万	88km(线网)	低地板	—	独立	

(1)从国内外有轨电车已运营线路长度来看,在一些城市有轨电车经过发展已经具备一定的规模,尤其是国外的城市,已经形成有轨电车网络化运营,以法国最具代表性,每个城市都形成了网络化运营,线路总长度在38~75km。目前有轨电车网线路长度最长的城市是德国柏林,总长度达到293.78km,共有22条线路。其次是澳大利亚墨尔本,线路总长度为245km,共有28条线路。国内城市已建成运营的有轨电车线路基本都是单一线路,主要为某一区域服务。

(2)从采用的车型可以看出,有轨电车主要采用低地板、钢轮钢轨形式,也有胶轮形式。采用较多的生产厂家主要是法国的阿尔斯通和劳尔,另外还有加拿大庞巴迪、德国西门子也是较为著名的制造商。国内生产厂家主要介绍长春客车厂。

(3)从国内外城市有轨电车行车间隔可以看出,目前运营的情况,最小行车间隔3min,例如德国柏林有轨电车。最大行车间隔是13min,例如美国波特兰。采用5min行车间隔的较多。

1.2 现代有轨电车应用趋势

1.2.1 100%低地板车辆

低地板车辆是指地板面距轨面高度一般在250~350 mm以下的轨道交通车辆,其优点如下:

(1)低地板轻轨车可在地面(不设站台)或接近地面处上车,更适合城市内地面交通的环境,与城市一体化相吻合,能更好地融入整体化的城市环境中。

(2)乘客上下车十分方便,提高上下车速度,缩短站停时间。

(3)方便老人、儿童、乘轮椅的残障乘客,更加体现了人性化。

目前国内已运营和规划的有轨电车车辆,大部分以采用100%低地板车辆为主,而国内车辆生产厂商已具备自主生产100%低地板车辆的能力。因此,100%低地板车辆是未来现代有轨电车主流。

1.2.2 模块化结构

采用模块化结构车体有利于车辆的标准化设计和组织生产,有利于缩短产品开发周期,便于组织小批量生产和降低车辆造价,便于运营部门调整车辆编组。模块化在轻轨车辆上的应用主要是以车辆的一部分作为模块,车辆长短、载客人数都可根据需要灵活调整。在运营初期,由于客流量较小,可采用基本模块编组。随着客流量的增加,可在原车的基础上增加相应的模块,延长列车长度,运能具有较大弹性空间。

1.2.3 与城市规划统一

有轨电车是城市基础设施建设中的一部分,它使城市空间布局和土地利用更趋合理,同时为人们创造更加美观、环保的居住环境。有轨电车建设年代较早,因此,不仅新规划和建设的有轨电车需要与城市规划结合,已运营有轨电车线路也需要根据城市的发展进行调整和改造。

1.2.4 与城市公共交通规划结合

现代有轨电车是城市轨道交通的一种,是地铁等高运量系统的重要补充,多存在于运量等级相对较小的走廊、城市边缘组团或新城中。现代有轨电车线网多为局域性的,而非全市性的。有轨电车的项目应该以提高城市公共交通体系的运营服务水平为总目标,以城市总体规划为基础,以绿色环保节能为导向,使有轨电车的建设和城市道路改造、城区建设结合起来。根据工程建设计划、考虑客流预测、沿线城市发展状况和近期规划重点,于线网全局角度,从系统运营组织、工程条件和工程筹划等方面进行全面综合论证,提出合理可行的设计方案。

1.2.5 与市政设施建设结合

现代有轨电车敷设方式以地面线为主,服务的范围在城区内,或者某个组团内部。现代有轨电车的规划与实施需要市政设施的支持,预留现代有轨电车实施的条件。

1.3 现代有轨电车在城市公共交通体系中的定位

《城市公共交通分类标准》将城市公共交通方式分为城市道路公共交通、城市轨道交通、城市水上交通和城市其他公共交通四大类,如图1所示。

图1 现代公共交通体系构成

现代有轨电车属于城市轨道交通范畴。《城市公共交通分类标准》中对有轨电车主要指标和特征描述如下：适用于地面（专用路权）、街面混行或高架，客运能力为0.5～1.5万人次/h，平均运行速度为15～25km/h，是一种属于中低速度、中低运量的城市轨道交通系统，如图2所示。

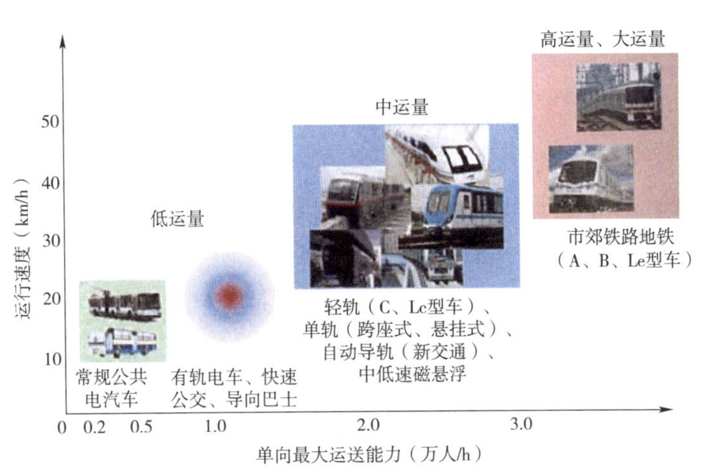

图2 现代公共交通体系运量

1.4 现代有轨电车服务特征分析

现代有轨电车属于城市轨道交通范畴，与地铁、轻轨、市域快线、公共汽车、快速公交、出租汽车等共同构成了城市公共交通体系。与其他公共交通方式相比，现代有轨电车作为一种特殊的轨道交通模式有其自身的特征。

1.4.1 较快的速度

速度体现了公共交通运输乘客的快捷性，是评价交通方式的一个重要指标。现代有轨电车一般沿城市道路以地面线形式敷设，车站比较密集，同时又经常遇到道路交叉口，因此，运营速度不但受车辆的最高速度影响，同时也受车站的停车时间与交叉口的延误时间等多方面因素影响。对于不同城市的有轨电车，由于线路站间距、客流量、车门数量、交叉口的优先方式不同，现代有轨电车的平均运营速度也不同，但是基本上世界范围内的现代有轨电车平均运营速度范围在15～30km/h。

1.4.2 较长的出行距离

任何一种交通方式的适宜出行距离都是和这种交通方式的运营速度以及乘客能够接受的乘车时间来决定的。从各城市的实践经验以及有关数据统计来看，从城市周边到达市中心的出行时间一般宜控制在30～40min内见表2。

不同交通方式的服务范围

表2

交通方式	运营速度(km/h)	乘车适宜时间(min)	可达到的距离(km)
公共汽车无轨电车	12~20	8~30	1~10
现代有轨电车	15~25	10~50	2.5~21
地铁	35~40	10~60	5~40

与公共汽车和无轨电车相比,现代有轨电车能够提供更长的出行距离。

1.4.3 较大的运输能力

现代有轨电车的运输能力主要受车辆的载客量和最小行车间隔影响。最小行车间隔的影响因素很多,包括车辆控制与信号方式、交叉口的信号处理、列车制动性能、车站的停车时间、列车折返时间等。我们分别按2min和3min来考虑,结合长春客车厂的车型载客量进行计算,见表3。

常用车型运输能力

表3

车辆长度(m)	定员(人)	20对/h(人/h)	30对/h(人/h)
23	188	3760	5640
46	376	7520	11280
35	292	5840	8760
48	396	7920	11880
70	584	11680	17520
96	792	15840	23760

根据相关数据显示,公共汽车的1h单向运送能力为2000~5000人,地铁(含A型车、B型车)1h单向运送能力为15000~74000人,见表4。

各交通方式运输能力

表4

交 通 方 式	1h单向运送能力(人/h)
公共汽车	2000~5000
现代有轨电车	5000~15000
地铁	15000~74000

可以看出,国外各种新型有轨电车,2min的发车间隔下,客运量为5000~15000人/h,运量介于公共汽车和地铁之间,是一种中低运量的交通方式,填补了公共汽车与地铁两种交通方式运能之间的空白。

1.4.4 灵活的运营方式

现代有轨电车以地面形式为主,乘降模式开放,路权形式灵活,与其他轨道交通模式相比,现代有轨电车的运营模式灵活性更强,更倾向于公交特性。可以说,现代有轨电车就是"轨道上的公交车"。

1.4.5 舒适、环保、节能

现代有轨电车采用现代化大容量、铰接、低地板车辆，融合了现代元素的有轨电车拥有比常规公共汽车更为舒适的乘车环境。

(1)环保特征。随着经济的发展，我国机动车辆增长较快，各大城市机动车保有量迅速增长，机动车所排放的尾气以及噪声污染等已经对城市环境形成了重大威胁。

轨道交通使用电力牵引，绿色无污染，其环保特点有目共睹。与其他运送系统相比，城市轨道交通噪声污染为地面交通的1/2，人均二氧化碳排放量是地面交通的1/5。有轨电车尽管在上述指标上有所削弱，但是对环境的改善还是非常有利的。

(2)节能特征。城市轨道交通运输效率的能源消耗相对于地面其他交通要小很多，主要在于运量大、效率高的特点。有关文献研究显示城市轨道交通能源消耗约为城市地面其他机动车交通的1/6。相比其他轨道交通方式，现代有轨电车由于运输能力较小、运营设备简单，其能耗更低，因此，现代有轨电车系统无论与地面公交车辆还是轻轨地铁系统相比，节能效果都比较显著。

(3)绿色、景观。现代有轨电车采用流线型设计及低地板车辆，能够构成现代都市一道亮丽的风景线，其景观效果好、无污染，环保、节能、噪声低、运量适中、乘坐舒适，具有其他交通方式不可比拟的优势，是实现城市景观结构的最佳交通。

2 北京现代有轨电车应用分析

2.1 必要性分析

受旧城历史风貌保护和土地空间不足的限制，未来中心城道路及停车场资源紧缺现象难以改变。同时，受人口和机动车增量影响，交通需求仍将迅速增长。机动车总量可能突破600万辆，小汽车保有量超过500万辆。居民日出行总量达到5500万人次/日(六环内4400万人次/日)，平均出行距离由9.8km跃升至11km，出行周转量增加41%。如不能充分发挥公共交通整体优势，调控小汽车需求膨胀势头，六环路内道路网高峰小时负荷量接近1500万车千米，交通形势严峻。因此，构建多目标、多层次的综合交通体系是十分必要且迫切的。

现代有轨电车可以与城市大容量轨道交通(地铁、轻轨)、快速公共交通(BRT)等共同构成城市快速公共交通系统，既丰富、增强城市综合交通客运体系，又提高公共交通对国内外旅客的吸引力。现代有轨电车的应用符合北京市交通优先发展公共交通的发展战略,北京需要建立适合不同服务类别、不同运量等级的运力级配体系。

2.2 功能定位

首都北京是一个常住人口超过2000万人的特大城市,是全国最早开展地铁建设的城市,目前已建成通车的线网总规模达456km。无论从人口规模还是从地铁线网规模来看,大运量的地铁线是北京市公共交通的骨干交通模式,承担大量的公共交通客流。结合现代有轨电车在城市公共交通体系中的定位、自身服务特征以及适用性分析,对现代有轨电车的功能定位分析如下:

2.2.1 作为新城或边缘组团骨干交通,承担大量的公共交通客流

新城或边缘组团一般都具有规模小、人口密度低的特点,不适宜修建运量大、造价高的地铁线或者快速轨道线。而现代有轨电车相比地铁线或者快速轨道线而言造价较为低廉,不会给中小城市或者卫星城、新城带来沉重的财务负担,且现代有轨电车的运营速度、出行距离、服务半径、运输能力等也能够满足这些城市的需要。公交化的运营模式更加能为城市提供便捷的服务。因此,这种地区可以采用现代有轨电车作为其骨干交通模式来承担大量的公共交通客流,例如伦敦市的卫星城Croydon。

2.2.2 作为大运量轨道交通系统在郊区或末端的延伸和加密

这种情况一般应用于城市中心区已经修建了大量的地铁及快速轨道交通系统,而郊区由于线网密度的降低,公共交通的服务质量有所下降,此时,现代有轨电车系统能作为大运量轨道交通系统在郊区或末端的延伸和加密,有效地提高远郊区公共交通的服务质量,加强城市外围地区与中心城区的联系,例如法国巴黎有轨电车系统。

2.2.3 在城市中心城重点功能区为经济活动提供便利支持

由于现代有轨电车的绿色环保等特性,使得其可以在某些城市中心区(如商业区、步行街等区域)提供便捷绿色的公共交通服务,能有效地减少交通拥堵、空气污染,成为城市的一道亮丽风景。

2.2.4 作为旅游线、观光线

可以利用现代有轨电车景观、节能、环保、亲民等特性,将其应用于旅游区、风景区,为游客提供旅游观光服务,形成旅游区、风景区的一大特色。

2.3 应用前景分析

2.3.1 服务于新城

北京周围分布着11个新城,现代有轨电车可用于服务人口规模较大的新城,

解决新城内部自身的交通需求，以及“饲喂”骨干线路，如顺义新城、亦庄新城、通州新城、昌平新城、良乡新城等。图 3 所示为北京市新城分布图。

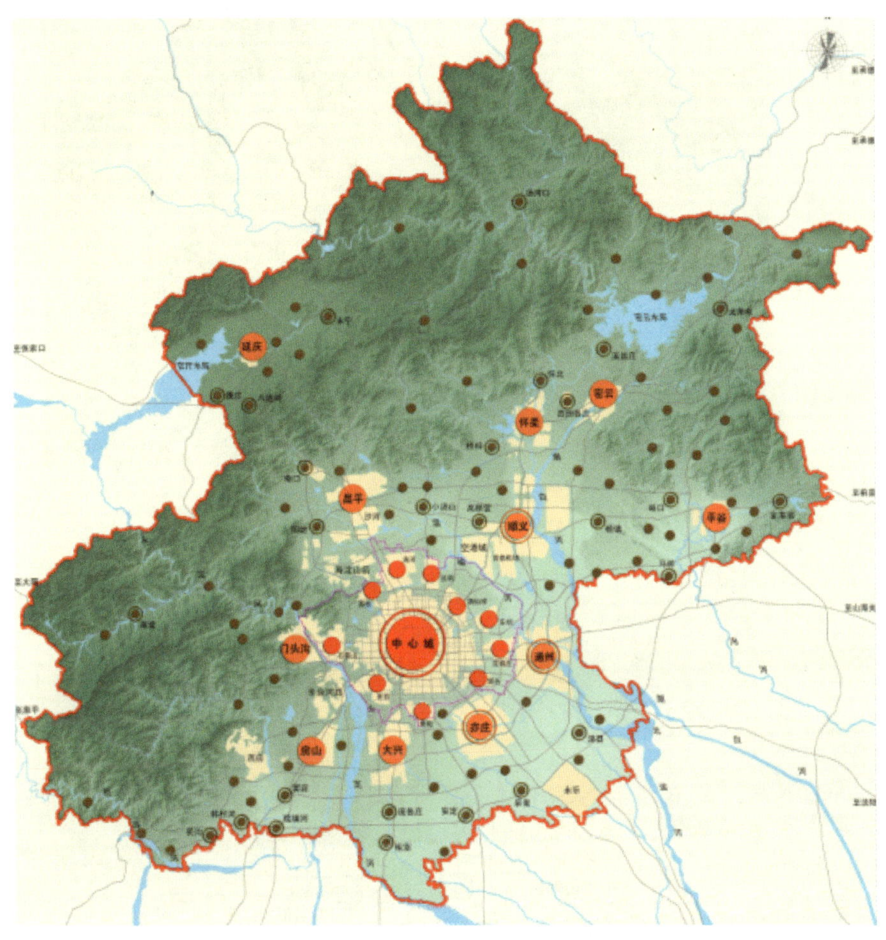

图 3　北京市新城分布图

2.3.2　服务于边缘集团

北京周围分布着 10 个边缘集团，目前小的边缘集团人口在 3 万 ~5 万人；大的边缘集团人口可达 30 万 ~40 万人。现代有轨电车可服务于边缘集团，作为地铁网在边缘集团的接驳、延伸、补充和加密，以及边缘集团的内部交通，如丰台河西、东坝、垡头、酒仙桥等。图 4 所示为北京市边缘集团分布图。

2.3.3　服务于功能组团

现代有轨电车可服务于北京规划或目前已经形成的在中心城范围内具备一定商务功能的重点区域，主要作用是解决小区域内部自身的交通需求，如朝阳 CBD 地区、西城金融街地区、海淀山后等。图 5 所示为北京市重点功能组团分布图。

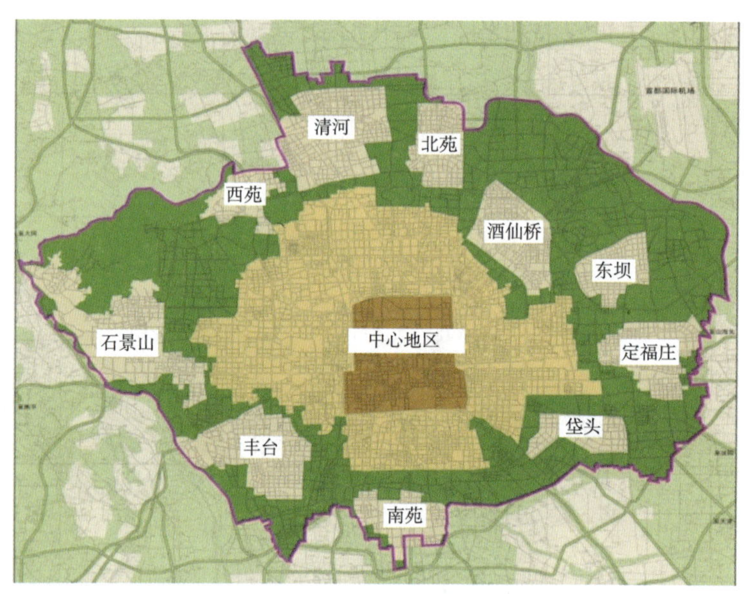

图4 北京市边缘集团分布图

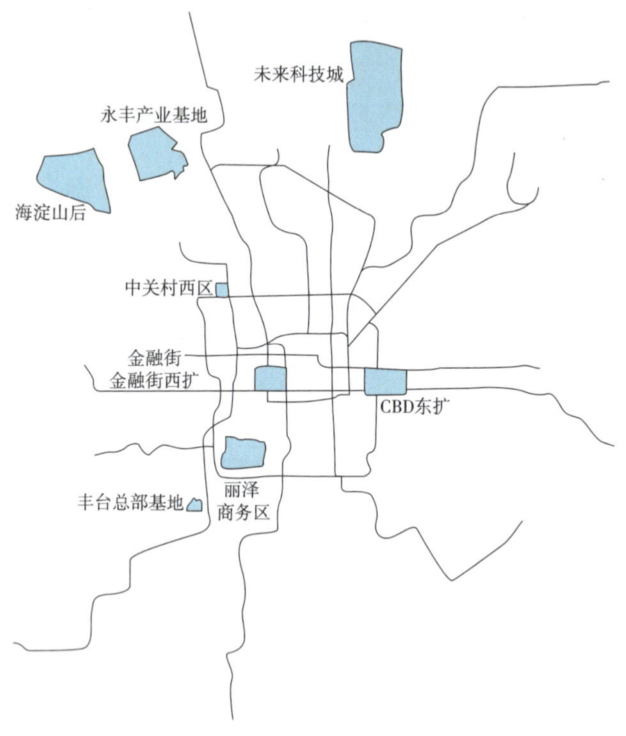

图5 北京市重点功能组团分布图

2.3.4 服务于特定目的地

现代有轨电车以其景观、节能、环保、亲民的特点可用于服务某些特定区域，如北京西郊线将有轨电车以香山为目的地，联系颐和园等著名的风景旅游区。图6所示为北京市西郊线线路示意图。

图6　北京市西郊线线路示意图

3 现代有轨电车主要技术标准研究

通过对现代有轨电车系统特点、国内外应用情况、有轨电车应用趋势及现代有轨电车功能定位等研究的基础上，总结提炼各专业主要技术特点及主要的技术标准。主要专业包括车辆、运营组织、线路、限界、轨道路基、车站、供电系统、智能控制系统、车场、生态与景观设计等。

3.1　车辆

车辆采用钢轮钢轨铰接、100%低地板有轨电车。推荐车辆的基本参数见表5。

推荐车辆的基本参数表　　　　表5

序　号	名　称	车辆技术参数	备　注
1	车辆基本长度(m)	不大于70	
2	车辆基本宽度(mm)	2650	
3	地板面高(mm)	350	
4	车辆顶部设备至轨面高度(mm)	不大于3500	
5	定员(人)	5模块292(定员6人/m^2) 368(超员8人/m^2)	60kg/人
6	固定轴距(mm)	1800	
7	车轮直径(mm)	新车轮600，磨耗轮520	
8	轴重(t)	不大于12	
9	构造速度(km/h)	80	

续上表

序 号	名 称	车辆技术参数	备 注
10	最高运行速度(km/h)	70	
11	起动加速度(m/s^2)	1.0	
12	常用制动减速度(m/s^2)	1.2	
13	紧急制动减速度(m/s^2)	2.5	
14	最小曲线半径(m)	25	
15	最小竖曲线半径(m)	1000	
16	最大坡度(%)	6	
17	供电方式	接触网、无接触网	
18	供电电压(V)	直流750	
19	客室侧门净开度(mm)	800(单门),1300(双门)	

3.2 运营组织

3.2.1 运输能力

城市中心区地段的列车发车密度:高峰时段混行路段系统不应大于15对/h(4min间隔),专用或半专用路段系统不应大于20对/h(3min间隔)。平峰时段不宜大于10对/h(6min间隔)。

3.2.2 行车组织

列车采用双线、右侧行车制,人工驾驶,由列车司机通过瞭望监控列车的运营安全。

3.2.3 运行速度

有轨电车最高运行速度不超过70km/h。列车在正线上最高运行速度应与车辆设计最高速度相符合。

3.2.4 辅助配线

根据运营的需要,在沿线车站设置辅助配线,配线类型包括折返线、单渡线、出入线、叉线、联络线。

3.2.5 售检票

车站售检票宜选择自动售检票的管理模式,以车下或车上售票、车上检票为主。

3.3 线路

(1)线路平面曲线半径应根据车辆类型、列车设计运行速度、道路条件和工程难易程度经比选后确定。

在采用专用路权时,最小曲线半径不得小于表6规定的数值。

专用路权最小曲线半径数值规定　　表 6

线　路		一般情况(m)	困难情况(m)
正线	v≤50km/h	150	30
	50km/h < v≤70km/h	300	150
辅助线		100	25
车场线		30	25

在采用混行路权时,最小曲线半径不得小于表 7 规定的数值。

混行路权最小曲线半径数值规定　　表 7

设计速度(km/h)	80	60	50	40	30	20
一般值(m)	400	300	200	150	85	40
极限值(m)	250	150	100	70	40	20

(2)正线和辅助线上采用的道岔不得小于 7 号,车场线采用的道岔不得小于 3 号。

(3)当采用专用路权时,车站间距宜为 500 ~ 1000m;当采用混行路权时,车站间距宜为 500 ~ 600m。

(4)线路区间正线坡度应与其所敷设的道路坡度保持一致。最大坡度应根据车辆类型、道路条件和工程难易程度等因素综合确定,一般不大于 5%,困难条件下不超过 6%。以上均不考虑平面曲线对坡度折减值。

(5)除了采用专用路权形式的现代有轨电车外,其他路权形式的现代有轨电车都要与机动车或非机动车平行运行于城市道路之上。现代有轨电车车道与机动车道在道路横断面的空间布置方式主要有以下三种:中央式、单侧式及双侧式。

3.4　轨道

(1)采用 1435mm 标准轨距,小半径曲线地段轨距一般情况下不加宽,宜结合工程具体情况兼顾考虑运营维修车辆的通过性。

(2)正线及车场应根据路权方式及实际运营条件选择钢轨类型,混行路权及专有路权绿化段应采用槽型轨,其余地段可采用普通钢轨,不同类型的钢轨应采用异型钢轨连接。

3.5　车站

(1)车站总平面设计,应根据车站所在位置周围的环境条件、城市规划部门对车站布局的要求,在主要客流集散点如商业网点、公交站点、风景园林区出入口等场所,因地制宜进行合理布置。

(2)车站应尽可能布置在路口附近,方便各方向乘客乘坐。

(3)车站可采用双侧(岛式)、单侧(侧式)或混合停靠的形式。

(4)首末站或者客流量较大的车站可采用带售检票系统的封闭式车站,一般站可采用开放式车站。封闭式车站采用栏杆封闭。

(5)每座车站均应考虑无障碍设计,并与周围城市无障碍交通系统衔接。

(6)乘客过街可采用人行天桥、人行地道、地面信号控制过街方式,且可采用自动扶梯、垂直电梯辅助设备。当开通期、远期分期实施时应预留条件。

3.6 供电系统

(1)外部电源方案应根据有轨电车线网规划、城市电网现状及规划进行设计,应采用分散式供电,电源开闭所外电源应至少为一路专线。

(2)牵引用电负荷为一级负荷或二级负荷;动力照明用电负荷应分成一级负荷、二级负荷、三级负荷。

(3)供电系统中的正线各类变电所均应由单个电源供电,进线电源的容量应满足供电范围内全部负荷的要求;车场、控制中心的变电所宜采用双重电源供电,每个进线电源的容量应满足供电范围内全部一、二级负荷的要求。

(4)中压网络应采用牵引、动力照明供电系统混合网络形式,并为开环环网结构。

(5)有轨电车系统的直流牵引网应采用双导线制,正极、负极均不接地。

(6)牵引网系统可采用架空接触网或地面供电系统。供电电压采用直流750V,牵引网最高、最低电压水平为DC500~900V。

3.7 智能控制系统

现在有轨电车智能化系统包含售检票系统、综合调度系统、数据承载网络系统、信息化系统、乘客信息系统、安防系统、车场连锁控制系统、正线道岔控制系统、自动化监控系统。综合调度系统内包含车辆运行监视、电话调度、广播系统。自动化监控系统包含综合信息应用系统、设备监控系统、火灾自动报警系统。

为保证现代有轨电车行车调度、运营生产功能,售检票系统、综合调度系统、数据承载网络系统、车场连锁控制系统、正线道岔控制系统、安防系统是现代有轨电车工程必备系统,乘客信息系统、信息化系统、自动化监控系统可根据工程投资规模、运营功能需求选择设置。各子系统的设置规模和功能定位根据工程情况进行方案选取。

现代有轨电车智能控制系统的中心级宜设在车场,当各线进行车场共享时,各线中心级宜进行资源共享。

北京现代有轨电车售票可采用单一票价或分段计程票价制。

列车行驶定位宜采用 GPS(全球定位系统)定位方式,需配置航位推算等辅助设备。

列车与地面的无线通信可采用自建无线数据传输网络或租用公共无线数据传输网方案。

系统包括中心调度设备和车载设备和通信设备。中心调度设备主要完成行车调度管理功能;车载设备完成车辆行驶定位功能。

3.8 车场

(1)根据承担的功能、任务范围不同,车场应划分为停车场、维护中心及修理厂。

(2)车场是车辆运用、检修的基本单位,区域内各条线路单独设置停车场,有条件时多线合并设置停车场,区域有轨电车网络多线合并设置维护中心,全市集中设置修理厂,并宜利用北京市轨道交通车辆厂资源或合并建设。

入段线最小曲线半径为30m,困难情况下不小于25m;最大坡度不大于6%。

(3)出入线宜在车站接轨。出入线较长时,在接轨点外应具备停车等候的条件。出入线距离车站较远时,可在正线区间接轨,但是接轨点应尽量靠近道路路口,减少收发车对道路交通的影响。

(4)出入线应按双线双向运行设计,有条件的地方宜设置八字形出入线。

3.9 生态与景观

(1)首末站周围宜安排绿化用地(包括死角及发展预留用地),其面积宜不小于该站总用地的15%。合理布置出入口、自行车存放、管理设施等,注重景观效果。

(2)站前广场应与周边建筑及设施统一协调,形成完善的城市节点环境。

(3)在有轨电车的专属路权通道内,轨道间可采用草坪铺装;在混合路权通道内,轨道间的铺装应与周边道路或广场的铺装相协调。

(4)根据噪声源的位置、方向和强度,应在建筑功能分区、道路布置、建筑朝向、距离以及地形、绿化和建筑物的屏障作用等方面采取综合措施,以防止或减少环境噪声。

(5)绿化及景观小品布置不应遮挡站内、站外的标志和标识。

4 小结

随着城市的发展和私人汽车的大量普及,城市交通拥堵和空气污染日益严重,人们对公共交通服务质量的要求也日益提高。普通的地铁系统虽然运量大、速度高、服务水平高,但其建设成本和运营成本也很高,在这种背景下现代有轨电车系统应运而生。

现代有轨电车系统具有运量适中、工程简单、投资较低、敷设方式灵活、运营灵活的特点。对于运量较大的线路,可以采用大运量的地铁系统,而对于中低运量的线路,例如由于城市规模比较小,人口密度比较低,同时经济实力有限,或对于大城市中心城外围区域,或组团式区域内部,旅游区,由于公共交通网络密度降低,公交出行相对不如在中心城区方便,难以承担快速轨道交通建设所带来的财政压力的中小城市,则可以采用现代有轨电车系统,其发展前景广阔。

而目前国内尚缺乏现代有轨电车的相关标准,不同城市均结合自身特点进行单独研究,尚缺乏系统的统一与整理,本研究就是在对比和参照国内已经进入实施阶段甚至即将通车的工程实例,通过对国内外现代有轨电车系统应用的分析,明确现代有轨电车的功能定位及适合于北京市的现代有轨电车系统主要技术标准,旨在能够为北京市今后现代有轨电车的规划设计建设提供指导。

参考文献

[1] 何宗华. 城市轻轨交通工程设计指南[M]. 北京:中国建筑工业出版社,1993.

[2] 李际盛,姜传志,有轨电车线站布置及交通组织设计[J]. 城市轨道交通研究,2007.

[3] 杨耀. 国外大城市轨道交通市域线的发展及其启示[J]. 城市轨道交通研究,2008,11(2):18-21.

[4] 祝华. 法国特拉斯堡的新型有轨电车 [J]. 国外铁道车辆,2006(3):44-46.

[5] GB 50157 — 2003 地铁设计规范[S]. 北京:中国计划出版社,2003.

[6] 徐安. 城市轨道交通电力牵引[M]. 北京:中国铁道出版社,2009.

[7] 张振淼. 城市轨道交通车辆[M]. 北京:中国铁道出版社,2009.

[8] Hiroshi Nomoto,周贤全. 东日本铁路公司开发的市郊列车[J]. 国外铁道车辆,2006,43(6):10-15.

[9] 刘震涛. 市区轨道交通线路选线主要原则探讨[J]. 交通与运输,2009(2):19-23.

北京市 140km/h 速度等级快速轨道交通系统设计研究

北京市基础设施投资有限公司前期规划部

摘　要：建设轨道交通市域快线系统是北京市轨道交通发展的趋势，本文结合北京即将建设的轨道交通市域快线，通过系统研究市域快线的最高运行速度，明确了北京市域快线最高速度 140km/h 较为适合的轨道交通的系统运行速度。在此基础上，文章提出了对车辆动力性能及主要参数的要求，并探讨了舒适、安全、节能环保等问题，以期为规划建设的市域快线提供借鉴。

关键词：轨道交通；市域快线；最高运营速度；车辆

1 前言

截至 2013 年 5 月，北京地铁共有 17 条运营线路，总长 456km。它包含 16 条地铁线路、1 条机场快轨，覆盖了北京市 11 个市辖区。以运营里程计算，北京地铁是世界上规模最大的城市地铁系统。但随着城市的发展，郊区人口的增多，对远郊新城及环北京周边的城市，乃至京津冀都市圈内的城市交通出行，缺乏快速便捷的交通方式；急需发展轨道交通市域快线系统，形成城市大范围内的快速通勤圈，以解决居民长距离出行问题。

在城市轨道交通发达的国家如日本、法国等，其大城市的市域线长度及数量远大于市区轨道交通线。我国天津、大连、广州、上海等城市也分别建设了津滨轻轨、大连 3 号线、广州 3 号线、上海 16 号线等到主要卫星城镇、郊区的轨道交通线。随着城市规模的不断扩大，快速轨道交通系统已经成为大城市调整产业结构、引导卫星城发展、规划居民迁移、实现经济可持续发展的重要手段。

近年来，虽然我国城市轨道交通迅速发展，城市轨道交通建设也在实践中积累了丰富的工程技术经验，但市域快线与市区地铁线路在功能定位、客流特征、运营组织、行车速度、线路技术参数、各系统设备制式等诸多方面均有很大不同，目前我国尚无市域快线相应的车辆、线路等技术标准及设计规范可以参考。因此，本文针对北京市140km/h速度等级市域快线列车在车辆、信号、供电系统等主要技术指标进行了探讨。

2 北京市快线建设需求

2.1 北京市发展城市新格局需要

根据北京市发展规划，将从"一个中心城"到建立"两轴—两带—多中心"的城市新格局，其中"多中心"为11个新城：包括近郊7个新城（通州、亦庄、大兴、门头沟、昌平、顺义和房山）以及远郊4个新城（延庆、怀柔、密云、平谷）。新城至中心城区、主要新城之间需要城市轨道区域快线系统联系。

图1 北京市地图

2.2 环首都经济圈的建立需要

河北省十二五规划提出：通过建设环首都经济圈，北京高速发展之后，将相关过多的产业、人口、资金向周边地区覆盖；包括涿州市、涞水县、固安等13个县市，需要建设快速轨道交通系统解决到中心城及新城的通勤问题。图1所示为北京市地图。

2.3 北京交通圈层规划及通勤时间的需要

北京市交通可划分三个圈层：第一层为中心城区，范围为15～20km，即中心区域和多数边缘集团；第二层即7个近郊新城，范围为30～35km；第三层为4个远郊新城以及河北环首都经济圈13县市，范围为65～80km，包含远郊新城，如图2所示。

根据国内外其他城市经验，对上述三个圈层的交通时间构想为：第一层为30min，第二层为45min，第三层为1h。

由三个圈层规划可以看出，北京都市圈的覆盖范围广泛，具有不同层次的交通需求特征，需要多层次的轨道交通系统与之相适应。目前，北京市已建成轨道交通和公共交通已基本满足第一圈层的需要，主要通过北京地铁1号线、2号线、4号线、5号线等线路来承担；第二圈层主要由近郊新城线来承担，如昌平线、亦庄线、大兴线等；第三圈层的轨道交通主要由下一轮的轨道交通线路来解决，因此，针对北京市快速轨道交通系统的发展，北京市规划了新机场线、平谷线、R1线、S6线等。

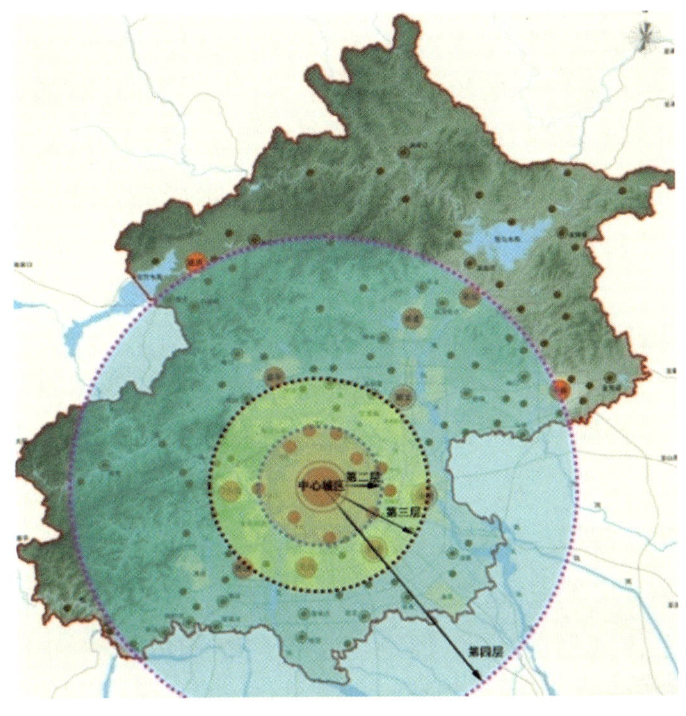

图2　北京市交通圈层规划

根据国内外其他城市经验，要实现1h内通勤，旅行速度必须达到80km/h以上。其中新机场线全长54km，从机场到中心城达46km，要实现30min从新机场到中心城，最高运营速度80km/h的地铁，其旅行速度仅能达到30～40km/h，显然无法满足新机场线等第三圈层线路对于旅行时间的要求。

随着城市化、区域化进程的加快，国内各特大城市，尤其是珠三角地区、长三角地区、京津冀地区的中心城市，高端产业进一步向城市核心区集聚，而居住人口逐渐向城市外围转移，城市规模急剧扩大，尤其是人口规模和土地规模的扩张，使得区域中心城市的边缘集团、近郊新城、远郊新城与中心城区有强烈的通勤需求，人们的出行距离越来越长，活动范围越来越大，这种城市化现象对长大距离的交通出行要求越来越高。北京市自2010年年底4条近郊新城线通车以来，初步解决了近郊新城的通勤问题，但对于远郊新城以及环北京周边的城市，乃至京津冀都市圈内的城市交通出行，尚缺乏有效的快速便捷的交通方式。目前城市交通制约了这种需求，从而制约了城市化向更高层次发展。本课题研究目的和意义就是为了解决城市规模扩大，为近远郊新城等长距离乘客提供更快捷的交通方式,以实现在城市大范围内的输送和转移,促进大范围城市交通通勤圈乃至城市多中心结构的形成。

2.4 北京轨道交通线网对市域快线的需求

北京轨道交通线网功能层次较单一,目前已建设线路多为地铁制式,包括站间距为1~2km,平均旅行速度约为35km/h。目前北京市已开通运营的地铁线路中,除6号线、15号线、昌平线和房山线最高运营速度为100km/h,机场线为直线电动机驱动,最高运营速度为110km/h,其余线路最高运营速度均为80km/h,尚无运营速度在110km/h以上的城轨车辆,尚需进一步构建时速120km以上的快速轨道交通系统。

因此,北京市急需进行快速轨道交通系统的建设工作,来支持城市多中心发展,扩大通勤圈的范围,为下一轮轨道交通建设做技术储备。北京城市轨道交通线网规划已对市域快线系统进行了考虑。在普通地铁层次基础上增加了市域快线,即R线。

2.5 市域快线的功能定位

市域快线,一是提供近、远郊新城与中心城的快速、绿色、大容量的轨道交通联系,促进城市总体规划的实现,促进城市空间结构的调整和中心城功能的疏解,促进近、远郊新城的发展;二是通过市郊铁路或市域快线的建设,促进首都经济圈的发展,促进京津冀城市群的一体化协作发展;三是修建穿越中心城的R线,可有效缓解地铁编组偏小,主要交通走廊地铁运能不足的问题(如1、4、5号线);四是鉴于中心城的规模过大,修建快线可为长大距离出行的乘客提供差异化的服务。

3 市域快线速度等级研究——以北京市拟建的四条快速轨道交通市域线路为例

3.1 北京市市域快线特点

快线发展没有固定的模式,需要根据不同的需求及不同的建设条件进行分析。对于北京快线的发展模式,需要针对中心城与新城之间的连接快线和新城之间的连接快线,考虑不同的方案。图3为北京市轨道交通线网,所规划的线路主要分为三种模式。

(1)为满足快速穿越中心城需要的线路,如R1线(门头沟—通州)。

(2)连接中心城与新城,如新机场线与平谷线(东坝—平谷新城)。

(3)连接新城与新城,如S6线(大兴—通州—顺义)。

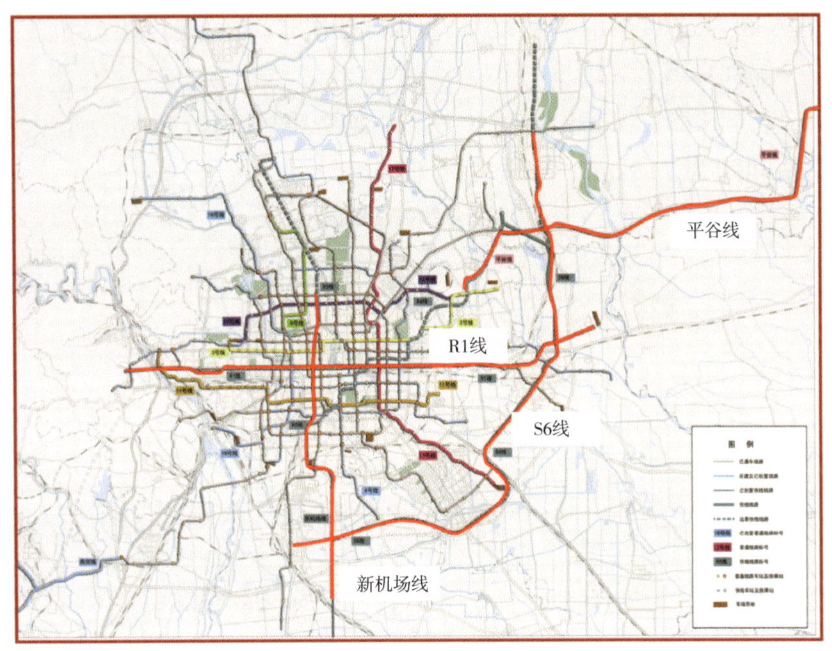

图 3　北京轨道交通线网

上述线路与传统城市轨道交通相比,具有以下特点:

(1)线路长。本轮轨道交通线网规划中,平谷线主要服务于平谷,线路长 67km;R1 线服务通州和门头沟,长达 54km。

(2)站间距大。机场联络线最大站间距达到了 22km,平谷线最大站间距达 18km,其他线路也存在类似情况。

(3)服务的对象都以边缘组团为主,乘客乘坐的距离较长。

《城市轨道交通工程项目建设标准》(建标 104—2008)第十五条的条文说明中,专门指出:"对于站间距普遍大于 3km 的线路,可能属于城郊组团之间快速线路,可以追求最高速度≥120km/h,可以有效的提高旅行速度≥60km/h"。最高运行速度的选择对于运行组织意义重大,其大小将直接影响列车运行时间、能耗、旅行速度及投资成本等。针对北京市第三圈层 65 ~ 80km 要实现 1h 的通勤规划,则旅行速度要在 65 ~ 80km/h,则市域快线列车最高速度应该在 120 ~ 160km/h。但是选择 120km/h、140km/h 还是 160km/h 的最高速度值,受到线路的站间距、限速情况、时间目标要求及乘客需求等因素影响,需要针对具体线路进行分析。

3.2　北京市市域快线的最佳运行速度分析

本文以北京市拟建的四条市域快线为背景,采用最小时分的运行策略,对这四条线分别在不同的最高运行速度下进行了牵引计算,从旅行时间、运行能耗和旅行速度等方面对这四条市域快线最高运行速度的选择进行了分析。

3.2.1 新机场线

新机场线全长 54.3km，共有 6 站，平均站间距 10.86km，最大站间距约 22km，最小站间距为 7.5km。各站情况见表 1。

新机场线线路数据

表 1

车站编号	区间	站间距(m)	节点
1	新机场 T1 航站楼站—磁各庄站	21848	1～2
2	磁各庄站—南苑站	7707	3～6
3	南苑站—草桥站	9500	7～11
4	草桥站—金融街站	7463	12～25
5	金融街站—牡丹园站	7800	26～37

新机场线仿真结果如图 4～图 6 所示，停站按 30s 考虑。旅行时间与运行能耗比较见表 2。

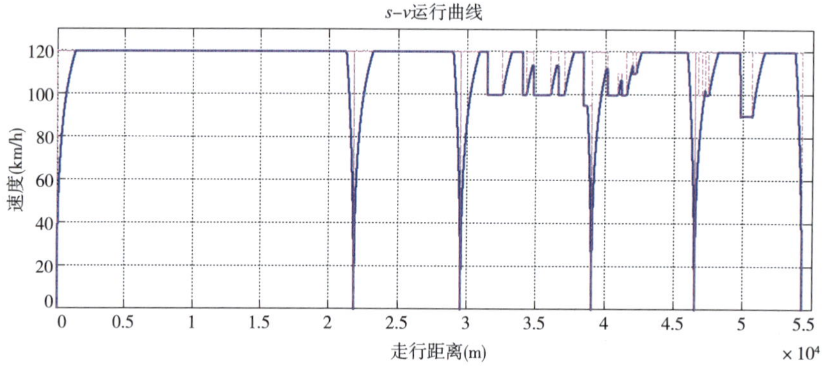

图 4 新机场线最高运行速度 120km/h

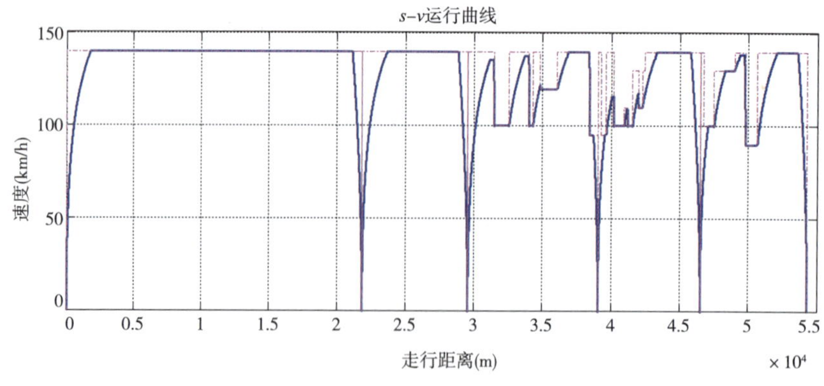

图 5 新机场线最高运行速度 140km/h

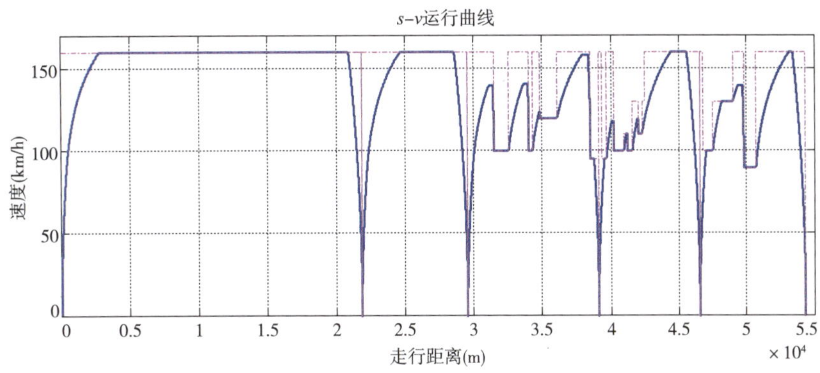

图6 新机场线最高运行速度160km/h

旅行时间与运行能耗比较 表2

列车最高运行速度(km/h)	全线达最高速度比例(%)	旅行时间(min)	时间缩短(%)	旅行速度(km/h)	速度提高(%)	牵引能耗(kW·h)	单位能耗(kW·h)/(车·km)	能耗增加(%)
120	64	33.7		97		667	2.05	
140	55	30.8	9	106	9	882	2.71	32
160	43	29.4	13	111	15	1088	3.34	63

从表2可以看出：

140km/h比120km/h的速度方案运行时间节省了2.9min，约占总旅行时间的9%，单位能耗增加了32%。

160km/h比120km/h的速度方案运行时间节省了4.3min，约占总旅行时间的13%，单位能耗增加了63%。

160km/h的最高运行速度相较于140km/h旅行时间仅减少了1.4min，时间优势不明显，同时以140km/h的最高运行速度全线达速比为55%。

因此，新机场的最高运行速度选择140km/h比较合适。

若是以达到金融街，则分别需要28min、26 min、24min，实际运行时，不可能采用最小运行时间的方式，考虑到一定的裕量，在原运行时间上增加15%的裕量，结果见表3，则要实现半小时由新机场到达中心城，则车速至少要达到140km/h。

新机场到金融街站旅行时间 表3

列车最高运行速度(km/h)	旅行时间(min)
120	32
140	29
160	28

3.2.2 平谷线

平谷线规划从马坊站到平翔路站，总长约60km，共设有9个站，平均站间距7.5km。各站情况见表4。

平谷线线路数据 表4

车站编号	区 间	站间距(m)	节 点
1	管各庄西站—国门商务区站	9318.1	1~5
2	国门商务区站—李桥站	6975	6~7
3	李桥站—北务站	10200	8~9
4	北务站—马坊站	18300	10~15
5	马坊站—马昌营站	5180	16~17
6	马昌营站—泃河西站	5540	18
7	泃河西站—平谷西站	1880	无节点
8	平谷西站—平谷东站	2160	无节点

仿真中取停站时间为每站30s,平谷线平均站间距达7.5km,仿真比较了120 km/h、140 km/h及160 km/h时平谷线 s-v 运行曲线,红色为限速曲线,蓝色为运行曲线,如图7~图9所示。

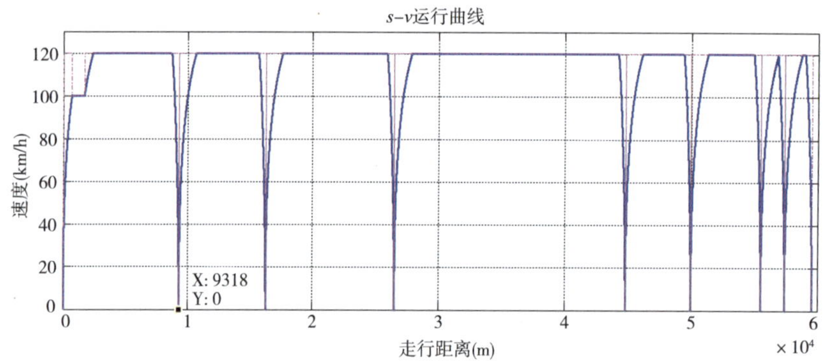

图7 平谷线最高运行速度120km/h

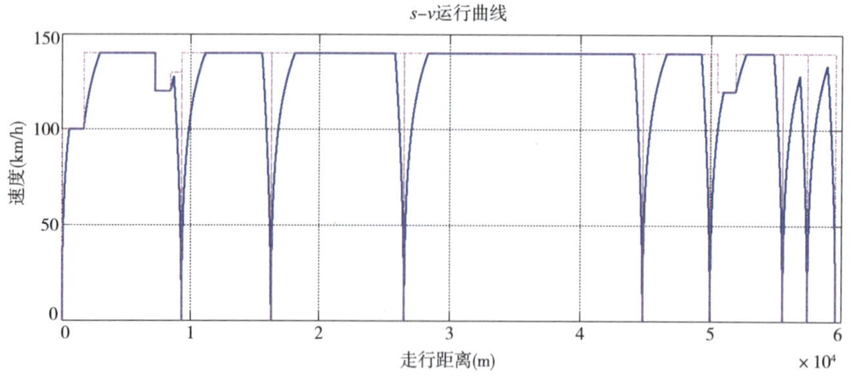

图8 平谷线最高运行速度140km/h

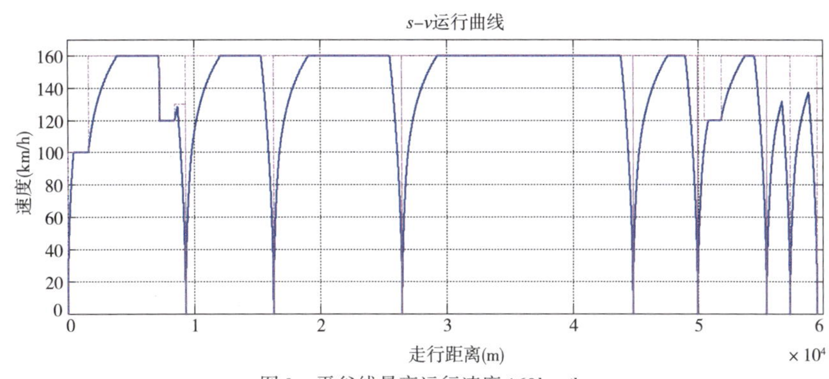

图 9　平谷线最高运行速度 160km/h

表 5 为不同最高运行速度的旅行时间与运行能耗对比。

旅行时间与运行能耗比较　　表 5

列车最高运行速度（km/h）	全线达最高速度比例（%）	旅行时间（min）	时间缩短（%）	旅行速度（km/h）	速度提高（%）	牵引能耗（kW·h）	单位能耗（W·h)/(车·km）	能耗增加（%）
120	73	38.9		92		816	2.28	
140	62	35.7	8	100	9	1025	2.87	26
160	50	34.0	13	105	15	1250	3.50	53

从表 5 可以看出：

140km/h 比 120km/h 的速度方案运行时间节省了 3.2min，约占总旅行时间的 8%，单位能耗增加了 26%。

160km/h 比 120km/h 的速度方案运行时间节省了 4.9min，约占总旅行时间的 13%，单位能耗增加了 53%。

可以看到，平谷线用最高运行速度 160km/h 或 140km/h 相较于 120km/h，时间优势明显。从达速比来看，160km/h 和 140km/h 的运行速度都能达到 50% 及以上，160km/h 相较于 140km/h 时间仅缩短了 1.7min。从运行时分来看，对于平谷线适宜采用 140km/h 的最高运行速度。

3.2.3　S6 线

S6 线（三号航站楼到亦庄火车站）仿真计算了一期工程，线路总长 33.923km，平均站间距 5.7km。线路设站情况见表 6。

S6 线线路数据　　表 6

车站编号	区　间	站间距（m）	节　点
1	三号航站楼—张辛站	7193	1～2
2	张辛站—路苑南路站	9938	3～13
3	路苑南路站—新华大街站	2835	14～17
4	新华大街站—新北京东站	1750	18～19
5	新北京东站—京州站	3649	20～23
6	京州站—亦庄火车站	8558	24～32

停站时间取30s,图10~图13所示分别为最高运行速度100 km/h、120 km/h、140 km/h及160 km/h时S6线$S-V$运行曲线,红色为限速曲线,蓝色为运行曲线。

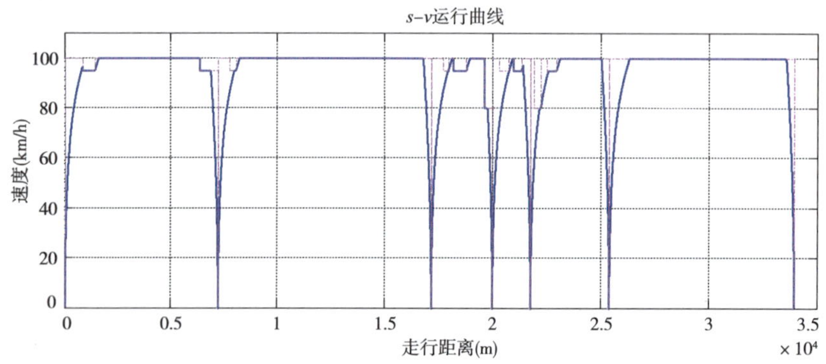

图10 S6线最高运行速度100km/h

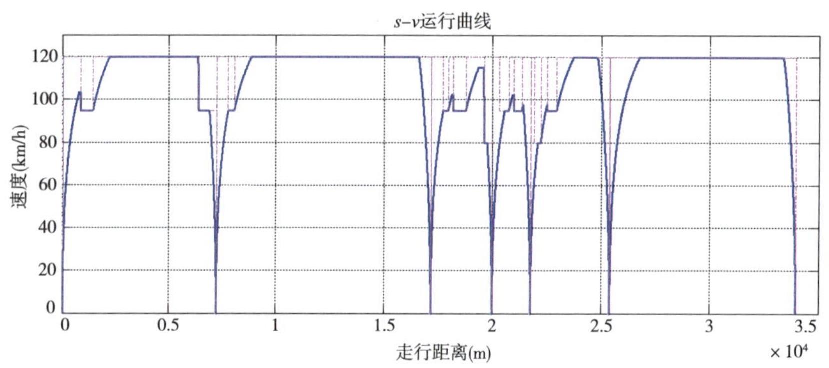

图11 S6线最高运行速度120km/h

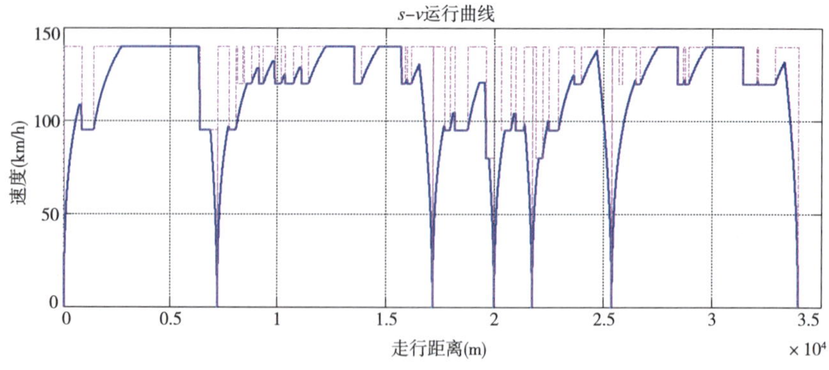

图12 S6线最高运行速度140km/h

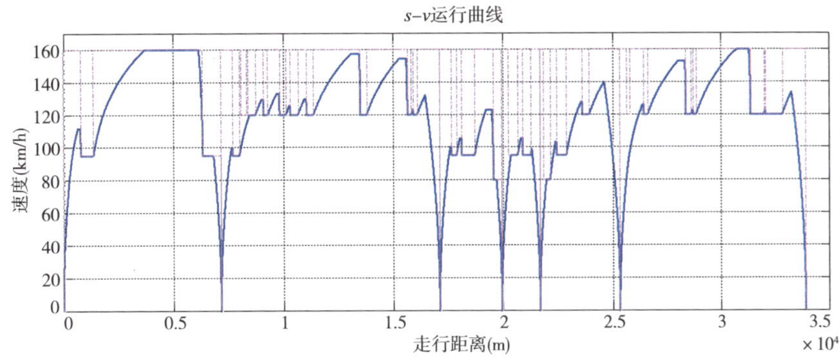

图13　S6线最高运行速度160km/h

表7为不同最高运行速度的旅行时间与运行能耗比较。

旅行时间与运行能耗比较　表7

列车最高运行速度(km/h)	全线达最高速度比例(%)	旅行时间(min)	时间缩短(%)	旅行速度(km/h)	速度提高(%)	牵引能耗(kW·h)	单位能耗(W·h)/(车·km)	能耗增加(%)
100	68	26.7		76		349	1.71	
120	58	24.3	10	84	10	486	2.39	40
140	25	23.3	14	87	15	712	3.50	104
160	9	23.1	15	88	16	890	4.37	155

从表7可以看出：

120km/h比100km/h的速度方案运行时间节省了2.4min，约占总旅行时间的10%，单位能耗增加了40%。

140km/h比100km/h的速度方案运行时间节省了3.4min，约占总旅行时间的14%，单位能耗增加了104%。

160km/h比100km/h的速度方案运行时间节省了3.6min，约占总旅行时间的15%，单位能耗增加了155%。

从仿真结果来看，一期工程线路较短，提高到140km/h、160km/h的最高运行速度时的时间优势没有体现出来，就一期工程而言，最高运行速度选择100～120km/h比较合适(S6线最高运行选择仍需根据完整的全线仿真结果来选择比较合适)。

3.2.4　R1线

R1线实际运营线路长53.83km，共有16站。仿真中停站时间按照30s考虑。表8为R1线设置数据。

R1 线线路数据 表 8

车站编号	区 间	站间距(m)	节 点
1	上岸村站—北辛安站	4010	1～4
2	北辛安站—鲁谷大街站	5490	5～8
3	鲁谷大街站—五棵松站	4125	9～12
4	五棵松站—公主坟站	2965	13～16
5	公主坟站—木樨地站	2050	17～20
6	木樨地站—金融街站	2480	21～23
7	金融街站—王府井站	4335	24～29
8	王府井站—永安里站	2975	30～35
9	永安里站—国贸站	1306	36～37
10	国贸站—大望路站	1224	38～39
11	大望路站—传媒大学站	6600	40～49
12	传媒大学站—管庄站	3985	50～54
13	管庄站—北关站	5395.143	55～62
14	北关站—龙旺庄站	2759.857	63～66
15	龙旺庄站—宋庄站	4130	67～71

图 14～图 18 所示为运行仿真的 $s-v$ 曲线,其中红色为限速曲线,蓝色为列车运行仿真时的 $s-v$ 曲线。

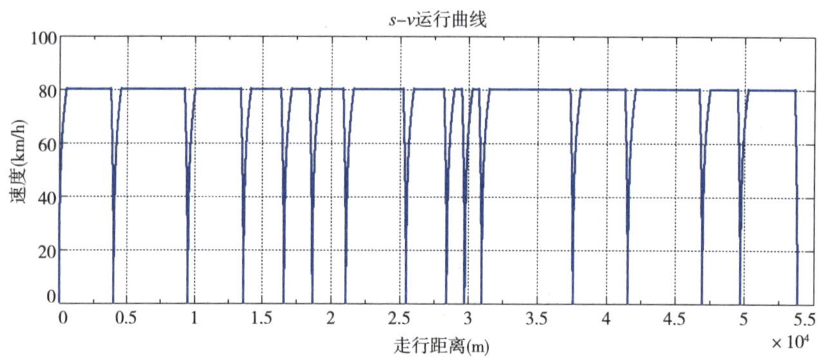

图 14 R1 线最高运行速度 80km/h

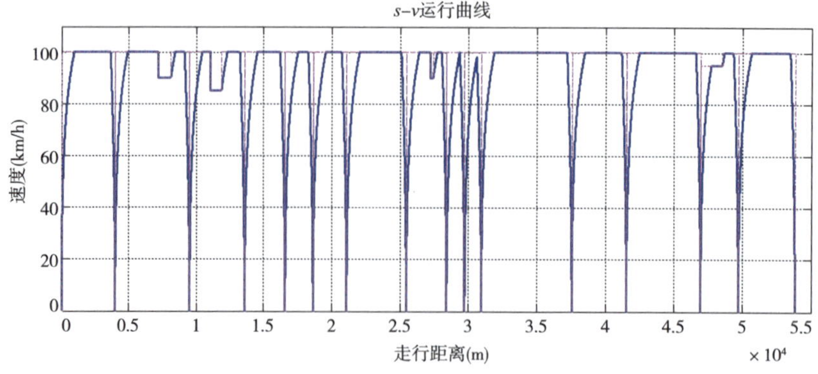

图 15 R1 线最高运行速度 100km/h

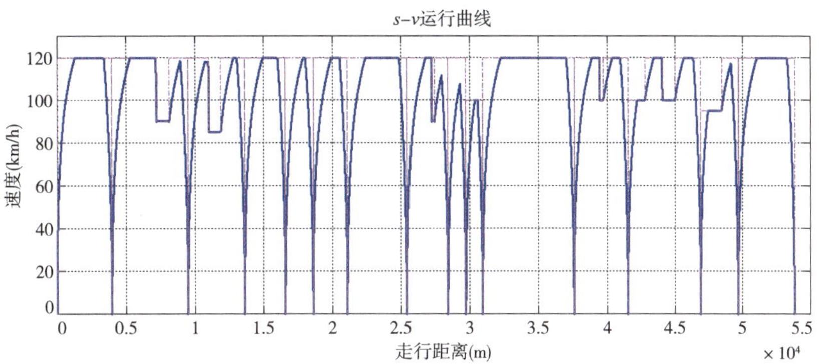

图 16　R1 线最高运行速度 120km/h

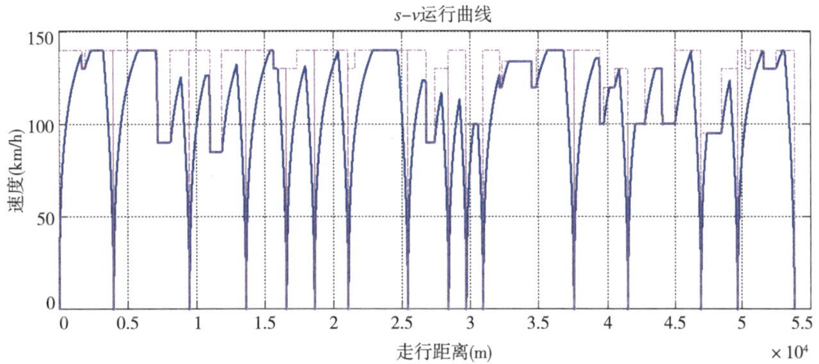

图 17　R1 线最高运行速度 140km/h

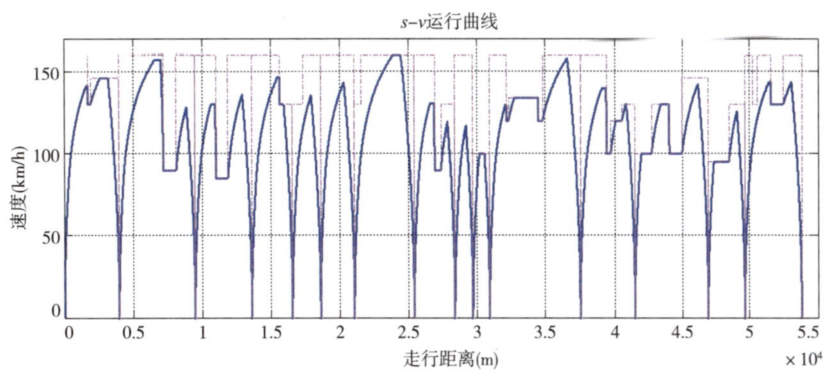

图 18　R1 线最高运行速度 160km/h

由于 R1 线部分站间距较小、限速多，仿真时基本加速不到 160km/h。表 9 为不同最高运行速度下 R1 线旅行时间与运行能耗比较。

R1 线旅行时间与运行能耗比较 表 9

列车最高运行速度(km/h)	全线达最高速度比例(%)	旅行时间(min)	时间缩短(%)	旅行速度(km/h)	速度提高(%)	牵引能耗(kW·h)	单位能耗(kW·h)/(车·km)	能耗增加(%)
80	78	54.2		60		627	1.94	
100	58	48.1	6.0	67	13	867	2.68	38
120	34	44.8	9.4	72	21	1249	3.87	99
140	10	43.3	10.8	75	25	1565	4.84	149
160	1	43.3	10.9	75	25	1735	5.37	177

从表 9 可以看出:

100km/h 比 80km/h 的运行时间节省了 6min,约占总旅行时间的 13%,能耗增加了 38%。

120km/h 比 80km/h 的速度方案运行时间节省了 9.4 min,约占总旅行时间的 20%,单位能耗增加了 99%。

140km/h 比 80km/h 的速度方案运行时间节省了 10.8min,约占总旅行时间的 23.2%,单位能耗增加了 149%。

160km/h 比 80km/h 的速度方案运行时间节省了 10.9min,约占总旅行时间的 23.4%,单位能耗增加了 177%。

由表 9 可以看出,以最高运行速度 160km/h 和 140km/h 运行对缩短运行时间效果不明显,同时不可避免的增加了能耗。同时 140km/h 的最高运行速度在全线运行的比例仅有 10%,相较于 120km/h 的旅行时间仅减少了 1.5min。基于时间和能耗考虑,R1 线选择 100~120km/h 的最高运行速度比较合适。

对于 R1 线目标时间为半小时由新城直达中心城,对于线路即为从宋庄站到王府井站(约 28km);仿真采用的为最小时间的运行策略,实际运行过程操纵方式时间可能增加 10%~15%,以增加 15% 计算,结果见表 10,可以看出 100km/h 及以上的最高运行速度才能够满足半小时的时间要求。

宋庄站到王府井站旅行时间 表 10

列车最高运行速度(km/h)	实际运行时间(min)	列车最高运行速度(km/h)	实际运行时间(min)
80	32	140	26
100	29	160	26
120	27		

综上所述,北京市快速轨道交通市域快线最高运行速度在 140km/h 速度等级,能够满足北京市第三圈层通勤时间不超过 1h 的规划和各线路的时间功能要

求，实现快速穿越中心城，满足中心城与新城之间的连接及新城与新城之间连接的需要，扩大居民出行范围，提高城市的发展空间。

4 提速后需要解决的问题

列车最高运行速度提升到140km/h后，已经超过了原有的城市轨道交通规范的规定范围，因此需要对提升到140km/h速度等级的城轨快线系统的相关技术指标进行研究。本文主要从列车动力性能、安全性、舒适性以及安全和环保等四个方面来探讨提速后城市轨道交通系统的技术指标问题。

4.1 动力性能

140km/h的最高运行速度已经超过城市轨道交通标准中对于列车动力性能的规定，其动力指标的确定，将直接影响和决定了列车的牵引、制动性能以及牵引传动系统的关键参数。

4.2 舒适性

对温度、湿度及空气质量等不随速度提高后变化的指标，和运行平稳性、纵向冲击率、冲击等指标等随速度提升后会受到影响的指标，研究后认为仍需满足参考国家标准GB 50490—2009《城市轨道交通技术规范》相关规定，指标值见表11。

而基于市域快线本身线路长、站间距大、乘客乘坐时间长等特点，对额定情况下单位乘客面积由6人/m^2提升为4人/m^2；座椅布置考虑横排的座位布置方式。

速度提升后，噪声急剧增长，难以满足现有城市轨道交通规范的噪声等级，通过比较目前地铁的国家标准、CRH6、CRH380A等车型的噪声指标，对城市轨道交通规范的噪声等级规定进行了修改，指标值见表11。

4.3 安全性

基于安全性的相关指标具体见表11。

4.4 节能环保

人均能耗不大于80(W·h)/(人·km)。

目前，根据广州三号线120km/h的最高运行速度的运营数据，其列车在三辆编组时单位人均牵引能耗在30(W·h)/(人·km)，牵引能耗占总能耗的45%左右，则总能耗约66.7(W·h)/(人·km)，考虑系统速度提升，暂拟定人均能耗不大于80(W·h)/(人·km)，仍需进一步论证。

车外噪声等级：通过比较，目前地铁的国家标准、CRH6、CRH380A等车型的噪声指标,对城市轨道交通规范的噪声等级规定有所修改,指标值见表11。

其他指标见表11。

技术指标值汇总 表11

<table>
<tr><th colspan="2">指 标 体 系</th><th colspan="2">指 标 值</th></tr>
<tr><td rowspan="2">速度指标</td><td>最高运行速度(km/h)</td><td colspan="2">140</td></tr>
<tr><td>构造速度(km/h)</td><td colspan="2">≥154</td></tr>
<tr><td rowspan="8">舒适性指标</td><td>温度(北京)</td><td colspan="2">夏季客室温度可保持在24~28℃,
冬季客室温度可保持在18~22℃</td></tr>
<tr><td>相对湿度</td><td colspan="2">60%~70%</td></tr>
<tr><td rowspan="2">人均新风量</td><td>客室</td><td>≥10m³/h</td></tr>
<tr><td>司机室</td><td>≥30m³/h</td></tr>
<tr><td>运行平稳性指标</td><td colspan="2">W≤2.5</td></tr>
<tr><td>冲击极限(m/s²)</td><td colspan="2">≤0.75</td></tr>
<tr><td>车内噪声(dB)</td><td colspan="2">地下运行时的噪声限值:司机室内80dB,客室内83 dB
地上运行时的噪声限值:司机室内78 dB,客室内76 dB</td></tr>
<tr><td>乘客个人空间(额定,人/m²)</td><td colspan="2">4</td></tr>
<tr><td rowspan="4">安全性指标</td><td>临界失稳速度(km/h)</td><td colspan="2">>160</td></tr>
<tr><td>脱轨系数</td><td colspan="2">≤0.8</td></tr>
<tr><td>紧急制动距离</td><td colspan="2">初速度为140km/h时小于600m</td></tr>
<tr><td colspan="3">防火性能:满足DIN5510-2:2009防火等级3标准</td></tr>
<tr><td rowspan="4">节能环保指标</td><td>平均轴重</td><td colspan="2">≤17t</td></tr>
<tr><td>人·km能耗</td><td colspan="2">80(W·h)/(人·km)</td></tr>
<tr><td colspan="3">电磁兼容性应符合GB/T 3034标准</td></tr>
<tr><td>车外噪声</td><td colspan="2">(1)列车停止运行、所有设备正常工作时,在车外距轨道中心线7.5m处,连续等效噪声值不应超过72dB(A);相同条件下列车头尾端的连续等效噪声值不应超过73dB(A)
(2)列车在自由声场内以80km/h速度运行时,在车外距轨道中心线7.5m处,连续等效噪声值不应超过85dB(A)</td></tr>
</table>

4.5 技术指标汇总

5 市域快线系统主要参数要求

根据前文总结并给出了最高运行速度140km/h的快速轨道交通系统的主要技术指标,围绕着这些技术指标,本文对提速后的城轨车辆及其所适应的牵引供电系统及信号系统提出了建议。

5.1 车辆系统

市域快线车辆的需求和国铁及普通地铁车辆的功能有所差异，国铁高速列车虽然已经研制出最高运行速度 160～200km/h 的 CRH 高速动车组，但不能直接用于城轨交通，主要原因如下：

（1）供电制式不同：动车组采用交流供电，城轨列车采用直流供电系统。

（2）高速动车组加减速度低，不能满足城轨列车频繁起停的要求。

（3）对于 CRH6 最高速度 160km/h 的动车组，加速度小，加速距离长，加速到 160km/h 的加速距离就有 2843m，而市域快线列车由于有穿越中心城或达到市区的需要，部分站间距可能不足 3000m，因此直接应用动车组，不能加速到最高速度，加速性能不能满足快速运行的要求。

（4）动车组车辆尺寸较大，不适用于城轨交通线路。

（5）CRH6 动车组车宽 3.38m、轴距 2.5m，尺寸比车宽 3m 左右的 A 型车要大。对于有地下建设段的线路，则需要增加车站及隧道断面积，不可避免的增加了工程施工难度和成本，采用动车组列车并不合适。

（6）流线型头型、受电弓、车载信号系统等都不适用于城轨交通系统。根据工程经验，列车最高速度在 160km/h 以下，基本不需要对车体外形进行流线型改造，因此动车组的流线型外形对于 140km/h 速度等级的城轨交通系统并不必要；其受电弓、车载信号系统等也不适用于城轨交通。

将动车组用于城轨交通系统，其性能过剩，不经济。因此考虑北京市 140km/h速度等级的城轨交通快线列车，采用在现有地铁 A 型车的基础上进行升级的方案。

5.1.1 车辆编组及座椅布置

城轨列车编组大多为四辆编组、六辆编组或者八辆编组；北京作为特大城市，可考虑采用六辆或八辆编组的方式。一般列车座椅摆放分为横向和纵向布置两种方式。城轨列车具有站间距小，乘客乘坐时间短，客流量大等特点。一般除机场线外，大部分线路由于客流量大，多采用纵向靠车体侧摆放的方式以增加有效载客面积。市域快线列车与普通地铁相比站间距较大，乘客乘坐时间长；是否还适宜采用纵排的座位布置方式，需要根据具体线路进行探讨。譬如新机场线，全线 54.3km，设车站 6 座，平均站间距约 10.86km。乘客来源主要为机场旅客，乘坐时间长且多携带行李，需要适当增加座位，给旅客提高通勤舒适度，并考虑足够的乘客行李摆放区域。目前，国内 A 型车基本都采用纵排布置方式，其布置方式及定员数量等已经比较固定。这里仅对横排布置方式提出设计方案。

表 12 为四门布置载客量计算。

四门布置载客量 表 12

车型		单车(人)			列车(人)	
		座席	站席	总载员	六辆编组	八辆编组
定员 4 人/m²	Tc 车	64	130	194	1164	1552
	Mp/M 车	64	130	194		
超员 6 人/m²	Tc 车	64	196	260	1560	2080
	Mp/M 车	64	196	260		

5.1.2 列车牵引制动性能

确定 140km/h 速度等级城轨列车牵引、制动要求后,即可根据所需要达到的性能要求来设计牵引、制动曲线的设计,以 4M2T 列车为例。牵引特性曲线的设计直接影响电动机的大小,国内外 140km/h 速度等级的城轨列车的电动机性能,见表 13。

部分列车电动机功率 表 13

列车	最高运行速度(km/h)	电动机功率(kW)
日本营团 07 系	110	205
广州三号线	120	230
香港东铁线列车	130	240
香港东涌线列车	140	265
先锋号	160	265
长白山	180	265

140km/h 城轨列车的牵引特性曲线如图 19 所示,启动加速度为 $1.0m/s^2$,剩余加速度为 $0.2m/s^2$,牵引计算得到:黏着系数为 16.3%,平均加速度为 $0.54\ m/s^2$,平均启动加速度为 $1.0m/s^2$,0~140km/h 加速距离为 1809m。

根据制动性能要求,设计制动力特性曲线如图 20 所示,最大常用制动时,制动平均减速度不小于 $1.0m/s^2$,此时制动距离为 723m,制动时间为 37.5s;紧急制动时,制动平均减速度不小于 $1.2m/s^2$,制动距离为 607m。为充分利用再生制动,同时考虑电动机容量,电制动转折速度选择在 90km/h。电制动不足的部分,由空气制动补足。

5.1.3 牵引传动系统设计

目前交流牵引传动系统中采用的逆变器主要为电压型二点式,1C4M 整车控制驱动方式,牵引传动系统示意图如图 21 所示。

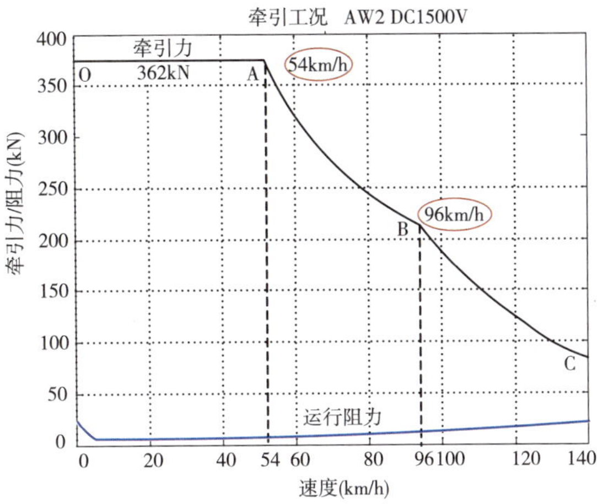

图 19　牵引特性曲线

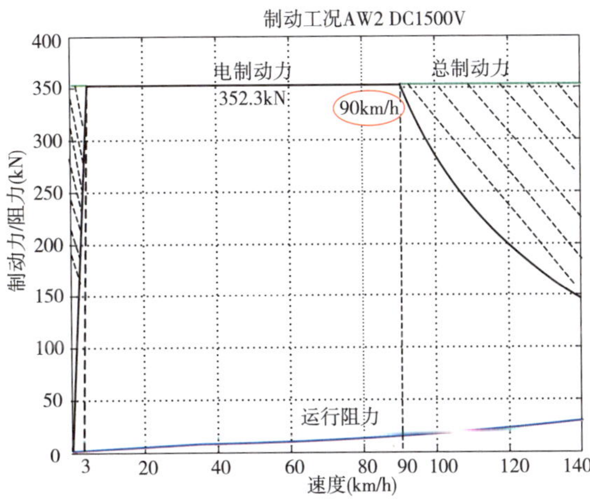

图 20　动力曲线

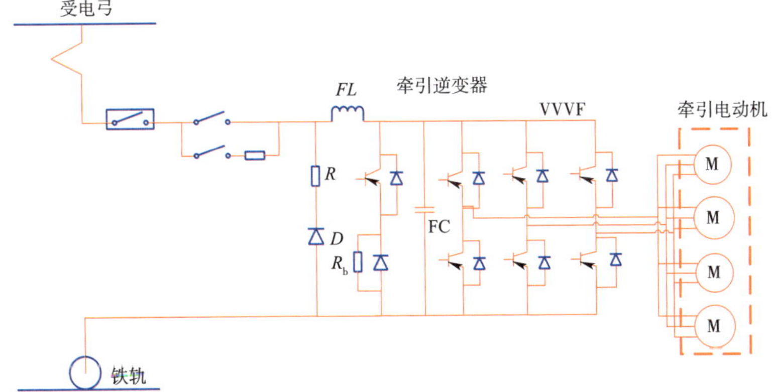

图 21　牵引传动系统示意图

牵引逆变器和牵引电动机的容量计算是牵引传动系统设计的重要依据。由于效率特性很难用精确的数学模型描述,因此,本算例在容量的计算中将功率因数与效率假定为常数,采用定值进行近似计算。齿轮传动效率 η_g 取 0.975,电动机平均效率 $\eta_m = 0.92$,$\cos\varphi = 0.86$,采用 1C4M 控制方式,计算得到逆变器控制电流为 924A,则单台电动机电流为 231A,单台逆变器输入侧电流为 1062A。

电气制动时电动机在列车速度为 3 ~ 90km/h 时为恒力矩制动,速度为 90 ~ 140km/h 时为降功电气制动。处于整流状态的逆变器效率按 $\eta_{inv} = 0.95$ 计,则 90km/h 时计算得到单台逆变器直流侧输入电流为 1251A。

5.2 牵引供电系统

轨道交通外电源供电方式,根据用电负荷的需求以及城市的电网结构特点和发展规划,可以采用集中式供电、分散式供电和混合式供电方式。集中式供电和分散式供电两种方式都能满足 140km/h 轨道交通线路的用电需求。宏观层面上讲:针对 140km/h 轨道交通线路大部分或部分为郊区线路,城市电网外部电源点条件受限、车站站间距大,供电距离远、高峰小时牵引负荷容量大等特点,集中式供电方式比分散式供电方式更为合理,更为合适,更为匹配。但是落到每条线路上还需要根据线路沿线的外电源条件和用地条件等因素具体分析确定。在工程实施阶段,最后采用的供电方式在一定程度上还要取决于供电部门的意见,需要征得供电部门的同意。因此,最终的外电源供电方式还需要结合外部电源条件、供电部门意见等多方因素综合考虑确定。

DC1500V 系统与标准 A 型车匹配关系好,工程应用经验丰富,应用成熟度高,应用范围广泛,配套设备具备完整供货能力。但由于市域快线线路站间距大,而 DC1500V 牵引供电能力有限,不可避免地需要在区间设置牵引变电所,给工程实施造成一定难度,对 R1 线这样的线路尤为突出。考虑此因素,DC3000V 系统比 DC1500V 系统有优势,但 DC3000V 牵引供电系统只在国外少量采用,国内没有应用实例,系统设计和配套设备(车辆、供电等)需要借鉴、消化和吸收,这还需要有一段时间。如果建设工期允许,可以考虑采用 DC3000V。但就现阶段而言,北京市 140km/h 速度等级的快线系统推荐采用 DC1500V。

5.3 信号系统

城市轨道交通大多运行速度为 80 ~ 120km/h,高铁均在 160km/h 以上。无论是轨道交通常用的 CBTC,还是国铁使用的 CTCS2、CTCS3,这些基于目标—距离控制方式的信号系统,目前 140km/h 速度等级是一个空白。

城市轨道交通工程中信号系统常用基于通信的列车控制系统(CBTC),目前市场上能提供的和使用中的CBTC系统车地通信均采用WLAN(Wireless Local Area Networks,无线局域网络)技术。WLAN在开发之初是基于静态无线局域网而设计,在列车低速运行的情况下,可满足信号系统车地通信的需要,在众多轨道交通工程中已成熟应用。但是,随着车速的提高,WLAN逐渐显现出先天不足,车地通信性能逐渐下降,最终将无法满足信号系统需求。

140km/h速度等级的市域快线工程,具有站间距大、行车间隔大的特点,推荐采用基于计轴和可变应答器的点式ATC系统,可满足初近期运营需求。跟踪LTE(Long Term Evolution,长期演进)技术的发展,结合客流和运能的增加,远期可升级为基于LTE技术的CBTC系统。

5.4 建议的车辆主要性能参数

5.4.1 动力性能

最高持续运行速度 140km/h

设计结构速度 ≥154km/h

列车启动加速度:

平均启动加速度 (0~50km/h)≥1m/s²

平均加速度(0~140km/h) ≥0.5m/s²

退行速度10km/h

在AW0~AW3工况下,全部动车正常工作时:

直达车旅行速度 125km/h

大站车旅行速度 115km/h

普通车旅行速度 85km/h

平均全常用制动减速度(140km/h~0包括响应时间) ≥1.0m/s²

平均快速制动减速度(140km/h~0包括响应时间) 1.3m/s²

平均紧急制动减速度(140km/h~0包括响应时间) 1.3m/s²

5.4.2 车辆外形尺寸

车辆长度(车钩连接面之间的长度):

Tmc车 24400mm

M车 22800mm

列车长度 71600mm

重联列车长度 143200mm

车辆宽度 3000mm

车辆高度:

轨顶面至车顶之间的高度(新轮) ≤3800mm

5.4.3 客室布置

客室内部高度(从地板面至内部车顶中心线) ≥2100mm

客室内乘客站立区高度 ≥1900mm

客室车门(对开):门数3对(每侧)、6对(每辆车)

门开度 ≥1400mm

门开启时净高度(门槛顶面以上高度) ≥1860mm

客室侧窗:

客室侧窗数 每侧不少于6扇

侧窗 尽可能大

驾驶室侧门:

开启宽度 ≥560mm

开启高度 ≥1860mm

车辆之间的贯通道:

宽度 ≥1500mm

高度 ≥1900mm

车辆质量 ≤39000kg/辆

车辆每轴轴重(AW3) ≤16t

5.5 140km/h车辆应用专业特征

就最高运行速度为140km/h的车辆应用而言,其应用上体现在以下方面特征不同于普通城市轨道交通线路。

(1)站间距加大:保证列车最高运行速度充分发挥的另一个重要因素是站间距,随着列车最高运行速度的提高,站间距也须随之加大。

(2)列车运行工况发生调整:随着列车运行速度提高,列车运行会出现二次牵引或多次牵引工况出现。

(3)节能坡设计将弱化:相对于列车运行速度提高能耗增加而言,节能坡节能效果可以忽略不计,线路纵断面主要受制于工程规模,而非节能效果。

缩短停站时间是实现缩短行车间隔的关键:列车最高运行速度提高对行车间隔无影响,系统仍可实现最小2min的行车间隔,但停站时间对实现2min行车间隔有较大影响。停站时间与车门数量、宽度及车厢载客舒适度关系密切:列车最高运行速度提高与乘客长距离出行需求相契合、体现与地面交通相互竞争相相匹配,车门数量减少利于提高舒适度,提高舒适度利于减少定员,减少定员利于缩短停站时间，最终形成停站时间、车门数、舒适度之间相互制约关系。

6 结论与展望

本文针对北京市 140km/h 速度等级的快速轨道交通建设和拟建的四条市域快线为背景，探讨了提速后的快轨系统列车在动力性、安全性、舒适性和节能环保四个方面的主要技术指标。围绕这些指标，分析了 140km/h 速度等级下城轨车辆、牵引供电及信号系统的功能要求和制式。

通过研究可以看出，140km/h 等级的市域快线列车在 A 型车的基础上进行升级在技术上是可行，通过自主研发可掌握用于城市轨道交通市域快线建设的关键技术。市域快线建设将促进城市轨道交通的发展，为远郊新城等长距离乘客提供更便捷的交通方式，实现在城市大范围内的客流输送和转移，形成大范围的城市交通通勤圈。

参 考 文 献

[1] 瞿汉兴. 高速铁路时代我国城市轨道交通整体快线化的思考[J]. 城市轨道交通研究,2011,14(2):13-16.

[2] 王灏. 关于城市轨道交通快线发展的研究[J]. 都市快轨交通,2006,19(3):3-6.

[3] 杨耀. 国外大城市轨道交通市域线的发展及其启示[J]. 城市轨道交通研究,2008,11(2):18-21.

[4] 苏梅，李建新. 我国城市铁路最高设计速度值研究[J]. 交通运输系统工程与信息,2004(4):64-68.

[5] GB 50157 — 2003 地铁设计规范[S]. 北京:中国计划出版社,2003.

[6] 徐安. 城市轨道交通电力牵引[M]. 北京:中国铁道出版社,2009.

[7] 张振淼. 城市轨道交通车辆[M]. 北京:中国铁道出版社,2009.

[8] Hiroshi Nomoto，周贤全. 东日本铁路公司开发的市郊列车[J]. 国外铁道车辆,2006,43(6):10-15.

[9] 徐宗祥. 我国城市轨道交通市域快线车辆选型研究[J]. 电力机车与城轨车辆,2009,(3).

[10] 欧阳全裕，李际胜，杨作刚. 城市轨道交通市郊线特点与线路技术参数研讨[J]. 城市轨道交通研究, 2008, 11(9).

[11] 谢宏诚. 城市轨道车辆牵引仿真研究[D]. 同济大学,2006.

[12] Xuesong Feng, Baohua Mao. Study on the maximum operation speeds of metro trains for energy saving as well as transport efficiency improvement [J]. Energy,2011,36(65):77-82.

[13] 丁荣军,陈文光. 地铁车辆用交流传动系统的设计[J]. 机车电传动,2001(5):17-19.

城市轨道交通投融资模式研究及实践

北京市基础设施投资有限公司融资计划部

摘　要:2003 年 11 月,北京市委、市政府对北京地铁集团改组,分别成立了北京市基础设施投资有限公司(以下简称京投公司)、轨道交通建设管理公司和地铁运营公司。京投公司主要承担北京市基础设施项目的规划、投融资和资本运营任务,成立初期主要是为北京地铁 5 号线、10 号线、奥运支线、机场线等新线筹集 522 亿元建设资金,并为已经运行的 4 条地铁线路还本付息。当时,市财力有限,京投公司投融资任务和投融资能力建设面临重重苦难,而如今京投公司发生了巨大变化,投融资任务从最初的 522 亿元,增加到 2015 年基础设施投融资任务近 4000 亿元,净资产从 89 亿元增加到近 1000 亿元,通过加强资金管理和专业化的资金运作,京投公司累计实现利润 35.5 亿元。

10 年来,京投公司一直秉承"保障供给、降低成本、优化结构、控制风险、创新机制"的二十字方针,把坚持自主创新、科学创新、持续创新,努力降低融资成本,解决北京市基础设施巨额资金的供应问题作为企业的首要任务,在依靠创新促进企业可持续发展的道路上不断前行,本文以京投公司投融资经验为研究基底结合金融市场运行逻辑探讨城市轨道交通投融资模式与实践。

关键词:轨道交通;投融资模式;融资创新;PPP;ABS

1 投融资模式创新为轨道交通大发展提供了强有力的支持

北京申奥成功后,作为奥运系统工程的重要组成部分,北京的轨道交通事业面临着难得的发展机遇,但同时也面临着必须在短期内筹集 600 多亿元建设资金的巨大挑战。为此,北京市委、市政府于 2003 年 11 月,将原北京地铁集团改制为北京市基础设施投资有限公司(以下简称京投公司)、北京市轨道交通建设管理公司、北京市地铁运营管理公司由京投公司承担北京市基础设施项目的规划、投融资和资本运营任务,近期以轨道交通投融资、线网前期规划及线网管理为主,职能是保障轨道交通建设资金需要、降低投融资成本、减轻财政负担。同时与北京市地铁建设管理公司和北京市地铁运营管理公司通过市场化的契约关系,来协调轨道交通项目的融资、建设和运营这三个关键的环节。充分发挥专业性,提高各个环节的效率,为轨道交通的跨越式发展奠定了良好的制度基础。

10 年来,在北京市委市政府的领导下,三家企业各司其职,发扬团结协作精神,全心投入北京市轨道交通建设当中。奥运会前夕,北京市轨道交通指挥中心和北京地铁 10 号线一期、奥运支线、机场线全面投入试运营,并以先进的管理、高效的运作、优质的服务成为北京市基础设施领域一道亮丽的风景,为成功举办一届有特色、高水平的奥运会提供了优质的交通保障 。与 10 年前相比,在“量”上,北京轨道交通的运营里程增加了 3 倍,建设投资增加了 7 倍。在“质”上,新设备、新技术、新理念目不暇接,如自动售检票系统、乘客信息导向系统、直线电动机、移动闭塞、屏蔽门的建设和使用,节能环保以及人文艺术的设计理念的引入等等,不一而足。

京投公司通过自身的不懈努力,为轨道交通的大发展提供了坚强的资金保障。目前,公司全力推进轨道交通建设,“2015 年调整规划”顺利获批,6 号线一期、8 号线二期南段、9 号线北段和 10 号线二期按时开通,指挥中心二期工程即将建成;公司更加关注轨道交通长远发展,落实了 2013—2035 年新专项资金政策,开启了新一轮大规模市场化融资进程,当年推动 14 号线成功引入社会投资 150 亿元;公司着力打造轨道交通盈利能力,为可持续低成本创新融资创造必要条件,先后取得了五路居和平西府两个上盖项目,推动了轨道科技公司在香港创业板成功上市,建立了规模化、网络化、品牌化的多种经营发展模式。

公司紧密围绕首都经济社会发展大局,以轨道交通投融资保障为中心,以公司“一体两翼”战略为方向,规模与效益并重,融资创新和管理创新并举,依靠资本运作和资源开发双轮驱动,各项主要经营指标均创历史新高。2012 年全年新增落实资金 676 亿元,节省资金成本 9.15 亿元,实现合并利润总额 12.2 亿元,综合融资成本较基准利率下浮 10%,经营项目净资产收益率达到 21.4%。

公司在投融资方面取得了可喜成就,这和公司早期制定的“保障供给、降低成本、优化结构、控制风险、创新机制”的二十四字融资方针密切相关,公司在此方针指导下大力实践轨道交通投融资市场化创新,注重研究国内外轨道交通建设的产业规律和经营理念,依据市政府对公司的职能定位,创造性地开展工作,构建轨道交通投融资理论的基本框架,提出适合于中国实际的财务模型、盈利模式、票价政策、特许条件、风险分担、技术标准、监管规则等。在国内基础设施和轨道交通投融资领域实现了“十项第一”,其中,《城市轨道交通投融资公私合作的方案设计与实施》先后获得北京市第 21 届企业管理现代化创新成果一等奖、第 13 届全国企业管理现代化创新成果一等奖,并被建设部评为 2007 年度“全国建设行业科技成果推广项目”。奥运支线 BT 项目获 2007 年第二届“全国优秀企业管理成功案例奖”。建成了目前世界上集轨道交通指挥调度和票务清算两大功能于一体、规模最大、接入线路最多、智能化水平最高的北京市轨道指挥中心。为北京市实施轨道交通网络化运营之后的统筹管理奠定坚实的基础,确保首都轨道交通命脉的安全运营。

10 年来,京投公司通过市场化融资、债务融资等低成本融资方式,全面满足轨道交通建设资金需求,并不断推动融资创新,PPP、BT、永续债、永续中票、ABS、美元债等多渠道多层次筹集资金,截至 2012 年底,公司累计落实轨道交通项目建设资金 4796.07 亿元,累计节省投融资成本 62.34 亿元。其自身资产也不断增加,总资产从 2004 年的 143 亿元增加到现在的亿元;净资产从 2003 年的 89 亿元增加到现在的近 3000 亿元。公司的业务范围也从最初的单纯从事城市轨道交通领域的投融资到现在集资源开发、资金市场和资本市场运作于一身的大型投资公司。

放长视野,毋庸置疑,城市轨道交通的大发展也得益于中国的改革开放。正是这 30 年的经济发展,一方面使得公众对便捷环保的交通出行方式需求日益迫切,另一 方面是国家财富的积累,使得轨道交通这种大型基础设施投资成为可能。按照重点及难度的不同,改革开放大致分为三阶段,第一个 10 年重点是农村改革,第二个 10 年重点是经营性国有企业改革,第三个 10 年重点是城市公用事业改革。北京轨道交通也正是在这个大背景下,于 21 世纪初开始深化投融资体制改革和创新。在轨道交 通快速发展的今天,有必要总结一下这些年来的改革历程,帮助我们及时找准问题,指明下一步的发展方向。

2 资金不足曾严重制约了轨道交通的发展

21 世纪初(2001 年),北京地铁发展的现实却不容丝毫的乐观。从 1969 年建成通车以来,30 多年的历史,当时北京的运营线路却只有 54km,不仅无法跟上北京快速的经济社会发展速度,而且已经严重落后于世界上其他核心城市的轨道交通发展。

环顾当时亚洲其他可比城市,可以发现 1974 年建成通车的汉城地铁,运营线路当时已达 287km;1979 年建成通车的香港地铁,运营线路已达 80.4km;1988 年建成通车的新加坡地铁,运营线路已达 89.4km,即使是国内兄弟城市上海,自 1990 年 1 号线建成通车以来,当时投入运营线路已超过 64km。与此同时,北京日益拥堵的地面交通,使得广大市民对城市轨道交通的需求非常迫切。

面对所有这些,作为业内人士有一种催人急的感觉,希望北京地铁能驶入快速发展的轨道。与业内外普遍的看法一样,我们认为造成北京地铁发展滞后的主要原因就是资金匮乏,于是在实际工作中立足本职,专注于轨道交通行业的融资问题,研究和分析了城市轨道交通的经济特征和经营特点,并将轨道交通的行业属性与国内外金融市场和金融工具现状有机结合,进行大量创新研究。期间提出了采用政府主导的负债型投融资方式,迅速筹措巨额项目建设资金的方案,以确保奥运项目的顺利实施。并抓住国内信贷市场资金充沛的有利时机,充分利用政府信用的优势,为八通线、城铁 13 号线、地铁 5 号线、10 号线的建设筹集了大量低成本的资金。为扩大资金渠道,我们又深入研究国内资本市场,主持并领导了国内第一只以地铁资产为基础,规模为 20 亿元的地铁建设债券的成功发行,又积极利用境外资金,率先采用 PPP 模式,利用香港地铁资金建设 4 号线,并借鉴香港地铁运营经验,适当引入竞争,既提高了首都地铁运营管理水平,又为北京市减轻了财政压力,考虑到北京地铁建设的可持续性发展,又从轨道交通外部性需要政府采取适当行政手段予以矫正的角度,提出了建立地铁专项转移支付制度,以制度化方式从多方面解决轨道交通建设的持续巨额资金需求。

3 体制问题是制约城市轨道交通发展的根本

随着城市轨道交通近期建设资金的逐步得以解决,制约地铁发展的体制因素日益突出,并集中体现在以下两个方面:

(1)政企关系不明确,企业和政府的边界不清晰。一方面政府在地铁投资、建设、运营等环节上越位、缺位和错位的现象同时存在;另一方面缺少科学合理的补偿模式,政府监管和补贴政策无法对企业形成有效的激励约束机制,积累了大量历史问题。地铁运营企业的亏损是由两方面原因引起的:一方面地铁作为准公共产品,具有极强的正外部性和一定的公益性,其票价不能按照收回建设和运营成本的方法来制定,客观上导致地铁运营企业很难实现盈利;另一方面,地铁运营商一般为独家经营,在市场机制不健全的情况下,容易出现“等、靠、要”的现象。由于政企不分,很容易将这两种原因混淆在一起,甚至将亏损归因于前者,而忽视企业管理和效率方面存在的问题,政府迫于安全管理方面的压力则要提供可观的财政补贴,政府和企业之间存在高成本的博弈关系。

(2)企业自身的治理结构不完善,企业自身主动提高管理水平、改善运营效率的动力不足。目前,国内现有的地铁运营商大多为国有甚至独资企业,尚没有建立完善的法人治理结构。而且,由于历史上国有股东的缺位问题,使得企业的董事会形同虚设，缺乏有效的考核和监督机制，很难促使管理层在日常经营管理中努力去降低建设和运营成本、提高管理效率，以及充分利用地铁各种资源提升地铁的盈利能力。特别是，传统上那种缺乏市场化的薪酬体系，不仅无法对经营层形成有效的激励，还使得企业不少优秀的人员流失，严重制约了地铁企业的可持续发展。

在上述企业内外关系没有彻底理顺的情况下，政府为了满足日益扩大的轨道交通建设需求，一方面四处筹资建设新的地铁线路而背上沉重的负债包袱；另一方面，新线轨道交通一旦建成，又因为政策和效率引起的运营亏损而背上新的补贴包袱。上述问题如果不从体制机制入手加以解决，势必形成轨道交通建得越多，政府背负包袱越重的不良循环，安全管理的压力也越来越大。

4 政府与社会资本合作是城市轨道交通可持续发展的解决之道

要从根本上解决轨道交通当前发展的困境，必须推动行业运作的财务透明化，建立科学的政企关系。在推动基础设施市场化改革进程中，政府不是简单地简化审批手续，而是应该建立科学的补贴模式、清晰的政府监管标准和规则，引入多元化投资，提高经营和管理的效率，改善企业内部的治理结构，提升地铁自身的盈利能力。

4.1 PPP 模式

国外基础设施领域内广为使用的政府与社会合作模式（即 PPP，Public Private Partnerships，以下简称“政府民间合作”），则是实现上述思路，体现政府购买服务的理念，解决轨道交通发展困境的有效途径。

需要特别指出的是，PPP 模式中与政府相对应的“民间组织”，是一个泛指的概念，只要不是政府机构，在这里都可称为民间组织，可能是社会资本、国有企业、外资企业，甚至公民个人。而企业可能是个人最终拥有所有权的企业，可能是政府设立或拥有所有权的企业，也可能是两者的结合，即官民合资。在中国，由于没有受公法规制的不以盈利为目的的公共企业，所以盈利性国有企业在这里都被认为是“民间组织”。从保证 PPP 机制有效运作的角度，并考虑中国国情，轨道交通项目中的“民间组织”应该是那些大型国有企业，以及大型国有控股公司等，所以，PPP 在中国也更适合翻译成“政企合作”模式。值得一提的是，实施 PPP 的重点并不是引进社会资本，而是在政府和企业之间建立合理的风险分配机制，以及科学新型的政企关系。

京投公司率先提出了在国内基础设施投融资领域引入 PPP 模式，并首先在国内轨道交通领域按照PPP模式推进投融资体制改革,吸引香港地铁等有专业化运营管理经验和投资实力的社会资本。在经历较长时间的多方交流沟通后,政府、企业、民众等社会各方也逐渐意识到在轨道交通领域推进市场化改革的必要性,近年来北京市采取了一系列措施加大改革力度,并开始逐步引入市场机制,起到了较好的效果。例如在部分新线项目建立了项目法人制,由代表市政府财政出资的地铁投资公司,作为大股东与市直属企业共同出资分别成立地铁新线项目公司,以各新线项目公司作为承债主体采用银行贷款等债务融资手段筹措资金。特别是,市委、市政府于2003年11月再次对地铁管理体制进行调整,所有这一切,都为在北京地铁领域实行政府民间合作的模式创造了必要的政策和市场环境。

在北京市发改委和交通委的直接领导和推动下,2004年11月北京市政府最终批准了《北京地铁4号线特许经营实施方案》,至此国内首个轨道交通的政府民间合作项目进入实质性操作阶段。作为该项目运作的初始策划者和全程领导者,我们深刻体会到我国城市轨道交通PPP实施的难点大致有以下几个方面:一是建立特许经营办法要兼顾公平和效率两因素,在考虑全面风险防范的同时又能被社会投资者接受,对政府来说是一个挑战;二是在轨道交通行业领域设计合理的投资回报模型,需要清晰的边界条件,特别是定价机制和客流风险分担机制,而我国目前相关政策不配套,各项条件不明确;三是搜集全面、准确、长周期的财务、运营数据,并据此建立各项收入曲线和生命周期成本曲线,而在旧体制下国内地铁运营历史短、数据不透明;四是制定各项科学、合理、可操作的建设、运营监督标准,需要做大量扎实细致的工作。

4.2 BT模式

BT是Build Transfer的缩写,即建设—移交模式,指政府或其授权单位作为BT项目发起人经过法定程序选择拟建基础设施或公用事业项目的BT项目主办人,并由该BT项目主办人在工程建设期内组建BT项目公司进行投资、融资和建设,在工程竣工后按合同约定进行工程移交并从政府或其授权单位处收回投资。其中,将政府或其授权单位,即出面与主办人签订BT投资建设合同并按该合同进行支付的一方称为BT项目发起人,将与BT项目发起人签订BT投资建设合同并负责组织建设的一方称为BT项目主办人,将BT项目主办人为了融资、建设和管理BT项目而在项目所在地设立的公司称为BT项目公司。

地铁奥运支线BT项目是国内城市轨道建设领域的第一个真正意义上的BT项目,为降低奥运支线项目运作风险,确保项目按时为奥运会服务、与地铁10号线工程顺利衔接,10 号线公司将奥运支线项目以初步设计概算 24.8 亿元为基础,划分为 BT 工程(14.3 亿元)和非 BT 工程两部分(10.5 亿元),整体工程实施顺利,取得了一系列成绩:2006 年 9 月 28 日,土建主体工程完工,比合同承诺工期提前了 33 天;2006 年 12 月,通过"北京市安全文明标准工地"的检查验收;2007 年 6 月,土建主体工程通过结构"长城杯"验收,荣获北京市"2008"工程指挥部办公室颁发的"2006 年度北京市 2008 工程绿色施工优秀工地"奖杯。

地铁奥运支线 BT 项目是对现有基础设施投资、建设管理体制的改革和创新。通过招标,使得工程造价在概算投资基础上得到了较大幅度的降低,通过合同关系明确了各方的建设责任,是推进北京市基础设施投融资体制改革的有意探索和尝试。采用 BT 融资方式建设地铁奥运支线,为北京市政府和项目投资者及建设者都将带来巨大的社会效益和经济效益。

4.3 "轨道 + 土地"综合开发融资模式

从各城市轨道交通的建设经营现状看,大多数处于政府补贴状态。究其原因,主要是城市轨道交通项目公益性决定的低价格体系下单一的票务收益,往往难以补偿巨大的建设投资和运营成本。因此,必须寻求城市轨道交通的多种经营收益,以改善其财务状况,城市轨道交通与土地综合开发正好提供了这种可能性。这种开发是基于城市轨道交通及土地综合利用而发展起来的一种经营及资源利用模式,也是解决城市轨道交通建设资金的可供探讨的途径之一。

京投公司对"轨道 + 土地"模式进行了积极的探索,以大兴线为例,大兴线北起丰台区马家楼、南至大兴区南兆路,在马家楼站与 4 号线接轨,沿途经过南苑、西红门、大兴新城主城区、生物医药产业基地,终点至南兆路。大兴线线路全长 22km,车站 11 座,车辆段 1 座。最初预计总投资约 60 亿元。在大兴线的规划过程中,京投公司提出了"轨道 + 土地"的运作模式,运作方法是:将大兴线沿线 500m 范围内的 290 公顷土地与站点结合紧密,具备与站点进行一体化建设的条件。根据"轨道 + 土地"方案,政府出资 40%,剩余 60% 由招商引资解决,以沿线土地资源开发和车票收入为招商的主要手段,其中土地资源开发占引资的主要部分(约 90%),在北京市相关部门的支持下,作为大兴线业主的京投公司和大兴区政府就大兴线沿线的一级开发达成了一致,双方合资组建了一级开发公司继续对大兴线沿线土地进行开发,实现了城市轨道交通和沿线土地的规划同步和建设同步。

4.4 城市轨道交通证券发行和 ABS 模式

随着基础设施领域市场化程度的提高,股票、债券融资模式在不久的将来也会成为我国城市轨道交通行业融资的模式之一,而且随着我国证券市场近年来的发展,证券市场将是吸引社会资本的一个重要来源。

经国家发改委发改财金〔2006〕712 号文批准,京投公司于 2006 年 4 月 25 日至 4 月 28 日公开发行 20 亿元“2006 年北京市基础设施投资有限公司公司债券”(简称“06 京投债”),债券期限为 10 年。采用浮动利率方式,票面利率为基准利率加上基本利差 1.35%,基准利率为中国外汇交易中心(全国同业拆借中心)在中国货币网公布的货币市场基准利率参考指标 B-2W 数值。该债券每半年付息 1 次,到期一次还本。由中国银河证券有限责任公司和高盛高华证券有限责任公司担任联合主承销商,中国建设银行北京市分行提供担保,信用评级机构为中诚信国际信用评级有限责任公司。债券募集资金用于北京地铁 10 号线一期(含奥运支线)工程建设。

资产证券化(Asset Backed Securitization,以下简称 ABS)作为一种资产收入导向型融资方式,是近二三十年来发展起来的重要的金融创新方式之一。ABS 是集合一系列用途、质量、偿还期限相同或相近,并可产生规模稳定现金流的资产,通过一定的结构安排,对其组合包装后,以其为标的资产发行证券进行融资的方式。简言之,就是创立以收益性资产为担保的可转让性证券的融资过程,公司在 2012—2013 年积极推动 ABS 工作进程,目前进展良好,有望为北京市轨道交通筹集更大规模、更低成本的资金。

5 坚定不移地深化改革,实现城市轨道交通可持续科学发展

改革就是一种创新,创新意味着打破既有利益,建立新的规则,所以改革过程中必然会碰到阻力,遇到新问题。对待改革中出现的矛盾和问题,正如国务院转发国家发改委刚刚制定的《关于 2013 年深化经济体制改革重点工作的意见》中指出,在新的形势下,要进一步加大改革开放力度,注重制度建设和创新,坚持以改革推动经济发展,以改革推进改善民生,以改革促进社会和谐,以改革解决发展中深层次矛盾和问题,正确处理好政府与市场、政府与社会的关系,处理好加强顶层设计与尊重群众首创精神的关系,处理好增量改革与存量优化的关系,处理好改革创新与依法行政的关系,处理好改革、发展、稳定的关系,确保改革顺利有效推进,努力实现经济社会又好又快发展。

可以说北京城市轨道交通的改革源于建设资金缺乏,投融资是其改革的第一推动力,但制约发展的根本还是体制和机制问题。所以,公司在城市轨道交通投融资领域的工作中,始终坚持以投融资为龙头,通过投融资模式的创新来推动

体制机制的变革,通过增量资产的改革来推动轨道交通存量资产管理、体制和机制的改革,最终达到整个行业体制再造的目的。

当前有两种认识上的误区:一是认为现在建设资金基本落实,困扰轨道交通多年的资金瓶颈已经彻底得以解决,没有必要继续改革了。二是认为"三分开"体制存在很多不必要的协调成本,想要简单地重新回到从前的一体化模式。

毫无疑问,当前中国经济保持高速发展态势,财政收入增长迅速,为轨道交通的投融资提供了很大的支持。但是我们应该居安思危,关注宏观经济的周期波动,特别是近年紧缩性货币政策的实施,一方面经济增速在回落,银根收紧,对企业融资已经造成很大的压力。另一方面,虽然建设资金落实了,但随着新线不断投入运营,在低票价政策下,政府对运营补贴的压力越来越大。2007 年运营的四条线路(1 号线、2 号线、13 号线和八通线)财政补贴为 5.4 亿元,同口径相比,预计 2008 年运营亏损为 12 亿元,如果加上投入运营的地铁 5 号线和 10 号线,则补贴将达到 16 亿元。按照北京市规划,随着新线逐步投入运营,到 2015 年,预计当年简单运营亏损达 43 亿元(不包含折旧和财务费用),全营运亏损达 170 多亿元(包括折旧和财务费用)。也就是说到 2015 年政府当年在运营上的投入相当于一条新线的总投资。可以说轨道交通投融资的工作还是任重道远。

关于一体化模式和三分开模式的争论,我们认为现实中并不存在一种十全十美的制度安排,每一种模式在一定的情况下都有各自的优缺点。当前研究城市轨道交通体制问题必须结合不同城市轨道交通的发展规模和不同的历史发展阶段,用科学、系统、战略的思想来把握不同模式的选择。针对每一种模式,必须建立系统性、可操作、贯彻始终的政策、方针及策略。当前研究城市轨道交通体制时应注意把握以下几点:

第一,必须深入研究和正确把握城市轨道交通内在的基本规律及其主要的经济特征和经营特点。从国际经验可以看到,轨道交通发展趋势:一是加强社会监管,推动财务公开透明;二是构建适当规模下的适度多元化和市场化机制。在建设和谐社会的过程中,随着国民经济的快速持续发展,公众日益增长的公共品的需求,同公共品供给短缺、低效之间的矛盾,已成为中国社会的主要矛盾。轨道交通作为城市重要基础设施,与民众日常生活息息相关。一个高效、廉洁、平等参与、公平透明的轨道交通行业是符合公众利益的。

第二,必须深刻反思我国城市轨道交通发展 30 年来的历史经验和基本教训。与世界其他城市相比,我国城市轨道交通发展历史虽然只有 30 年,但期间在规划控制、体制选择、监管机制、补贴模式、政企关系的建立等宏观和微观方面都有一些深刻的经验教训可鉴。进一步加强对建设标准、行业政策、体制机制等共性问题的深入研究,提高各界认识,促进出台有利于轨道交通行业可持续发展的政策规定。

第三,必须坚持在吸收引进国外先进经验和科学模式的基础上,建设有中国特色的轨道交通发展模式。国外城市轨道发展经验表明,各国体制的选择都与当时的经济和社会环境密切相关,所以我们在引进国外经验的同时一定要细致分析当时的各种前提条件,并将其与我国经济和社会环境进行比较分析,然后再进行改进和创新。当前,我国拥有轨道交通的每个城市,其轨道交通发展的历史阶段各不相同,城市规模也存在差异,所以每个城市在设计和选择自己的轨道交通体制时一定要因地制宜。当特大型城市的轨道交通迅速成网,对既有运营商的生产能力提出挑战的时候,可以通过适度多元化和市场化的手段,适当分散安全运营管理的风险。

第四,必须着力从建立科学的体制、机制入手,选择和打造轨道交通发展的长久模式。政府在选择模式时,必须得在行政协调成本和竞争效率之间权衡。选择一体化可以减少行政协调成本,但却牺牲了建立有效激励约束机制所产生的效率;选择专业化虽然可以通过分工和竞争提高生产效率,但却增加了政府部门和多个参与主体的协调成本(但我们也应看到,这同时也有利于提高政府部门对公共品进行管理的水平,进而增强政府的执政能力)。值得一提的是,生产关系的频繁调整会对生产力产生很大的负面影响。这就要求政府在选择模式前一定要进行充分的论证,一旦决定采取了一种模式,就应在宏观和微观方面集中精力建设与之相配套的科学机制,并贯彻始终,尽量保持政策的连续性,促使行业的可持续、稳定、健康发展。切忌方向不明,受各种利益集团的说服,轻易变更模式。这样才能有效克服这种模式下的缺点,同时,也只有这样才能保证这种模式的优点得以充分发挥。

虽然我们在投融资领域已经取得较好的成绩,但是创新无止境,如果城市轨道交通的体制和机制进一步完善,在该领域可为的空间将更加广阔。资本市场的不断改革为轨道交通的投融资的进一步创新提供了发展方向,资产支持证券的广泛展开、永续债的政策闸口打开、永续中票也为京投公司提供了越来越多的融资工具选择,只要我们对市场和国家金融政策保持敏锐的嗅觉,积极利用各种创新型融资工具,京投公司的投融资能力也会不断增强,京投公司才能在为北京城市发展服务的道路上为北京市城市建设继续做出实实在在的贡献!

参考文献

[1] 2011年北京市交通发展年度报告. 北京:机械出版社,2011.
[2] 李朝霞. 中国公司资本结构与融资工具. 北京:中国经济出版社,2004.
[3] 王守清. 欧亚PPP案例分析. 沈阳:辽宁科技出版社,2010.
[4] 毛保华. 城市轨道交通规划与设计. 北京:人民交通出版社,2006.
[5] 恩深. 基础设施建设项目投融资操作实务. 上海:同济大学出版社,2005.
[6] 王铁军. 中国地方政府融资22种模式. 北京:中国金融出版社,2006.
[7] 程工等. 转轨时期基础设施融资研究. 北京:社会科学文献出版社,2006.
[8] 罗仁坚,贾进. 铁路投融资体制改革方略. 北京:中国计划出版社,2007.
[9] 张树森. BT投融资建设模式. 北京:中央编译出版社,2006.
[10] 童盼. 融资结构与企业投资:基于股东债权人冲突的研究. 北京:北京大学出版社,2007.

北京地铁四号线 PPP 投融资模式

北京市基础设施投资有限公司融资计划部

摘　要:北京地铁四号线是我国首次采用 PPP 模式进行融资建设的城市轨道交通项目。工程投资建设划分为 A、B 两个相对独立的部分:A 部分包括洞体、车站等土建工程,投资额约为 107 亿元,约占项目总投资的 70%,由政府国有独资公司——京投公司成立的全资子公司四号线公司负责投资建设;B 部分工程包括车辆、信号等设备资产,投资额为 46 亿元,约占四号线项目总投资的 30%,由通过市场化方法组建的 PPP 项目公司(特许经营公司)负责投资建设、经营和管理,实施特许经营。特许经营期为自试运营开始后 30 年。特许经营期结束后,特许经营公司将 B 部分项目设施完好、无偿地移交给市政府指定部门,将 A 部分项目设施归还给四号线公司。

北京地铁四号线自开通运营以来,运营状况良好,为政府节约了成本,为北京地铁的运营引入了竞争,取得了良好的经济效益和社会效益。

关键词:北京地铁;四号线;PPP 模式

1 PPP 模式定义和分类

PPP 是英语 Public Private Partnership 的简写,中文直译为“公私合作制”,简言之指公共部门通过与私人部门建立伙伴关系提供公共产品或服务的一种方式。PPP 有广义和狭义之分,广义的 PPP 泛指公共部门与私人部门为提供公共产品或服务而建立的各种合作关系,而狭义的 PPP 可以理解为一系列项目融资模式的总称,包含 BOT、TOT、DBFO 等多种模式;狭义的 PPP 更加强调合作过程中的风险分担机制和项目的资金价值(Value For Money)。在国外研究文献中提到 PPP 时,绝大多数是指广义的 PPP,而从国内文献来看,多数指狭义的 PPP。

2 北京地铁四号线 PPP 项目概况

北京地铁四号线是北京轨道交通路网中的主干道之一,南起丰台区南四环公益西桥,途经西城区,北至海淀区安河桥北,线路全长 28.2km,车站总数 24 座。地铁四号线站路布局如图 1 所示。

图 1　北京地铁四号线运行路线

四号线工程概算总投资 153 亿元，于 2004 年 8 月正式开工，2009 年 9 月 28 日通车开始试运营。

北京地铁四号线是我国首次采用 PPP 模式进行融资建设的城市轨道交通项目。工程投资建设划分为 A、B 两个相对独立的部分：A 部分包括洞体、车站等土建工程，投资额约为 107 亿元，约占项目总投资的 70%，由政府国有独资公司——京投公司成立的全资子公司四号线公司负责投资建设；B 部分工程包括车辆、信号等设备资产，投资额为 46 亿元，约占四号线项目总投资的 30%，由通过市场化方法组建的 PPP 项目公司（特许经营公司）负责投资建设、经营和管理，实施特许经营。

北京地铁四号线 PPP 模式如图 2 所示。PPP 特许经营公司为北京京港地铁有限公司，是由京投公司、香港地铁公司和首创集团公司按 2:49:49 的出资比例组建。

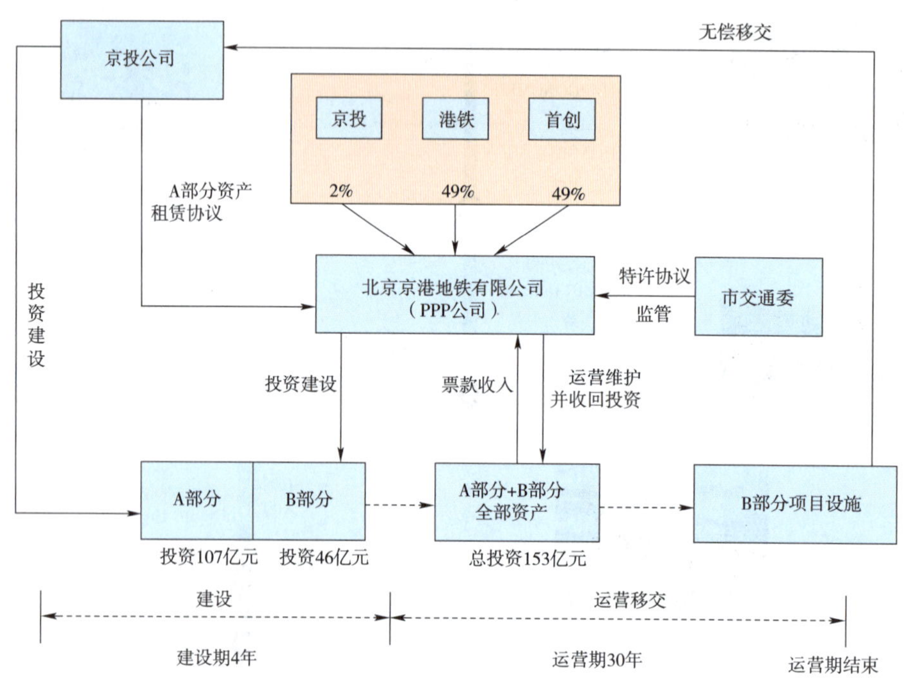

图 2 北京地铁四号线的 PPP 模式

四号线项目竣工验收后,特许经营公司根据与四号线公司签订的《资产租赁协议》,取得 A 部分资产的使用权。特许经营公司负责地铁四号线的运营管理、全部设施(包括 A 和 B 两部分)的维护和除洞体外的资产更新,以及站内的商业经营,通过地铁票款收入及站内商业经营收入回收投资。

按特许协议约定,特许经营期为自试运营开始后 30 年。特许经营期结束后,特许经营公司将 B 部分项目设施完好、无偿地移交给市政府指定部门,将 A 部分项目设施归还给四号线公司。

3 四号线 PPP 融资招商组织机构

北京市高度重视地铁四号线的融资招商工作,成立了由市政府副秘书长牵头的融资招商领导小组,成员由市发改委、交通委、财政局、国资委、法制办等相关部门。

四号线 PPP 融资招商组织架构见图 3 所示。

京投公司作为业主单位和项目的实际运作人,负责项目方案设计、招商、谈判等全方位的具体工作。为保证项目操作科学、高效,京投公司还聘请了财务、技术、法律和客流等专业齐全的顾问团队。

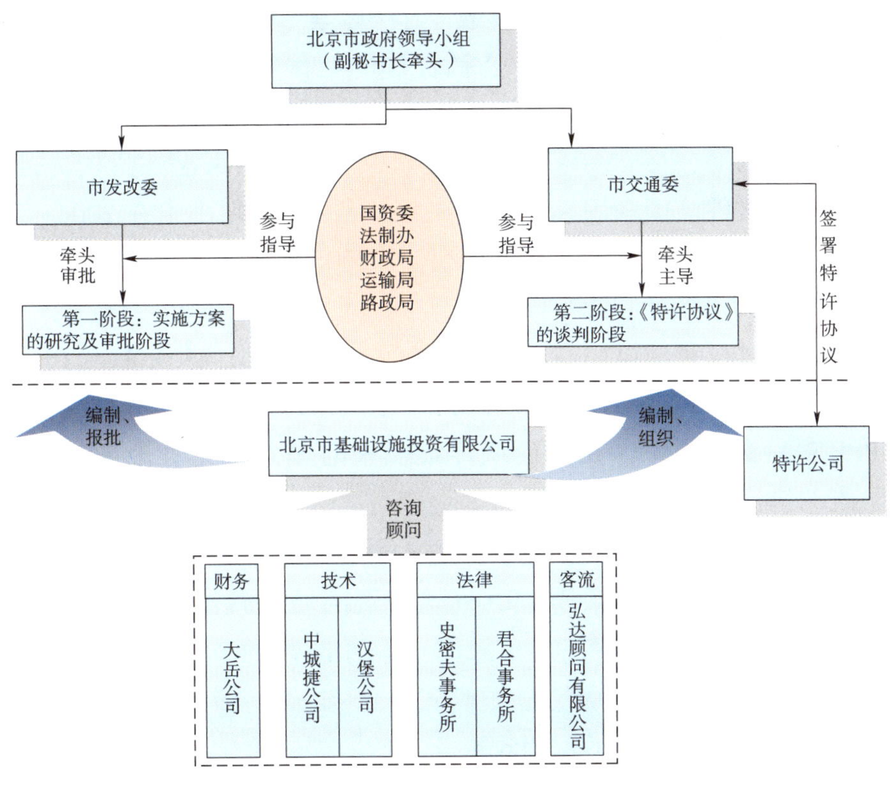

图 3　四号线 PPP 项目融资招商组织架构

回顾四号线项目融资招商过程，项目融资招商是成功的，取得了比较满意的成果，主要得益于以下四个方面的因素。

3.1　政府的积极主导，为项目提供全方位保障

在整个四号线项目融资过程中，政府的角色不再只是以往领导者的身份，而转变成了全程参与者和全力保障者。在项目的前期工作中，市政府就已多次组织专家组、谈判组对 PPP 模式进行论证、研究、调整，并为此配套出台了《关于北京市深化城市基础设施投融资体制改革的实施意见》等相关政策。为了推动四号线项目的有效实施，政府组织多个相关部门共同协调运作：项目由副秘书长牵头协调，保持了决策的有效性并对落实政府的意志起到了重要的保障作用；发改委主导完成了四号线 PPP 项目实施方案；交通委主导谈判；京投公司在这一过程中负责具体操作和研究。应该说，政府在本项目运作过程中的积极主导作用是项目成功的基本保障。

3.2 缜密充分的方案论证,为谈判成功奠定基础

四号线PPP项目招商组织过程体现"前松后紧"的特点。早在2001年,京投公司就提出了城市轨道交通投融资公私合作的运作思路,经过长达两年多的研究论证,直到2003年12月才得到市政府的正式认可。此后,与各潜在投资人进行了将近一年的沟通,直到2004年9月底和10月初,两家潜在投资方才分别提交了正式的投资文件。而在后期的谈判决策阶段,从谈判小组在2004年12月2日召开专家评审会,到与港铁—首创联合体于2005年1月22日结束第三轮谈判达成一致意见,则历时不到两个月。

从上述组织过程我们可以看出,在选择潜在投资方之前,京投公司已联合政府各部门,围绕PPP融资模式,组织完成了大量的研究、测算和分析工作,制定了四号线PPP项目实施方案。正是前期详细缜密的思考与充分论证准备,为各方在谈判阶段的快速决策奠定了基础。

3.3 恰当的投资人比选方式和比选标准

由于本项目为全国首个采用PPP模式融资的城市轨道交通项目,缺乏实际操作经验,并且项目边界条件复杂。采用竞争性谈判的方式有利于双方充分沟通,兼顾了各方意愿,形成共赢的合作模式。从实际操作情况来看,采取竞争性谈判的方式选择投资人达到了预期效果。

在比选标准设定方面,结合政府实施PPP模式的多重目标,谈判组在对两家潜在投资方进行比选时,并未单纯将财务指标作为选择的唯一依据,而是综合考虑了投资方的经验、特色以及投资目的对四号线项目的潜在影响进行比选。

3.4 有针对性的宣传推介与投资方积极参与响应

京港地铁在奥运推介会上,面向全球推出了四号线招商项目。基于对北京市投资环境的认可,以及对北京经济形势的良好判断,潜在投资人非常看好本项目的投资前景。在融资招商前期工作中,投资方积极响应招商方的要求,主动与政府部门进行沟通交流,努力消除文化差异,在一种良性互动关系下展开招商谈判。投资者的积极参与,使得招商工作进展顺利。

4 四号线PPP协议体系和运作模式

4.1 协议体系

四号线PPP项目的参与方较多,包括北京市政府及其职能部门、社会投资方、行业相关企业、银行、保险公司等。各参与方之间通过法律文件加以规定。四号线合同结构如图4所示。

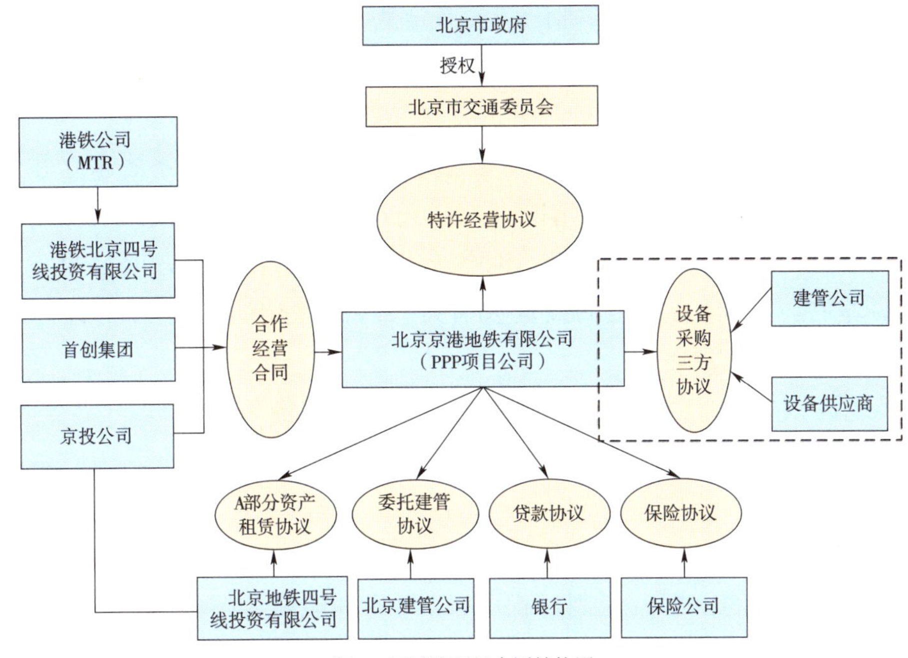

图4 四号线项目合同结构图

4.2 运作模式

PPP 模式的核心是公共部门和私人部门为提供公共产品而建立一种长期合作关系，共同分担风险、分享收益，其目的是充分发挥公共部门和私人部门的优势，实现资源优化配置，以更具效率和效益的方式实现公共产品供给，满足公共需求。因此，盈利模式、监管模式和合作模式是 PPP 项目得以实施的关键。盈利模式为项目实施提供了前提；监管模式为项目实施提供了保障；合作模式为项目实施提供了支持。

四号线项目通过《特许经营协议》对公私双方的权利义务进行了规定和划分，对盈利模式、监管模式和合作模式形成了相应的规定。

4.2.1 盈利模式

盈利模式的构建是 PPP 能够实施的核心关键。盈利模式包含投资额、票价水平、客流量、非客运业务、成本指标、价格变动等。在上述因素中，四号线 PPP 项目在划分投资比例、引入测算票价机制、确定客流和 A 部分设备的租金设置等四个方面，针对项目情况进行了创新设计。

4.2.1.1 投资比例划分

经前期研究，京投公司对世界各城市轨道交通运营成本、客流和票价结构的相关数据统计进行了分析研究，发现当 70% 的投资由政府方分担、投资方只承担 30% 部分时，项目基本具备市场化可能。据此，结合地铁四号线的情况，京投公司建议将A部分和B部分的基础比例关系定为7:3。这也是北京市《关于本市深化城市基础设施投融资体制改革的实施意见》中明确轨道交通建设政府与社会投资方可按7:3的基础比例进行划分的实证依据。

四号线项目最终确定政府投资和社会投资按7:3比例划分是建立在深入研究基础上的,符合四号线的实际情况。京投公司按7:3基础比例以及当时相关政策条件,对四号线B部分项目进行的财务分析表明,社会投资方项目收益水平能达到10%左右,项目具有一定的投资吸引力,具备进行市场化运作的条件。

4.2.1.2　票价机制

四号线运营票价实行政府定价管理。由于存在各条线路间的免费换乘,实际平均人次票价低于运营票价,不能完全反映地铁线路本身的运行成本和收益等财务特征。

因此,在融资招商阶段,四号线PPP项目采用“测算票价”(影子票价)作为确定投资方运营收入的依据。谈判过程中,以预测客流量为基础,根据B部分的投资估算、运营成本、投资收益预期等条件,通过测算,确定了特许经营期各年的测算平均人次票价。同时特许经营协议规定,自开始试运营日的年度起,每三年为一个调整周期,根据相应年份的调整系数对各运营年度的测算票价进行调整。

以测算票价为基础,特许经营协议中约定了相应的票价差额补偿和收益分享机制,构建了票价风险的分担机制。如果实际票价收入水平低于测算票价收入水平,市政府需就其差额给予特许经营公司补偿。如果实际票价收入水平高于测算票价收入水平,特许经营公司应将其差额的70%返还给市政府。四号线PPP项目票价补偿和返还机制如图5所示。

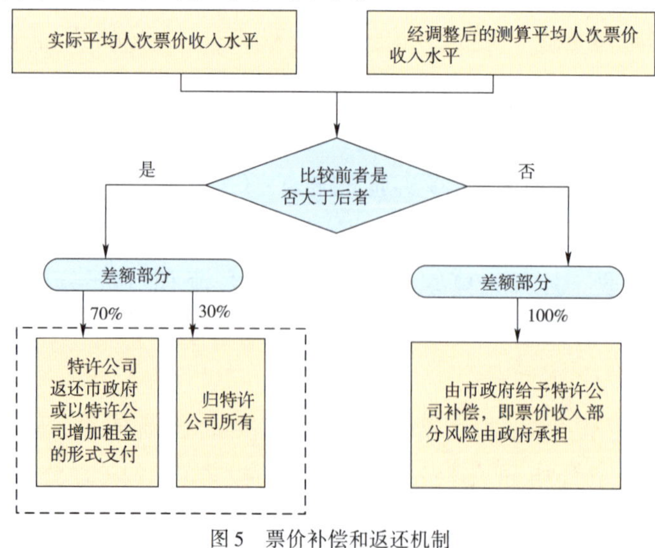

图5　票价补偿和返还机制

4.2.1.3 客流机制

票款收入是北京地铁四号线实现盈利的主要收入来源，它由票价和客流量所决定。基于行业特点，客流量通常会受到线路规划、沿线人口数量、公交竞争以及运营服务质量等因素的影响。地铁作为公共项目，在政府对票价实施价格管制的情况下，客流量成为影响项目收益的主要因素，在盈利模式的构建中占据重要地位。

客流量关系着政府和特许经营公司利益的实现，是公私合作的基础和各方谈判的焦点。在四号线 PPP 项目中，京投公司与港铁联合体聘请了国际知名的客流预测单位 MVA 公司对四号线 2008—2037 年的客流进行了预测，测算结果由双方共同审核，并且专门设立了工作组就客流相关问题进行研究，以共担风险、共享收益为原则，将共同认可的客流预测结果作为盈利模式的一个基准因素，以单独列示的方式写入特许经营协议。

地铁客流量的影响因素复杂，既有规划、人口、公交竞争等政府政策导向方面的因素，也有价格、运营、服务水平等市场导向方面的因素。鉴于此，四号线项目设计了政府与企业共同培育客流市场、共担风险、共享收益的客流机制。其中，市政府负责对地铁四号线沿线的公共交通进行综合管理，优化配置资源，提高地铁使用率以减轻路面压力，并采取制定公交政策、线路规划等措施培育客流，鼓励四号线的运营；特许经营公司根据客运服务要求，通过提供优质服务培育更多客流。

城市轨道交通作为公共项目，为了维护公共利益，政府必须对超出市场所能承受范围的客流风险加以管理和控制。特许经营协议规定了客流持续低迷时特许经营公司转移客流风险的途径：当客流量连续三年低于预测客流的 80%，则特许经营公司可申请补偿，或者放弃项目。同时，协议也明确客流超出预测时的收益由政府与特许经营者共享，政府分享超出预测客流量 10% 以内票款收入的 50%、超出客流量 10% 以上的票款收入的 60%。

4.2.1.4 租金机制

四号线项目 A 部分设施由京投公司的全资子公司北京地铁四号线公司投资建设，建成后以租赁方式提供给特许经营公司使用和维护，特许经营公司向四号线公司支付租金。

与投资划分、票价机制和客流机制相比，租金对项目经济性的影响是最为直观的。因此，当上述机制都相对明确之后，租金就成为了特许经营协议谈判的标的。经多次协商，双方最终同意将租金划分为基本租金和浮动租金两部分。其中,基本租金为每年人民币4250万元,浮动租金为实际票价超出测算票价部分的70%,即是指特许经营公司应向北京市政府返还的票价差额部分。此外,协议还规定,在项目运营中还将根据实际客流量的大小对浮动租金进行相应调整。

从基本租金设定的数额来看,尽管其名义上称为租金,但其主要目的并不在于以此增加政府的收入,而是将其作为调节项目收益水平的手段。基本租金的金额是在特许经营合同谈判期间议定的,是双方博弈的结果,反映了各方基于当时的客观条件和认识水平对项目盈利水平进行的调控所达成的共识。

浮动租金则是根据实际票价、实际客流与测算票价和测算客流的差异来调整的。由于实际票价和实际客流均具有不确定性,浮动租金可以对特许经营公司的利润水平产生影响。政府可以利用浮动租金来调控特许经营公司的获利水平,从而保证四号线项目的公共属性,维护公共利益。

4.2.2 监管模式

城市轨道交通项目属于准公共产品,公共产品的属性和外部经济的存在容易导致市场失灵,这使得政府干预和调节公共产品的过程成为必然。PPP模式下,为了有效保护公共利益,政府的监管与规制是必不可少的。当前我国的城市轨道交通均是由政府行政主管部门实施分业监督管理。由于城市轨道交通项目的复杂性,北京地铁四号线项目体系涉及到多个监管部门和多项监管内容。综合各个政府部门职能划分和《特许经营协议》中对于政府义务的规定,形成了四号线项目的监管体系。

地铁四号线项目监管体系如图6所示。

四号线的监管体系在监管范围上,包括投资、建设、运营的全过程;在监督时序上,包括事前监管、事中监管和事后监管;在监管标准上,结合具体内容,遵守了能量化的尽量量化,不能量化的尽量细化的原则。这一监管体系体现了全面、规范的特点。

4.2.3 合作模式

四号线PPP项目中公私合作突出地表现在股权结构设计和风险分担机制中。

4.2.3.1 PPP公司股权结构评价

股权结构是公司治理结构的基础,是影响公司治理结构的重要方面。经过了各方的充分论证,四号线PPP特许经营公司(京港公司)的股东分别为京投公司、首创集团和港铁集团,各方出资比例分别为2%、49%和49%。

发改委、交通委、财政局、京投公司、京港公司组成了运营协调委员会
四号线项目
监管体系
行业监管
一般监管
规划委
公安局
国土局
人力社保局
环保局
市政市容委
审计局
工商局
质监局
安全监管局
港澳办
税务局
发展改革委员会
财政局
交通委员会
编制发展规划；审查项目设计；编制行业年度计划，并组织实施、监督管理；安全监管；专项资金使用情况监管
重大项目建设指挥办公室
北京市基础设施投资有限公司
拟订战略规划
价格监管
协调项目投融资
项目统筹协调
票价补偿
运输局
路政局
协调、监督、管理项目建设
投融资管理
资产管理
拟定行业标准规范
行政许可
节假日安全交通运输保障
安全监管
行政事业性收费管理
科技成果推广应用
制定交通基础设施建设、养护的地方标准和规范，并组织实施
参与建设工程验收
协调交通基础设施建设养护
安全监管
科技成果推广应用

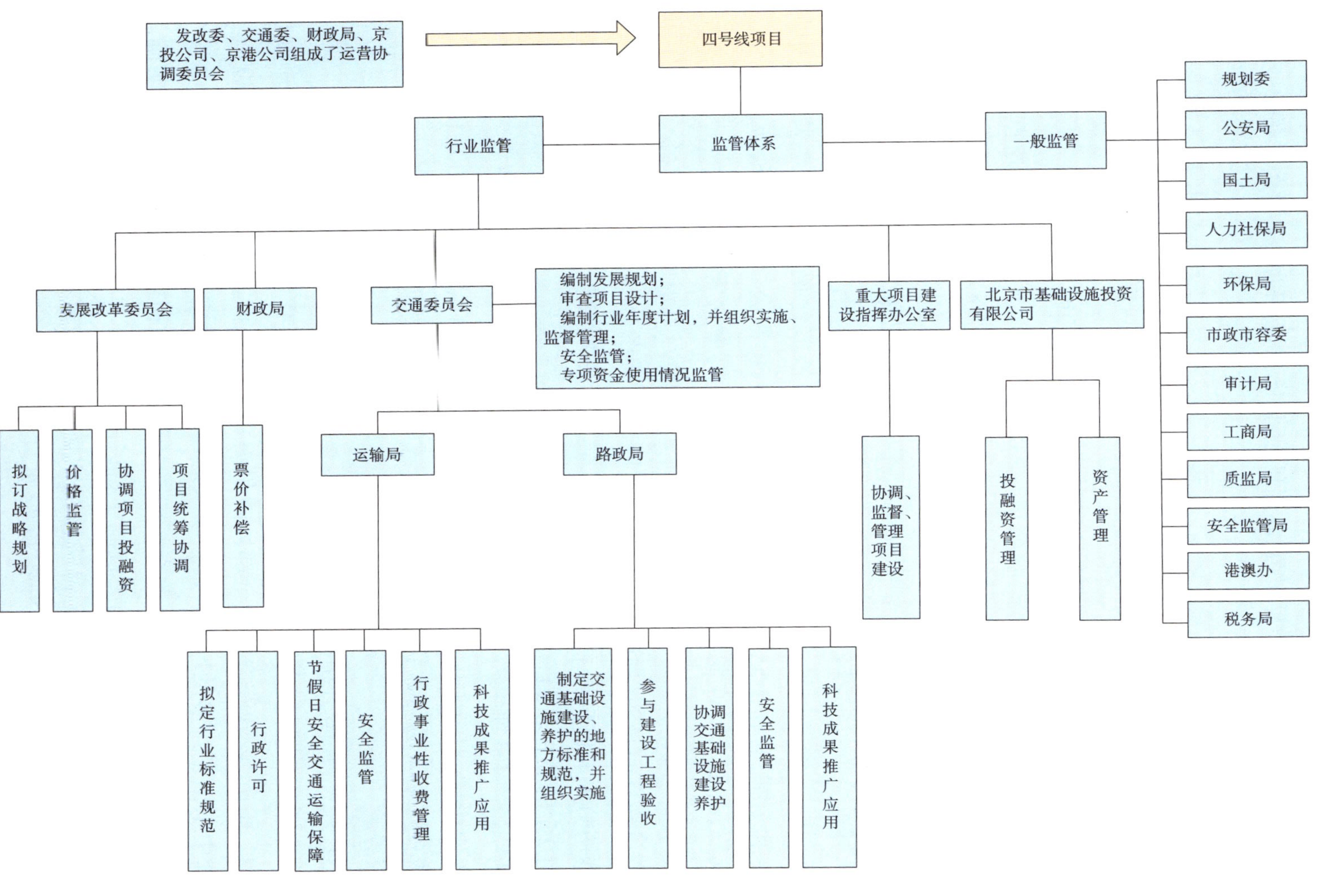

图6　四号线的监管主体

公司设立董事会,由5名董事组成,其中京投公司委派1名、首创委派2名、港铁委派2名,京投公司委派的董事担任董事长,首创和港铁各委派的2名董事分别担任副董事长和董事。

根据特许经营公司成立6年多、项目运营一年多来的情况来看,特许经营公司股权设置是合理的,保证了PPP公司的正常运作,同时也存在进一步完善的空间。

其一,通过股权结构设置有效保障社会公共安全和公共利益。

京投公司作为政府方的控股公司,既保证了政府方对轨道交通基础设施监督控制的需要,又在京港地铁与政府的沟通合作中充分发挥了联通作用,降低了双方沟通谈判的成本。

其二,不设绝对控股方,充分发挥各方优势调动股东积极性。

在确定了特许经营公司不能由外方控股的前提下,香港地铁持股比例最大只能为49%。香港地铁和首创集团拥有相同的持股比例,能够在经营过程中相互监督和牵制,有利于充分发挥监督机制的作用,提高公司的经营绩效。

其三,有利于特许期结束后实现对B部分的有效接管。

特许经营公司其余2%股权由四号线A部分资产的所有方京投公司持有,而京投公司一方面是四号线项目A部分资产的所有者,同时也是B部分资产在特许经营期结束后的拥有者,有权对京港公司实行临时接管,所以由其持有特许经营公司2%的股权较为合适。

其四,公司管理层的设置有利于充分发挥各方资源和经验优势。

在公司管理层的组成上,投资各方注重立足各自优势,委派合适的人选,其中港铁在轨道交通运营管理方面拥有丰富的经验,能确保提供符合运营标准的客运服务。

4.2.3.2 风险分担机制

传统的公共设施项目,从建设到运营通常均由国有企业完成,项目的建设投资、工期、质量、运营等方面的全部风险最终由政府承担,导致政府在公共设施建设过程中承担了过多的风险。PPP模式通过合约的规定,使项目生命周期内各个阶段的风险得到了合理划分,政府部门与特许经营公司依据特许协议,在明确各方权利义务的基础上,通过相应机制实行风险共担。

从四号线融资、建造和运营阶段的实际情况看,其基本遵循了科学的风险分配原则,通过合理的风险分担机制实现了对相关风险的有效控制,如图7所示。

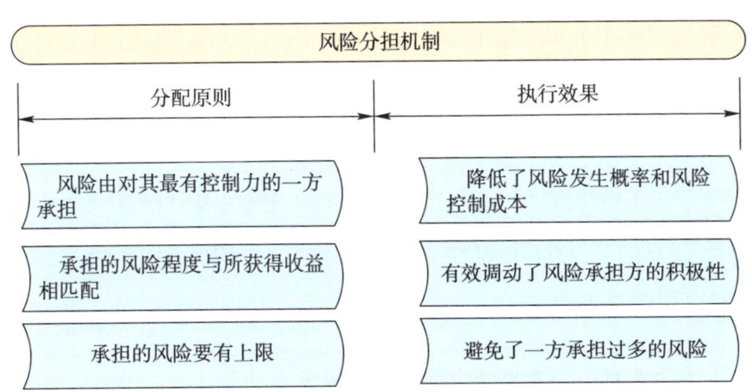

图 7　风险分担机制的合理性分析

(1)风险由最具能力者管理,降低风险发生概率和风险控制成本。

风险的分担是要将风险分配到能够最佳管理风险和减少风险的一方。从北京地铁四号线情况看,对于一些政治、政策法律风险,以及受其影响比较大的风险,如费率调整、场地可及性等,公共部门作为政府的代表,比私人部门更有利于识别、评价和控制这些风险,因此,政治、政策和法律等风险主要由政府部门来承担。

而非系统风险中,融资、建设和营运风险则大部分由更有控制能力的私营机构承担。私营机构可以通过组建一支有能力和经验的项目管理团队,降低和控制由设计不合理、工程质量缺陷、服务质量问题、运营效率低下和维修成本超支等方面带来的风险。

对于四号线 PPP 项目中存在的一些双方都不具有控制力的风险,如通货膨胀、客流不足、不可抗力等风险,特许协议也综合考虑了这类风险发生的可能性、自留风险的成本、减少风险发生后所导致的损失和公私部门承担风险的意愿等因素,通过共同承担的方式对这类风险加以防范和控制。

由此可见,基于政府和特许经营公司各自的专业能力和优势,可对本身所承担的风险具有更好的预见性和控制力,降低风险发生的概率,有利于各方用最小的成本控制风险,将风险发生后的损失控制在最小的范围之内。对整个地铁四号线项目来说,既实现了对风险的有效控制,又节约了风险控制成本。

(2)各方承担风险与所获收益相匹配,可有效调动各风险承担方积极性。

北京地铁四号线项目在城市轨道交通行业引入社会资本,如果私人投资者接受风险的成本大于风险收益,风险转移不可能在自愿的情况下发生。若风险强加给一方,且该方恰当处理了该风险,应存在着回报该方的机会,这样才能调动该方主动管理风险的积极性。只有参与各方都能从风险分担中得到好处,风险分担才有意义。

(3)风险分担的动态调整,避免了一方承担过多的风险。

在实际项目中还存在常常易被忽略的情况:在合同的实施阶段,项目的某些风险可能会出现双方意料之外的变化或风险带来的损害比之前估计的要大得多。出现这种情况时,不能让某一方单独承担这些接近于无限大的风险,否则必将影响这些大风险承担者管理项目的积极性。四号线 PPP 特许协议中对于风险的分担采用动态调整模式,适时调整补贴方案,将政府和特许经营公司承担的风险都控制在了可接受的范围内。

5 PPP 模式对政府财政支出的影响

在 PPP 模式下,项目初期的建设投资和后期的维护更新均由投资方负责,节省了政府财政的投资支出。但由于要考虑社会资金的回报问题,当实际票价低于测算票价时,政府需要支付的运营补贴会高于传统模式下支付的运营补贴。

以整个特许经营期为考察周期,在 PPP 模式下政府财政支出总额约为 519.2 亿元,在传模式下约为 618 亿元。采用 PPP 模式共计减少财政支出约 98.8 亿元,占总支出的 16%。

6 四号线 PPP 项目行业影响分析

6.1 打破北京地铁独家运营格局,实现市场主体多元化

北京市自 1969 年开通地铁一号线以来,一直由北京地铁公司负责全市轨道交通项目的运营,四号线实施 PPP 之后,打破了北京地铁线路由一家运营的历史格局。这样的改变,给北京地铁行业带来较大的冲击与影响。

在人力资源方面,一方面由于多个运营主体的出现,客观上形成了对人力资源的竞争,运营人员可能在不同经营主体之间流动,一定程度上影响了运营人员的稳定。另一方面,这样的竞争也激发了企业对于人力资源的重视,更加有利于行业人才的培养。

在服务理念方面,由于新的市场主体的进入,形成了北京市轨道交通领域同业激励的局面。这不仅有利于多个市场主体间的相互学习,取长补短,共同进步,从而有效推动北京轨道交通行业的健康发展,而且为香港地铁进一步深化内地地铁建设运营的合作提供了示范和参考,在促进香港与内地企业在基础设施领域的投资合作方面发挥了积极作用。

四号线项目由香港地铁直接参与投资的方式充分激励了运营企业的积极性,激活了市场,对于北京市实现轨道交通资源优化配置创造了良好条件。通过四号线项目的实施,香港地铁在内地公众中产生了广泛的影响力,促进了内地地

铁行业服务水平的提高,得到了同行业及广大公众的认可,为其今后在内地市场的发展奠定了充分的基础。

6.2　促进技术进步和管理提升

四号线项目在全世界范围内招募社会投资方,“引资”和“引智”并举。香港地铁作为在国际上经验丰富的地铁投资和运营商,以 PPP 方式进入北京地铁市场,无疑将对国内轨道交通技术进步和管理水平提升具有积极意义。

6.3　推动行业管理规范和技术标准的完善

伴随着四号线 PPP 项目的筹划和实施,以及四号线项目的运营,北京市和城市轨道交通行业发布了一系列管理办法和技术规范,一方面有效保证了四号线 PPP 项目顺利实施,另一方面,很大程度上也是通过四号线项目而得到验证和提炼总结。四号线项目为完善相关管理办法和出台相关技术规程作出了相应贡献。主要相关办法和规范包括:

(1)《关于本市深化城市基础设施投融资体制改革的实施意见》(京政发〔2003〕30 号)。

(2)《关于修改〈北京市城市轨道交通安全运营管理办法〉的决定》,北京市人民政府令第 213 号。

(3)《城市轨道交通运营服务管理规范》,北京市人民政府令第 213 号。

(4)城市轨道交通运营服务管理规范(DB11/T647—2009)。

(5)城市轨道交通设施养护维修技术规范(DB11/T718—2010)。

(6)城市轨道交通设施设备分类与代码(DB11/T717—2010)。

6.4　增加行业监管难度、促进行业监管水平提高

四号线 PPP 项目对行业管理带来的冲击和影响,也存在于正反两个方面。

一方面,增加了监管的难度和成本。由于北京轨道交通不再由一家公司统一运营,需要考虑不同运营主体之间标准的统一以及资源共享等问题,客观上增加了行业管理的成本。同时,由于被监管方不仅仅是国有企业,而是更加独立的市场主体;而且监管方式也由过去的“管人、管财”,转变为依据特许经营协议的合约式监管,这对监管工作也提出了更高的要求。

另一方面,四号线项目依托《特许经营协议》构建了多层次、立体化的监管体系。依托特许经营协议实施监管,使政企双方明确监管的范围和程序,提高了政府行政和项目监管效率,消除了政府与企业在监管行为上的信息不对称和监管“盲区”。实践证明,在四号线 PPP 实施过程中,政府相关部门各司其职,高效行

政,监管和服务并重,为四号线 PPP 项目顺利融资、建设和健康运营发挥着重要作用。四号线 PPP 项目的实施,有力促进了行业监管水平的提升。

7 四号线 PPP 项目社会影响评价

7.1 推动基础设施投融资的改革创新

四号线项目是国内首次采用 PPP 模式融资建设的大型城市轨道交通项目,在 PPP 融资方面的探索和实践顺应了国家投融资体制改革的大方向。从目前情况来看,四号线 PPP 项目前期运作卓有成效,项目建设、运营效果也达到预期目标。目前我国城市轨道交通建设正面临一个大发展的时期,四号线 PPP 模式得到国家主管部门高度重视和行业领域的积极关注。四号线 PPP 模式相关经验的不断输出,引发更多关于大型基础设施投融资模式的创新思考和实践。在国家深化投融资体制改革的大背景下,四号线 PPP 模式将发挥显著的标杆示范作用,推动我国基础设施投资建设不断发展。

7.2 树立北京市改革开放的国际形象

四号线项目投资巨大,采用 PPP 融资方式建设,吸引了全球众多实力投资机构和轨道交通专业机构的注意,四号线 PPP 运作过程一直备受各方关注。四号线 PPP 项目树立了北京市基础设施领域开放、创新的国际形象,体现了北京市基础设施市场化融资的水平和质量,也促进了行业内技术、管理等方面的国际交流和互动。

7.3 促进劳动生产率提高

北京地铁四号线的 PPP 模式的成功运用,引入了市场竞争,划清政府和企业的界限,基本上解决了过去政府投资劳动生产率较低的局面,提高了资金的运作效率和整个项目的管理效率。

7.4 促进就业和人才素质提高

北京地铁四号线采用的是 PPP 模式运行管理,签订特许经营协议,获得特许经营权,需要对地铁项目进行包装,采用多种融资方式进行结构融资,评估、控制风险,需要打破旧有模式,建立特有经营管理模式,这些都需要比较复杂的法律、金融、轨道和财务方面的知识。通过地铁四号线 PPP 项目的运作,培养了一大批这方面的高素质专业人才。政府相关部门在价格、安全、服务、协议等方面履行其监管职能,是对政府的监管模式的优化、改善和重塑的过程,锻炼了政府公务人员和提高了政府执政能力。通过校园招聘吸收高素质的应届毕业生,经过专业培养及轮岗培训成为日后公司高层次管理人才。

参考文献

[1]《北京市城市基础设施特许经营条例》,北京市十二届人大2005年12月1日通过,2006年3月1日施行.

[2]《北京地铁四号线特许经营实施方案》.

[3]《北京地铁四号线工程可行性研究报告》.

[4]《北京地铁四号线特许经营协议》及相关附件.

[5] 北京京港地铁公司《中外合作经营合同》.

[6] 北京京港地铁公司提供的四号线 PPP 项目投资、对调运营等方面的资料.

BT模式在城市轨道交通项目建设中的应用

北京市基础设施投资有限公司建设管理部

摘　要：在市政府确定的“政府主导、市区共建、多渠道融资、多元化运作”投融资方针指导下，京投公司按照“保障供给、降低成本、创新机制、控制风险”的十六字方针，进行多元化融资，开展市场化运作。于2004年经北京市发展改革委批准，首次在国内轨道交通领域采用BT模式建设北京奥运支线。2008年，在北京轨道交通亦庄线再次采用BT建设模式。通过上述实践，总结了从项目审批、招投标及实施全过程的特点。在吸引社会投资、降低工程建设成本、保证工程质量及节约建设时间方面取得显著效果。

关键词：BT模式；轨道交通；应用

1 北京市轨道交通建设采用BT模式的背景

京投公司从成立之初，在充分发挥政府投资主导作用的同时，通过创新投融资机制、模式，吸引社会投资者、专业经营者共同参与我市基础设施项目的建设和运营管理；积极拓宽债务融资渠道，创新债务融资品种，努力降低债务融资成本。在此基础上，通过规范内部管理和引入商业运作等现代管理手段，开发利用轨道交通沿线相关资源，实现国有资产保值增值。

京投公司十分注重研究国内外轨道交通建设的产业规律和经营理念，认真落实“奥运”工程和首都城市发展规划中轨道交通建设的投融资任务，依据市政府对京投公司的职能定位，创造性地开展工作，构建轨道交通投融资理论的基本框架，提出适合中国实际的财务模型、盈利模式、票价政策、特许条件、风险分担、技术标准、监管规则等。以这些创新为基础设计的融资方案已经应用于北京地铁四号线PPP模式的运作以及奥运支线、亦庄线BT模式的招商活动中，并获得国际市场的认可和支持。2006年底，京投公司成功运作的《城市轨道交通投融资公私合作的方案设计与实施》项目先后被评为第21届北京市企业管理现代化创新成果一等奖、第13届全国企业管理现代化创新成果一等奖。2007年9月，“城市轨道交通PPP投融资模式”被建设部列为“全国建设行业——城市轨道交通专项科技成果推广项目”。京投公司运作的奥运支线BT项目获得了2008年第二届“全国优秀企业管理成功案例奖”、2009 年全国建设行业科技成果推广项目奖、第二十四届市企业管理现代化创新成果一等奖。

早在 2003 年,为深化轨道交通投融资体制改革,促进轨道交通健康快速发展,市政府确定了“政府主导、市区共建、多渠道融资、多元化运作”的投融资指导方针,要求在市政府主导的前提下,在投资、建设、运营三个环节引入适度竞争的市场机制,提高投资、建设和运营效率,为市民提供更优质的轨道交通运输服务。

北京申奥成功后,北京市轨道交通行业步入飞速发展时期。2004 年,本市同时在建的轨道交通项目包括地铁 4 号线、5 号线、10 号线、奥运支线及机场线等 5 条线路,投资总额大,政府资金压力较大,且工期非常紧迫,负责本市轨道交通建设的北京市轨道交通建设管理有限公司(下称“建管公司”)承担了极大的建设管理压力。2008 年,北京成功举办奥运会后,北京市政府向全世界承诺,将全力打造“绿色北京、人文北京、科技北京”的世界性国际化大都市。城市轨道交通等基础设施建设成为亟待解决的问题。除面临资金压力、建设管理压力以外,轨道交通项目的超支现象较为普遍,如何控制和降低轨道交通投资成为业界研究和关注的焦点。

作为一种新型的投资建设模式,BT 模式较为广泛的应用于国外大型基础设施建设项目中,但在我国还没有专门的法律法规对 BT 模式运作进行规范。国内相关地区和行业采用 BT 模式运作了部分项目,但运作方式各异,操作上也不尽规范,且带来了一系列问题,曾引起了社会的广泛关注和质疑。

为建立和完善城市轨道交通工程建设的市场化竞争机制,缓解政府当期的资金压力,分散轨道交通建设管理压力,控制和降低工程投资,京投公司组织业务骨干成立项目小组,在国内轨道交通建设领域率先研究提出了规范的 BT 投资建设模式,并制定了地铁奥运支线 BT 项目实施方案。2004 年,北京市发展改革委下发“京发改〔2004〕2330 号”文件,批准同意采用 BT 模式建设地铁奥运支线;2007 年,北京市发展改革委下发“京发改文〔2007〕405 号”文件,批准北京轨道交通亦庄线采用 BT 模式进行投资建设,工程分为 BT 工程和非 BT 工程两部分,其中技术相对简单、建设标准明确的土建工程和轨道工程,以及电梯、通风、空调等配套工程,作为 BT 工程。BT 工程完成验收合格后,由京投公司负责回购,回购所需资金按现行政府投资政策解决。

2 BT 模式的内涵

2.1 主要内容

BT(Build - Transfer)即建设—移交,是由业主通过公开招标的方式确定项目建设方,由建设方负责项目资金筹措和工程建设,项目建成竣工验收合格后由业主回购,并由业主向建设方支付回购价款的一种投资建设方式。具体做法是:在完成工程前期工作的基础上,通过招标确定项目投资建设方。中标的建设方负责组建 BT 项目公司,与业主单位签署《BT 投资建设协议》,项目公司负责 BT 工程的投融资、建设和移交。业主单位按合同在工程建设过程中行使监管权,工程建成并验收合格后,BT 项目公司将满足约定建设标准的工程移交给业主单位,业主单位按合同约定进行回购。

2.2 主要特点

(1)BT 模式是一种新的融资建设模式。该模式较广泛地应用于国外大型基础设施工程建设,但在国内基础设施领域,尤其在轨道交通建设中尚属于一种新型的融资建设方式。

(2)采用 BT 模式可为项目业主单位筹措建设资金,缓解建设期间的资金压力。同时,通过成立 BT 项目公司,社会投资者可采用项目融资的方式实现表外融资,可有效提高资金使用效率,分散投资风险。

(3)采用 BT 模式可以减少工程建设环节,提高投资建设效率。BT 项目由投资者负责工程全过程,包括工程前期准备、设计、施工及监理等建设环节,可有效实现设计、施工的紧密衔接,减少建设管理和协调环节,降低成本。

(4)BT 模式一般采用固定价格合同,通过锁定工程造价和工期,可有效降低工程造价,转移业主的投资建设风险。

(5)BT 项目回购资金有保证,投资风险小。BT 模式通过设置回购承诺和回购担保的方式,可降低投资回收风险,其投资回收期限较短。对大型建筑企业而言,BT 项目是一种良好的投资渠道,通过 BT 模式参与工程项目的投资建设,既有利于避免与中小建筑企业的恶性竞争,又能发挥企业自身技术和资金的综合优势。

2.3 适用范围及应用条件

2.3.1 适用范围

BT 模式适用于轨道交通项目的各类新建、续建以及已运营线路的改扩建工程。

2.3.2 应用条件

(1)前期工作深入,设计方案稳定,建设标准明确。

(2)工程建设难度适度,建设风险较小。

(3)业主单位信誉良好,回购资金有保障,能提供回购承诺函及相应担保。

(4)工程规模适当,投资额度应在潜在投标人可承受的范围内。

(5)项目成本应该能够较为准确的估算,以便于投标人估算和控制投资成本。

3 BT 建设模式在北京轨道交通领域的应用情况

截至目前,北京市在奥运支线及亦庄线实施了 BT 建设模式。在投资控制、项目进度、质量控制等方面都取得了明显的效果,下面分别进行介绍。

3.1 奥运支线 BT 项目实施情况

3.1.1 项目概况

北京地铁奥运支线工程,是北京市的奥运重点工程之一,南起北中轴路地铁 10 号线的熊猫环岛站,沿中轴路向北延伸,从位于“鸟巢”和“水立方”之间的中心绿化广场地下通过,止于森林公园内规划的奥运湖南岸,全部为地下线,全长 4.4km;由南向北设奥体中心站、奥林匹克公园站、森林公园站 3 座车站,线路在奥体中心站以南设双线联络线,沿北土城路向东,接轨于地铁 10 号线北土城站。地铁奥运支线工程项目总投资 24.8 亿元,2005 年开工建设,2008 年投入使用。这条唯一能进入奥运中心区的地铁线路成为奥运期间人员输送最重要的通道。

地铁奥运支线由北京地铁十号线投资有限责任公司(下称“十号线公司”)负责投资、建设和运营。十号线公司委托建管公司负责奥运支线前期的建设管理工作。

3.1.2 项目运作方案

(1)将奥运支线项目以初步设计概算 24.8 亿元为基础,划分为非 BT 工程和 BT 工程两部分。

(2)非 BT 工程主要包括前期征地拆迁、通信、信号及车辆购置等工程,折合投资约 10.5 亿元,建设资金由奥运支线项目的业主单位十号线公司负责筹措,前期征地拆迁委托建管公司负责,车辆购置及通信、信号设备等部分通过公开招标确定建设方。对于非 BT 工程,十号线公司委托建管公司负责建设管理,在委托建设管理合同中对工程的质量标准、接口要求、工期要求、施工配合等予以详细规定。

(3)BT 工程主要包括土建工程及车站机电设备工程等,折合投资约 14.3 亿元,由十号线公司通过公开招标方式选择的投资者负责投资和建设。工程施工由中标的投资者以工程总承包的方式承担,工程建设监理由十号线公司委托建管公司通过公开招标的方式确定。

(4)工程监管及风险防范措施。为确保工程按期完工和工程质量,在项目运作过程中采取了一系列工程监管和风险防范措施对 BT 项目进行过程管理和控制。

第一,建立建设期 BT 运作的监管、协调机制。由十号线公司委托建管公司对项目公司的工程质量、进度、资金使用及工程安全等方面进行监督管理,确保项目公司按《BT 投资建设合同》的建设标准、工程进度等完成工程建设。建设期间,十号线公司在督促项目公司严格执行《BT 投资建设合同》的同时,负责与政府部门及相关单位的协调事宜。

第二,建立风险防范措施。为降低项目运作风险,京投公司在事前、事中、事后三个环节采取以下风险防范措施:①事前防范:在招标阶段,规范运作,选择有实力、有经验的中标人;②事中监管:在建设期间,委托建管公司行使监督管理职能,加大监管强度;③事后补救:提前制定应急预案,一旦中标人出现重大违约行为,可由 10 号线公司及建管公司接管工程的后续投资建设。

具体项目运作流程图如图 1 所示。

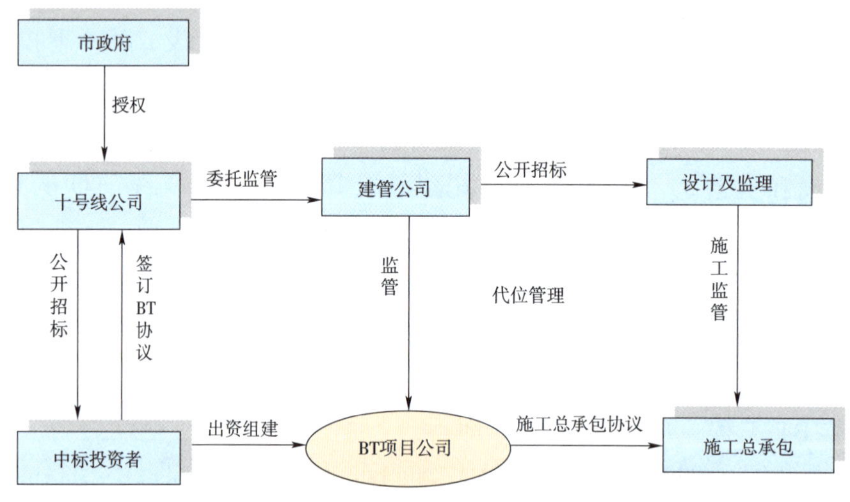

图 1　项目运作流程图

3.1.3　项目运作过程

3.1.3.1　项目立项、审批

2003—2004 年,开展 BT 项目前期研究,京投公司提出奥运支线采用 BT 模式进行投资建设,并于 2004 年 1 月上报北京市发展改革委《关于奥运支线采用 BT 模式进行投资建设的请示》。2004 年 11 月,北京市发展改革委下发了《关于印发采用 BT 模式建设地铁奥运支线文件的通知》的批复,同意采用 BT 模式进行投资建设,具体工作由京投公司组织实施。

3.1.3.2　资格预审、招标

(1)资格预审。2004 年 11 月 1 日,京投公司在中国建设报、中国日报、中国招标与采购网、投资北京网站等媒体发布了《奥运支线 BT 项目招标预告》,奥运支线 BT 项目国际公开招标工作全面展开。11 月 12 日,京投公司组织有关专家对投标申请人提供的《资格预审文件》进行专家评审,中铁建、中铁工、首创集团、北京建工、中房集团、中建一局、日本三井、隧道局、中铁电气化局、中铁三局等 14 家企业组成的 6 个联合体申请人通过了资格预审获得投标资格。

(2)招标文件发售。11 月 17 日,奥运支线 BT 项目招标文件正式发售,通过资格预审的 6 家投标人全部参加了本项目的投标。

(3)开标、评标。2005 年 2 月 25—28 日, BT 项目开标、评标。经评审,中铁工、中铁三局及中铁电气化局联合体投资实力雄厚,轨道交通建设经验丰富,其技术方案优秀、报价较低,在所有有效投标文件中的评标总价最低,被评标委员会推荐为中标人。

2005 年 4 月 29 日,《北京地铁奥运支线 BT 工程项目投资建设合同》签订,奥运支线 BT 项目进入实质性操作阶段。

3.1.3.3　BT 项目公司组建

2005 年 5 月,中标人“中铁工联合体”注册成立了北京中铁工投资管理有限公司(下称“BT 项目公司”)。BT 项目公司的注册资金比例为 BT 工程总投资的 35%,约 3.84 亿元;BT 项目公司注册时,资本金实际到位 1/3,其余部分按合同规定逐步到位。

3.1.3.4　工程实施

2005 年 6 月,BT 工程开工建设;2006 年 9 月 28 日,BT 工程土建主体结构提前完工;2007 年 10 月 28 日,奥运支线提前提供 10 号线工程进行动车调试工作的工作条件;2008 年 1 月,车站公共区装修及附属设施结构建设完成,交付北京市地铁运营有限公司进行临管;2008 年 3 月,BT 工程基本完成竣工验收并开始空载试运行工作;7 月奥运支线 BT 工程随 10 号线主体工程一并投入试运营。

3.2　亦庄线 BT 项目实施情况

3.2.1　项目实施整体情况

2008 年 7 月,国内第一条采用 BT 模式建设的地铁奥运支线建成通车,为后续轨道交通建设提供了积极的示范效应。

亦庄线 BT 项目的实施过程与奥运支线 BT 项目的实施过程大体相同。但是由于工期按市政府要求提前 16 个月,对后续的 BT 项目公司回购与项目结算产生了很大的影响。

北京轨道交通亦庄线线路起点为地铁5号线宋家庄站南侧,途经丰台、朝阳、大兴、通州四个辖区和亦庄开发区,终点设在亦庄规划区东边界的亦庄火车站。线路全长23.8km,共设车站14座,地下车站6座,高架车站8座,全线设车辆段一座,停车场一座。

北京轨道交通亦庄线投资有限责任公司(下称"亦庄线公司")于2008年8月底完成BT工程的招标工作,北京城建集团有限责任公司(下称"城建集团")以30.58亿元中标,较批复概算36.68亿元降低16.6%。依据BT合同约定,城建集团成立了北京城建轨道交通建设有限公司(下称"BT项目公司"),作为本项目的项目法人单位,全面负责BT工程的投融资、建设管理及质量、工期、安全等工作。目前该工程已完工,并全面通车运营。

合同约定的BT投资建设合同工期为自2008年9月21日至2012年4月21日。根据市政府要求,亦庄线工期提前,于2010年12月底建成通车,较合同工期提前了16个月。为此,中标方提出了较大金额的变更费用,为项目回购及结算增加了困难。

为此,京投公司项目小组通过深入研究提出项目回购需要解决的两个关键问题:

第一,由于工期的调整,导致产生一定的工期补偿费用,短期内不易确定。这与原BT建设合同为固定总价合同相冲突;

第二,乙方成立的BT项目公司存在18亿元债务无力偿还,与BT建设合同回购条件不相符。

如果上述两个问题不能解决,线路建成投入运营后无法按合同实施回购将在线路资产权属、安全责任等方面产生一系列问题。此外,建设方投入的资金也无法收回,承担着巨大的资金压力。

为了解决上述问题并推动项目回购工作,经项目小组研究,提出了将原来的固定BT合同价格30.58亿元修改为BT合同价格由原合同价格30.58亿元加工程变更费用两部分组成的思路。其中,30.58亿元的合同价格通过回购BT项目公司的方式支付,工程变更费用通过后期的结算程序确认。在此基础上,由于BT项目公司存在18亿元无力偿还的债务,回购价格按照BT项目公司净资产价格12亿元计算。上述思路的提出为项目回购铺平了道路。经过一年多的谈判,双方基本确定了《亦庄线BT投资建设合同补充协议》的内容。根据《补充协议》,京投公司支付了全部股权转让款,取得了北京产权交易所股权转让交易凭证,完成了 BT 项目公司的工商变更、税务登记等手续办理工作，顺利完成了回购工作。

项目回购完成后，合同双方将工作重点转移到工程变更费用的结算。在工期补偿计算方面，BT 项目公司原上报赶工费用约 8 亿元，经充分沟通及协商，调整后上报的赶工费用为 3.75 亿元。为做好结算工作，京投公司牵头组织各相关方及中介机构成立了工作组。同时在工作中经常与市审计局、市住建委造价处等主管部门沟通。最终，经过多方协调各方同意在技术上采用“工期定额”的方式对由于工期调整产生的工期补偿费用进行测算。

2013 年 3 月，市审计局出具审计取证单，确认该合同结算金额为 382263 万元。结算金额中概算内费用为 354535 万元，与调整后概算 367786 万元相比，减少投资 13251 万元，减少 3.6%。至此，亦庄线 BT 工程结算主要工作基本完成。

3.2.2　项目实施过程中主要创新点

(1)在合同条件发生重大变更的前提下，本着实事求是的原则，突破原合同约定，重新确定合同价格构成，创造条件，完成了项目公司回购。

根据政府的要求，亦庄线投入运营较合同工期提前了 16 个月。因此，城建集团提出较大金额的工期补偿。同时，因 BT 项目公司存在大额无力偿还的债务，导致无法按照原 BT 合同固定价格的条件对 BT 项目公司实施回购，造成了线路投入运营后原 BT 合同无法履行的问题。

为了解决上述问题，项目小组提出了将原来的固定 BT 合同价格 30.58 亿元修改为 BT 合同价格由原合同价格 30.58 亿元加工程变更费用两部分组成的思路。其中，30.58 亿元的合同价格通过回购 BT 项目公司的方式支付，工程变更费用通过后期的结算程序确认。在此基础上，由于 BT 项目公司存在 18 亿元无力偿还的债务，回购价格按照 BT 项目公司净资产价格 12 亿元计算。

通过以上方式，解决了回购 BT 项目公司过程中存在工程变更费用不确定和回购时存在债务不能回购的问题，为回购扫清了障碍，保证了项目回购的顺利进行。

(2)在工期调整较大的情况下，提出了按照“工期定额”计算赶工费。

在工期补偿计算方面，BT 项目公司原上报赶工费用约 8 亿元，经充分沟通及协商，调整后上报的赶工费用为 37524 万元。

在城建集团提出了巨额工期补偿的情况下，结算工作组多次召开会议，研究其合理的变更组价方法。曾提出实物工程量补偿法、实物工程量补偿与提前竣工奖励相结合的补偿方案、按工期定额补偿法等几种不同的方案。在充分论证后，经结算领导组同意，结算工作组采用了按市住建委造价处颁布的工期定额的工期补偿方法对本项目工期补偿进行了测算。在与市住建委造价处、市审计局沟通、汇报及研讨后,此赶工费计算方法得到了市住建委造价处、市审计局的认可。

4 北京市采用 BT 模式开展轨道交通建设的效果

奥运支线、亦庄线 BT 工程不但在安全、质量、进度上取得了较大成绩,而且在投资上也得到了有效控制。

4.1 吸引社会投资,缓解了市政府建设期的投资压力

奥运支线 BT 项目通过公开招标,由社会投资者中铁工承担了项目在建设期的投入约 11 亿元;亦庄 BT 项目,在建设期吸引社会投资超过 30 亿元。缓解了市政府在建设期的投资压力。

4.2 实际节约投资,降低 BT 工程建设成本

根据工程结算审核结果,奥运支线 BT 工程合同范围内增加费用仅为 7160 万元,实际节约投资 1.84 亿元,节约率为 18.4%。和同类工程相比,在降低工程造价方面取得了显著成效,为同类轨道交通项目的工程造价控制树立了标杆。亦庄线 BT 项目结算金额中概算内费与调整后概算相比,减少投资 13251 万元,降低 3.6%。

4.3 工程质量良好,施工期间无重大安全责任事故

BT 工程施工质量良好,施工期间未发生一次重大安全责任事故。2007 年 6 月,奥运支线 BT 项目荣获北京市“2008”工程指挥部办公室颁发的“2006 年度北京市 2008 工程绿色施工优秀工地”奖杯;2008 年 1 月,被北京市政工程行业协会评为“2007 年度市政基础设施结构长城杯金质奖工程”。亦庄线 BT 项目荣获 2009 年“北京市市政基础设施结构长城杯”、2010 年“北京市市政工程竣工长城杯”、2011 年“全国市政金杯示范工程”。

4.4 提前完成建设任务

奥运支线 BT 工程于 2005 年 6 月 8 日开工建设,2008 年 3 月,完成竣工验收并开始空载试运行工作;2008 年 7 月随 10 号线主体工程一并投入试运营。上述工程关键节点全部按照合同规定完成。

在项目建设过程中,为配合 10 号线动车调试工作,奥运支线作为先期样板段工程将具备联合调试条件的节点工期由 2008 年 1 月 1 日提前至 2007 年 10 月 18 日,提前工期 74 天,为顺利实现 10 号线通车目标提供了有利条件。

亦庄线 BT 项目投资建设合同工期自 2008 年 9 月 21 日至 2012 年 4 月 21 日。根据市政府要求,亦庄线工期提前,于 2010 年 12 月底建成通车,较合同工期提前了 16 个月。

上述两个 BT 项目的顺利实施,为缓解城市交通压力做出了贡献,社会效益显著,经济效益明显。

5 推广应用情况

奥运支线 BT 项目的成功运作,在国内产生了一定的示范效应。南京、深圳、长沙、大连、广州、重庆等城市多次到京投公司考察学习 BT 项目运作经验。目前,南京、广州、深圳等城市轨道交通项目成功采用 BT 模式进行投资建设,并取得了较好的经济效益和社会效益。

城市轨道交通企业多渠道低成本债务融资管理创新

北京市基础设施投资有限公司融资计划部

摘　要:城市轨道交通是北京交通系统的基础和核心,对北京市缓解交通压力、拉动区域经济增长、实现建设世界城市的发展目标起到了至关重要的作用。然而轨道交通建设具有投资规模巨大、建设时间紧迫的突出特点,城市化进程的不断加速又为轨道交通的跨越式发展提出了新的要求。为推动北京城市轨道交通事业快速发展,保障建设资金的落实,必须对轨道交通投融资模式进行持续的创新和实践。本文以京投公司为例,以轨道交通项目融资相关理论为指导,通过对京投公司10年来不同渠道的债务融资项目为例,总结京投公司多渠道低成本债务融资管理实践经验,尝试为城市轨道交通企业多渠道低成本债务融资管理工作提出建议,以提高城市轨道交通企业的整体债务融资管理实力。

关键词:轨道交通;债务融资;实践;管理

北京市基础设施投资有限公司(简称京投公司)是由北京市国资委出资的国有独资企业,前身为1976年成立的北京地铁公司,1984年5月更名为北京市地下铁道总公司,2001年改制为北京地铁集团有限公司,2003年改组更名为北京市基础设施投资有限公司。截至2012年底,京投公司注册资本658亿元,总资产2808亿元,净资产972亿元。

京投公司主要经营业务为城市基础设施的投融资和资本运营(近期以轨道交通为主),目前主要承担北京市城市轨道交通、城际高速铁路、城市综合治理、城市资源开发等四个领域的投融资任务,目前投资总额已超过3000亿元。

过去10年间,京投公司一直秉承"求真务实、开拓创新、精细严谨、高效规范"的管理理念,坚持"保障供给、降低成本、优化结构、控制风险、创新机制"的融资方针,通过不断的投融资模式创新和自我超越,较圆满的完成了各项投融资任务。

1 城市轨道交通企业多渠道低成本债务融资管理创新产生的背景

随着我国经济的快速发展和城市化进程的加快,轨道交通以其快捷、高效、环保等优点,成为国内各大城市解决交通问题、促进城市经济发展的重要选择。2001年申奥成功更是为北京市轨道交通的发展带来了历史性的机遇。按照北京市“十二五”规划纲要，到2015年末我市轨道交通运营总里程预计超过660km，短期内需筹措落实巨额建设资金，对京投公司提出了极高的要求。

随着建设进度的加快，北京城市轨道交通逐渐成为北京交通系统的基础和核心，对北京市缓解交通压力、拉动区域经济增长、实现建设世界城市的发展目标起到了至关重要的作用。然而轨道交通建设具有投资规模巨大、建设时间紧迫的突出特点，城市化进程的不断加速又为轨道交通的跨越式发展提出了新的要求。为推动北京城市轨道交通事业快速发展，保障建设资金的落实，必须对轨道交通投融资模式进行持续的创新和实践。

1.1 城市轨道交通企业需在短期内筹措巨额资金，但融资渠道相对单一

轨道交通项目投资大，地下线每公里造价约10亿元，地面线每公里造价约4亿元。按上述规划要求，仅“十二五”期间，北京城市轨道交通总投资预计就将超过3200亿元，其中，按照现行投资政策，京投公司需筹措落实的债务资金超过2500亿元，如此巨额的债务融资，如筹措渠道单一，风险将过于集中。

由于轨道交通产品自身盈利性差，依靠自身经营现金流难以满足还本付息要求，对取得银行贷款尚构成一定制约，更难以引入对安全性、流动性、收益性要求更高的创新性融资品种，例如，发行企业债要求企业连续三年盈利，而轨道交通企业很难满足这一要求。因此，轨道交通融资一般仅仅依靠银行贷款，虽工作相对简单，但一旦贷款提款链条出现问题，将对地铁建设带来严重不利影响。

1.2 城市轨道交通企业需筹措低成本债务资金，以减轻付息压力

按照北京市政府有关部门计划，上述超过2000亿元的债务资金，全部偿清将持续到2035年，贷款利息将超过1000亿元。而且，随着中国经济多年持续高增长，潜在通货膨胀压力越来越大，银行贷款利率将步入上升通道。这样，银行贷款利率每上升1个百分点，2000亿贷款每年需多付20亿元利息。如不能充分有效利用低成本债务资金，未来偿债付息压力将极其沉重。

然而，长期以来我国对银行贷款利率实行下限管理，用于投向基础设施领域的相关金融品种也尚不成熟，轨道交通企业筹措低成本债务资金难度较大，降低融资成本空间极为有限。

2 城市轨道交通企业多渠道低成本债务融资管理创新的内涵和主要做法

城市轨道企业多渠道低成本债务融资管理创新是指：结合轨道交通产品的经济特点，充分利用政府信用支持，完善财务结构，构造现金流模型；建立信用体

系,提高信用评级;专业化运作,广泛运用各种金融产品组合,创新融资工具,拓宽融资渠道,实现保障融资供给、降低融资成本、优化融资结构、控制融资风险的目标。

2.1 结合城市轨道交通行业特点,积极落实政府投资主导支持政策,完善财务结构,构造现金流模型,奠定多渠道低成本债务融资的基础

2.1.1 明确城市轨道交通政府投资主导性质

城市轨道交通是公共客运交通的重要组成部分,具有公益性、福利性和商品性等多重属性,是典型的准公共产品,一般项目投资规模大,建设周期长,短期效益不佳,同时政府一般实行低票价政策,经营亏损靠政府补贴,但轨道交通项目投资也具备规模效应显著,未来现金流稳定快速增长的特点。由于城市轨道交通公益性强而盈利性弱,政府应承担投资主导作用。

北京市作为我国的政治、文化和国际交往中心,综合经济实力一直位居国内前列,随着经济结构和产业布局的调整,北京市经济增长方式加速转变,地区GDP 增长率一直高于全国 GDP 的平均增长水平。随着北京市经济的持续发展,北京市财政实力也快速提升,2012 年,北京市实现地方财政收入 3314.9 亿元,比 2011 年增长 10.3%,北京市极强的财政实力为轨道交通项目债务融资的还本付息提供了有力的保障。

2.1.2 积极促进建立政府轨道交通建设专项资金

为落实轨道交通政府主导投资,统筹安排未来投资计划,京投公司积极研究,推动市政府有关部门制定出台了明确的轨道交通建设资金安排政策:2015 年前,政府集中财力建立轨道交通建设专项资金,每年安排 100 亿元。2012 年,根据新的投资需求,经详细测算后,京投公司又推动市政府出台了新的轨道交通建设资金安排政策:轨道交通专项资金政策由目前每年 100 亿元调整为每年 155 亿元,期限为 2013—2035 年。

轨道交通专项资金政策是政府主导投资的具体表现,为京投公司开展多渠道低成本债务融资工作奠定了坚实基础,是京投公司开展轨道交通项目投融资工作不可或缺的必要条件。

2.1.3 构造现金流模型,打造轨道交通企业盈利模式

京投公司依靠上述政府安排的专项资金的资本金投入,将资产负债率控制在合理水平,同时利用上述政府安排的专项资金的还本付息资金,形成可预期、有保障的偿债现金流。另外,为实现公司的长期可持续发展,并满足企业债等融资品种对公司利润等各项指标的要求,京投公司还努力拓展轨道交通相关资源

开发业务,并积极提高资金运作效率,实现了各年连续盈利,逐渐摸索出了轨道交通企业持续经营的盈利模式,构造出了满足多渠道低成本债务融资要求的现金流模型。

2.2 建立维护良好的企业信用

京投公司始终致力于维护保持优良的信用记录,在偿还债务方面从未发生过任何形式的违约行为。京投公司与银行保持着长期良好的合作关系,多家商业银行均为京投公司核定较高的授信额度。截至 2012 年底,京投公司在各家银行已累计获得授信约 2200 亿元。充足的银行授信额度是京投公司良好企业信用的具体体现。

同时,京投公司开展专业化运作,积极致力于改善资本及债务结构,加强投资管理。京投公司认真研究资金使用特点,在融资方式、期限组合、存款调度、支付方式和提款时间上下功夫,真正做到了资金统筹规划、集中管理、合理使用,千方百计降低资金使用成本,不断加强银行等金融机构对京投公司的信赖。

受益于北京市经济和财政实力的不断增强,并考虑到在北京市公共交通发展中的重要地位、来自北京市财力的有力支持、自身稳健的财务政策和较强的多渠道低成本融资能力以及与国内多家大型商业银行长期、稳定、良好的合作关系,中诚信国际评级公司经过充分调研,基于对京投公司外部环境和内部实力的综合评估,评定京投公司主体信用级别为 AAA 级,表明京投公司具有很强的偿债能力。

2.3 大力创新融资工具,拓宽融资渠道

2.3.1 以银行贷款为基础,切实保障建设资金供给并控制贷款利率波动风险

京投公司成立以来,在与银行的合作过程中经历了由担保加抵押、不担保仅抵押、纯信用贷款、贷款招标等四个发展阶段。这一过程中,总的来说,国家经济、金融形势较好,资金供给比较充分,京投公司在努力宣传、做好有关金融机构工作、确保一般贷款供给的同时,加大了金融创新力度,采用了固息贷款、出口信贷、利率期权、贷款招标等创新方式。

(1)固息贷款。为有效降低轨道交通项目融资成本,在国内贷款利率处于低谷之际,京投公司抓住机遇,提前为地铁 10 号线一期(含奥运支线)项目锁定了 15.13 亿元固息贷款,利率仅为 5.184%,既降低了融资成本又规避了加息的风险。

(2)出口信贷。2006 年,京投公司利用出口信贷方式采购 2500 万美元 5 号线信号设备与钢铝复合轨及附件设备,定价采用 LIBOR(即伦敦银行同业拆借利

率)加点方式。出口信贷具有期限长、利率低、汇率风险小等方面的优势,特别是在汇率方面,由于建设期内贷款币种与商务币种一致,不存在汇率风险,加之人民币持续升值,将有利于京投公司控制并降低财务成本。

(3)利率期权。2006 年,京投公司以地铁 10 号线贷款为试点,独立研究设计了人民币贷款利率期权方案,在保证借款人始终享受同期贷款基准利率下浮到底优惠的同时,锁定了利率上限,使项目享受当期最优惠利率的同时,规避了未来加息所带来的风险,保障了降息所带来的收益。通过公开招标,地铁 10 号线 80 亿贷款每一笔提款后前 10 年内利率不高于 5.508%。

(4)贷款招标。2007 年以来,京投公司通过公开招标,累计落实地铁线路银行贷款 1260.41 亿元,同时还争取到诸多贷款优惠条件,具体包括利率期权、免担保、短期固定利率贷款、按年付息、用款当天提取、票据 + 循环贷款 + 长期借款等组合融资等多项创新优惠条件,为新线建设工程提供了有力的资金保障。

2.3.2 以债券、信托等方式为辅助,多渠道筹措资金,深入降低融资成本

(1)企业债。在京投公司通过拓展轨道交通相关资源开发业务,并积极开展资金运作,实现各年连续盈利,满足了发债基本要求的基础上,在市发改委的支持下,京投公司先后三次共发行了 60 亿元企业债券。其中,2004 年 12 月发行的“04 京投债”为我国轨道交通领域第一支企业债券;2006 年 4 月,京投公司向社会公开发售第二支企业债券“06 京投债”,发行时利率仅为 2.98%;2008 年 9 月,公司又成功发行第三支 20 亿元企业债券“08 京投债”,是国内第一支无担保地方企业债券,采取固定利率形式,票面年利率为 5.20%,其利率甚至低于同期同品种有担保债券。2012 年底,公司又获批了 28 亿元企业债券发行额度,计划 2013 年根据建设资金需求和市场情况募集资金。

地铁债券期限较长,存续期间只付息,到期一次性还本,大大减轻了市财力当期资金压力;同时,轨道交通项目可藉此度过开通初期的客流培育期,待项目自身经营现金流向好后,将可利用一部分项目自身收益用于还本。

(2)短期融资券。2006 年,京投公司在国内银行间债券市场成功发行了我国轨道交通领域第一支短期融资券,后又陆续发行了 10 期短期融资券,累计募集资金 220 亿元,平均票面利率仅为 4.16%,相当于目前银行一年期贷款基准利率 6% 下浮 31%。

(3)中期票据。2009 年,京投公司在国内银行间债券市场成功发行了我国轨道交通领域第一支中期票据,也是北京市属国有企业发行的第一支中期票据,后又陆续发行了 8 期中期票据,累计募集资金 210 亿元,平均票面利率仅为4.26%,

相当于目前银行五年期贷款基准利率 6.4% 下浮 33% 。中期票据的成功发行进一步降低了京投公司的融资成本,同时改善了公司的债务结构。

(4)私募债券。2011 年,京投公司从中国银行间交易商协会获得接受注册通知书,获批发行 100 亿元的非公开定向发行债券(简称“私募债券”),京投公司成为轨道交通行业中首个获得私募债券发行权的地方国企。2011 年分两期发行 70 亿元,2012 年募集 30 亿元。

京投公司通过成功发行私募债券,进一步强化了企业融资创新能力,突破了轨道交通企业融资“瓶颈”,尤其在当年国家宏观经济形势变化、货币政策紧缩、政府融资平台清理工作给公司融资工作带来巨大影响的背景下,私募债券的成功发行对京投公司未来融资工作的顺利开展起到了积极作用,缓解了建设资金压力。

(5)信托。2007 年 9 月,京投公司通过信托方式成功引入 10 亿元全国社保基金、10 亿元中石油资金,投入到北京轨道交通机场线和地铁 5 号线建设中。

通过信托方式引入全国社保基金,直接以“一对一”方式向资金持有者进行融资,使融资的中间费用大大降低,比银行融资成本低 20% 左右,为基础设施建设开辟了新的融资渠道。

2.3.3 以融资租赁、保险资金和股权信托等方式为补充,通过资本性创新融资弥补政府专项资金不足

(1)融资租赁。融资租赁在国际上是仅次于银行贷款的第二大融资方式,基于其操作方式灵活,融入资金使用限制较少的特点,经过近几年多个项目的成功运作,融资租赁已成为京投公司的常规融资方式之一。

2009 年 12 月,京投公司、中国银行、荷银租赁公司三方共同签署了 30 亿元的融资租赁合作协议,并由京投公司作为承租人,以北京地铁一环线资产作为标的物开展了资产售后回租融资项目合作,该项目综合融资成本较当时银行同期人民币贷款基准利率下浮达到 22% ,公司在取得低成本资金的同时,成功开辟出全新的融资渠道。

京投公司在完成以上 30 亿元资产售后回租项目后,又于 2009—2013 年分别与工银租赁、昆仑租赁、兴业租赁、建信租赁等融资租赁公司签署了总额超过 100 亿元的融资租赁合同。

除资产售后回租外,京投公司还与以上租赁公司尝试开展了直接租赁、联合承租等创新融资租赁业务合作,并将继续研究利用融资租赁产品为北京市轨道交通建设融资。

(2)保险资金。2009年,京投公司同太平资产管理公司签署了"太平—京投"债权计划投资合同,募集资金30亿元,期限7年,综合融资成本较银行贷款基准利率下浮16%。募集资金主要用于北京地铁10号线一期(含奥运支线)和二期工程建设。该项目是北京市第一个获准的保险债权投资计划项目,京投公司也是保监会2009年4月颁布相关政策之后获批的第一家将保险资金引入轨道交通领域的企业。

2010年,京投公司又同中国人寿资产管理公司就开展保险债权项目合作开展了深入探讨。经过艰苦的前期谈判、协调工作后,双方终于在2011年正式签署了总额高达100亿元的"中国人寿—北京京投债权投资计划投资合同",并分三期提款。该项目资金已用于北京地铁6号线等六个地铁建设项目,极大地缓解了地铁建设资金压力。

鉴于保险资金在额度、期限、价格上的综合优势,在完成以上保险资金债权项目合作的基础上,近期京投公司已开始同多家保险机构开展保险资金股权融资合作探讨,同时,还同其他非保险金融机构探讨利用其他融资产品融入保险资金的可行性,以进一步利用保险资金做好轨道交通建设融资工作。

(3)股权信托。2009年6月底,京投公司与工商银行、交通银行、北京银行等三家银行及国投信托、中融信托、中海信托、北京信托等四家信托合作,通过股权信托方式融入110亿元股权资金,融资成本较当时同期贷款基准利率下浮16%,在有效缓解新线资本金压力的同时,也有效降低了融资成本。该股权信托项目是目前国内金融领域同类产品中单笔金额最大、成本最低的成功案例。

(4)资产管理计划。资产管理计划业务是基金公司按照中国证监会最新颁布的《基金管理公司特定客户资产管理业务试点办法》等规定开展的创新业务,由基金公司设立的全资投资子公司具体开展。

2013年1月,京投公司与工银瑞信投资管理有限公司成功开展了专项资产管理计划债权融资合作,该公司是中国工商银行旗下的工银瑞信基金管理有限公司的全资子公司。京投公司通过该项目融得资金20亿元,较好地保障了2012年末、2013年初的用款需求。

3 城市轨道交通企业多渠道低成本债务融资管理创新的实施

3.1 专业化研发,提高融资方案设计水平

通过多年的融资实践工作,京投公司建立起了专业化的融资团队,持续提高京投公司的债务融资运作能力,并建立了相应的项目奖励办法,以鼓励融资

创新工作。

以利率期权贷款项目运作为例,2005 年底,京投公司预测中国将进入加息通道,并在深入研究固定利率、浮动利率、借鉴国外利率期权经验的基础上,提出了固定利率、浮动利率、利率期权等三种利率方案。其中,利率期权方案对京投公司而言更加稳妥,但在国内尚无先例。为此,京投公司就利率政策方面的问题咨询了中国人民银行利率处,确认了利率期权方案不存在违反相关政策规定的情形。随后,京投公司总经理办公会研究讨论,决定采用利率期权方式。

利率期权是一项关于利率变化的权利。利率期权买方支付一定金额的期权费后,就可以获得以下权利:在到期日按照预先约定的利率,按一定的期限借入或贷出一定金额的货币。这样,当市场利率向买方不利的方向变化时,买方可固定其利率水平;当市场利率向买方有利的方向变化时,买方可获得利率变化的好处,而利率期权的卖方向买方收取期权费,同时承担相应的责任。

京投公司根据地铁项目的特点并结合自身需要,在深入研究利率期权的基础上,制定了轨道交通利率期权贷款具体方案,即项目贷款期限为 25 年,贷款利率分为两个阶段执行:

第一阶段为自每笔贷款提款之日起 10 年内。该阶段的利率根据基准利率下限和合同约定利率孰低的原则,分别执行固定利率和浮动利率:①当基准利率下限高于或等于约定利率时,贷款利率采用固定利率方式,按约定利率计算利息;②当基准利率下限低于约定利率时,贷款利率采用浮动利率方式,按基准利率下限计算利息。

第二阶段为自每笔贷款 10 年届满之日起至贷款期结束。该阶段的利率为基准利率下限。

另外,自第一次提款之日起,在贷款期限内,中国人民银行如不再对贷款利率实行上下限限制,利率期权的买方和卖方需重新协商确定贷款利率,但在第一阶段,双方协商确定的贷款年利率不得超过约定利率。

3.2 市场化运作,建立公开公平竞争机制

以利率期权贷款运作为例,2005 年底,京投公司响应北京市有关部门提出的政府投资的基础设施项目通过公开招标方式选择贷款银行的有关要求,对 10 号线一期(含奥运支线,简称“10 号线”)项目 80 亿元贷款进行贷款招标试点。

结合 10 号线项目贷款金额巨大的特点,为保证招投标充分、公平竞争,招标方案中首次允许以银团形式投标,受到了各家商业银行的积极响应。

京投公司在拟定招标服务方案时,充分借鉴传统贷款合同的相关条款,并结

合项目本身的需要,力求做到服务条款充分细化、全面,为充分享受金融机构的服务打好基础。

由于利率期权方式要求投标人报出的利率是上限值(即约定利率),而下限又不能突破人民银行规定的长期贷款利率下浮到底的利率(当时央行基准利率下浮10%的利率为5.508%),如何评判各投标人报出的约定利率值的分数就成为制定评标方案的关键。

经咨询金融领域的相关专家,京投公司获知国内尚无利率期权操作的实例,无从借鉴,为此京投公司组织中国科学院的专家进行了专题研究,拟定了评标方案,建立了相关模型,制作了切实可行的评标软件。

经市发改委批准,2005年11月23日,京投公司正式在中国采购与招标网上发布招标公告。其间共有11家(包括银团)购买了标书。2005年12月27日,正式开标,共有4家投标人(包括银团)递交了投标文件。北京市公证机关的工作人员全程监督了开标和评标过程。

中国银行股份有限公司北京市分行以综合评估得分最高中标。该行完全响应招标文件的要求,所报利率为5.508%,同时作出以下承诺:提供金额相当于1.5亿美元的外汇贷款,招标人可以自由选择使用不同币种;宽限期超过10年;提前还款不收取罚金;如招标人不将资产和票款收入权抵押给第三方,可采用全程免担保方式,等等。

2006年1月,京投公司与中国银行股份有限公司北京市分行进行借款合同谈判。双方以招标文件中的合同框架为基础,加入该行在投标文件中承诺的条款,经过多次磋商,最终达成一致意见。2006年2月22日,正式签署《借款合同》,标志着10号线项目利率期权贷款的最终落实。

4 城市轨道交通企业多渠道低成本债务融资管理创新的效果

综上,京投公司广泛运用多种债务融资工具组合,努力降低融资成本,控制融资风险。相继成功发行了2000年企业债券实行额度审批以来第一支以轨道交通企业作为发行主体的企业债券,国内轨道交通领域第一支短期融资券,获批发行我国轨道交通领域第一支中期票据40亿元,成功运作了国内轨道交通行业第一个贷款银行招标项目,累计贷款招标580亿元,第一个固息贷款项目,第一个出口信贷项目,并第一个以信托方式引入全国社保基金10亿元投资轨道交通;京投公司广泛采用了固定利率、LIBOR(伦敦银行同业拆借利率)加点浮动、B-2W(银行间7天回购加权利率)加点浮动、保底浮动等多种利率方式,在国内金融领域第一个创新地采用了人民币贷款利率期权方式。一系列债务融资工具的大胆创新实践,拓宽了京投公司的融资渠道,使京投公司取得了充裕的长期债务资金支持,树立了良好的融资形象。同时,综合融资成本率可在贷款基准基础上降低10%以上,并有力地控制了加息、人民币贬值的风险,保障了降息、人民币升值带来的受益。

4.1 多渠道筹措建设资金,确保了资金供给,加快了城市轨道交通建设速度

通过采用银行贷款、发行债券、融资租赁、保险资金等多样化的债务融资组合,至2012年底,京投公司已落实债务资金近5000亿元,有效保证了建设资金需要。

4.2 大幅降低了融资成本并为轨道交通线路可持续发展奠定了坚实的基础

京投公司通过多渠道低成本债务融资管理创新,显著降低了企业融资成本,截至2012年底已累计节约融资成本62亿元。

4.3 示范推广效应显著

多渠道低成本债务融资管理创新,使各家金融机构得以公开、公平、公正地参与基础设施金融服务,也使承担政府投资项目的企业得以取得最优金融服务,是加强政府投资管理、降低政府投资项目融资成本的重要举措。其中,人民币贷款利率期权等方式的成功实施为促进利率市场化改革做出了大胆而有益的尝试,在国内金融领域和基础设施领域反响强烈,获得了广泛的关注和认可。

10年来,京投公司为保障轨道交通建设任务的顺利完成,在城市轨道交通投融资模式创新方面进行了大量的探索与实践,积累了较丰富的经验,也取得了一定的成绩。北京城市轨道交通投融资模式创新与实践的成功既得益于中国经济的快速发展和金融创新的日新月异,也依赖于北京市政府和相关主管部门、银行和保险等金融机构以及建设和运营单位的大力支持。未来,随着北京城市轨道交通建设的不断提速,其投融资模式创新与实践工作,以及债务融资管理工作也必将面临更多的机遇和挑战,京投公司也将继续开拓进取,为北京市建设有中国特色的"世界城市"和建设"人文北京、科技北京、绿色北京"的发展目标做出积极贡献。

参考文献

[1] 王灏. 城市轨道交通投融资理论研究与实践. 北京:中国金融出版社. 2009.
[2] 刘艳. 债券融资操作. 北京:中国金融出版社. 2011.
[3] 谭向东. 基础设施融资租赁. 北京:中信出版社. 2011.

北京市轨道交通运营财政补贴方案研究

北京市基础设施投资有限公司资产管理部

摘　要：针对目前北京市轨道交通运营财政补贴存在的问题，从补贴理论上进行了分析，同时借鉴伦敦、巴黎、纽约、东京、斯德哥尔摩、罗马的补贴政策与经验，结合目前北京轨道交通运营的实际情况，提出三套补贴方案，“固定价格合约”、“激励性分成合约”和“特许经营权竞标”。并详尽剖析了各自的总体思路和实施细则及相关的配套措施，为了对运营企业形成良好激励和一定约束，同时减轻政府的财政负担，建议把“特许经营权竞标”作为北京市轨道交通运营补偿机制改革的长期目标，并提出短期内采用“激励性分成合约”补贴方案，中期采用“固定价格合约”补贴方案。

关键词：轨道交通；补贴方案；固定价格合约；激励性分成合约；特许经营权竞标

1 研究背景

1.1　现状与问题

当前，北京市轨道交通运营采取“低票价＋财政补贴”的模式，1 号线、2 号线实行委托经营。委托方为北京市基础设施投资有限公司（以下简称“京投公司”），每年从财政申领 1 号线、2 号线财政补贴，北京市地铁运营有限公司（以下简称“地铁公司”）与京投公司按照市场化机制签订《北京地铁 1、2 号线委托运营协议》，委托期限 20 年（2004. 1. 1—2023. 12. 31）。协议中约定票款收入、财政补贴等数据每三年由双方重新核定，并按约定的计算公式结算。第一个约定的三年期于 2006 年结束（每年财政补贴 5 亿元），因财政补贴数据未按约定的方法核定，委托协议 2007 年后无法继续执行。

13 号线、八通线及 5 号线未建立经营模式。13 号线于 2002 年 9 月开通，八通线于 2003 年 12 月开通，5 号线于 2007 年 10 月开通。三条线都存在试运营费用不明确的问题。

13 号线 2002—2004 年试运营费用由建设费用补偿，2005 年开始，由财政按照实际运营亏损进行补偿；2007 年亏损无明确的补偿方法；八通线 2005 年的实际运营亏损由建设费用补偿。2006 年亏损 6931.94 万元未得到补偿；5 号线 2007 年的试运营亏损 3570.90 万元，2007 年、2008 年两年的财政补贴主要采取事后根据会计数据核定的方法，对企业而言缺乏激励机制。

总体看来，现有的补贴陷入了一个两难的困境。如果以运营企业的盈亏相抵为补贴目标，即"亏多少、补多少"那么运营企业就不会有超额的利润，导致运营成本居高不下，财政补贴不堪重负。如果财政补贴固定数额，即"固定补贴、盈亏自负"，运营企业就可能存在大量的超额利润。

1.1.1 "亏多少、补多少"(成本加成式)补贴方式分析

2004 年以前，补贴的思路基本是"亏多少、补多少"。操作起来非常简单，根据地铁运营企业实际的运营成本和收入核算出实际的亏损数额，财政将这笔款项拨付给运营方即可。地铁公司没有任何的超额利润，符合地铁的非盈利性特征，但并不能保证地铁运营企业的运营效率。既然亏多少财政就补多少，地铁运营企业缺乏控制成本的激励。

当然，通过配套的制度安排可以改进其补贴效率。比如纽约交通署下设专门的监查办公室，负责对运营的各种成本支出的合理性进行审核与评估。此外，还有针对企业财务的预算制度和审计制度等。但这种成本加成式的补贴总体上还是有成本失控的趋势。

1.1.2 "固定补贴、盈亏自负"(财政包干式)补贴方式分析

北京市的补贴方案从 2004 年开始转变思路。从成本加成式补贴转换为财政包干式补贴。优点非常明显，首先企业有强烈的动力来控制成本，如自创"构建内部市场"方法来压缩成本。其次，固定价格的补贴方案实施起来非常简单，只需要财政与运营方核定出双方认可的一个数额后，按约定将款项划拨给运营方即可。

但经过 2004—2006 年三年的运行，问题也逐渐凸现。第一个困难是核定固定补贴额的分歧较大，主要来自企业对运营成本的优势信息。双方很难就成本的支出达到统一，谈判艰难。第二个困难是双方都认可的固定额容易给企业带来超额利润。2004—2006 年三年地铁运营企业拿到补贴后的净所得每年高达 2 亿元左右。巨额的企业净所得与地铁非盈利性的特征不吻合。虽然存在这些缺陷，但这种模式仍是目前的一种流行模式，如伦敦和巴黎的地铁运营基本采用该种方式。

1.2 北京市地铁发展对补贴政策的新要求

近年来，为了缓解北京市区日益严重的交通拥堵问题，北京市加强了轨道交通的建设力度，除了已经投入运营的 1 号线、2 号线、13 号线、八通线、5 号线、10 号线一期(含奥运支线)、机场线，根据国务院批准的《北京城市快速轨道交通建

设规划(2007—2015年)》,2015年规划中的19个项目建成后,北京市将形成“三环、四横、五纵、七放射”共561.5km的轨道交通网络。

随着越来越多线路的建成,运营问题日益突出。目前,北京市地铁主要由地铁公司负责运营,票价由政府统一制定,票款收入不足以补偿运营成本的政策性亏损由政府提供财政补贴。如果事后根据会计数据来确定补贴额度,则运营企业缺乏提高效率、降低成本的积极性,且存在企业操纵会计信息的风险;如果事前核定补贴额度,由于政府与企业之间的信息不对称,难以核定合理的财政补贴额度,存在过度补贴、企业获得过多超额利润的风险。如何建立一套具有激励和约束作用的运营长效补贴机制是当前亟待解决的问题。

1.3 补贴理论动态

对于政策性亏损,有四种主要的补偿机制:成本加成合约、固定价格合约、激励性合约和特许经营权竞标。前三种类型的补偿机制设计和实施中的困难是信息不对称,第四种方法试图引入市场竞争来解决信息不对称问题。

1.3.1 成本加成合约

(1)定义。指基于会计数据计算补偿金额,确保正常营运的一种事后补偿机制。在成本加成合约下,政府对轨道交通运营企业的补偿额=实际成本-实际收入(票款收入+多经收入)。运营企业净所得为零。

(2)优点。该机制操作简单,事后根据运营企业的实际亏损进行补偿,事前政府与运营企业不需要复杂谈判,企业的超额利润完全归政府所有,运营企业的超额利润为零。

(3)缺点。缺陷在于存在道德风险,财务信息不实,运营企业缺乏降低成本、提高效率的激励。需要建立相应的制度对企业的成本进行控制,包括绩效指标检查制度、独立审计制度、首席财务官制度等。但信息不对称条件下很难对企业的运营进行完善的监督。

1.3.2 固定价格合约

(1)定义。指根据政府部门掌握的技术(成本)信息,分项厘定合理成本,确保企业获得合理收入。补偿额=厘定合理成本-实际收入。运营企业的净收入可能大于零。

(2)优点。固定价格合约最大的优点在于有一定的激励性。

(3)缺点。致命弱点还是难以克服信息不对称,政府事前厘定合理成本困难,企业也没有动力主动上报准确的实际运营成本数据。

1.3.3 激励性分成合约

(1)定义。指根据政府掌握的信息,厘定合理成本与预期收入,并测算亏损额，事前确定补偿机制，事后进行补偿核算。政府与企业共同分担企业亏损。由政府部门提供一个激励性合约菜单，高效率企业可选择高固定补偿额度和高亏损分担比例合约；低效率的企业选择低固定补偿额度和低亏损分担比例合约。

(2)优点。激励性合约最显著的优势在于政府能在激发与避免运营企业获取过多利润之间权衡。

(3)缺点。主要问题在于固定补偿额与企业承担比例的核算非常复杂。

1.3.4 特许经营权竞标

(1)定义。指政府将轨道交通运营合同期内的总补贴额或者总运营成本作为拍卖标的，来选择运营商。

对于将总补贴额作为标的情形，显然，补贴额直接通过拍卖决定。

对于将总运营成本作为标的情形，补贴模型（这里为考虑了补贴额随时间变动的情况）为：

$$S_t = C_t^* + D_t + (1-\varphi)TIK_{waac}^* - B_t$$

式中：S_t——第 t 年的补贴额；

C_t^*——第 t 年的拍卖运营成本 ；

D_t——第 t 年的固定资产折旧；

TI——城市轨道交通总投资；

K_{waac}^*——基于 CAPM 模型的投资成本；

φ——地方政府投资比例；

B_t——第 t 年的轨道交通票款收入。

总运营成本竞拍下的补贴机制引入了竞争。企业有动力主动进行成本削减，政府无需厘定合理成本，不涉及信息不对称。而且，该补贴机制的激励性很强，因为只有成本报价最低的或者补贴额报价最低的唯一一家企业可以赢得运营权。同时，竞标企业需要承诺达到一定的轨道运营服务水平。

(2)实现条件。特许经营权竞标的实现，首先需要足够多家企业来参与竞标。其次，需要政府监管部门不时的、常年的监管中标企业的运营服务质量，合约的监督成本稍高。由于两个条件的实现都难度不大，特许经营权竞标有相当吸引力。

1.4 结论

目前不完善的轨道交通财政补贴方案使得政府财政补贴负担不断加重。出台一套系统、完善的既能对运营企业进行成本约束，又能提高运营企业效率的轨道交通财政补贴方案势在必行。

为此,北京市财政局、京投公司、地铁公司在对多家外部研究机构进行认真比较分析的基础上,联合邀请北京大学经济学院和北京师范大学经济与资源管理研究院开展关于北京市轨道交通运营财政补贴方案的研究工作。

2008 年 5 月开始,课题组深入研究了城市轨道交通财政补贴机制的理论,如激励性管制理论、机制设计理论等;考察了伦敦、巴黎、纽约、东京、斯德哥尔摩和罗马等国外大都市轨道交通运营政府财政补贴的实践经验;同时,分析了北京市轨道交通运营财政补贴的历史、现状与问题。

通过理论研究与借鉴国际经验,结合北京市轨道交通事业发展的具体实践,研究认为:引入竞争是世界各国垄断行业改革的共同政策取向,特许经营权竞标是轨道交通运营财政补贴机制发展的方向,通过特许经营权竞标可以使政府“花钱买服务”所花的“价钱”(运营成本或补贴额度)趋于合理。因此,建议把特许经营权竞标作为北京市轨道交通运营补偿机制改革的方向。

在实现特许经营权竞标之前,设计具有激励和约束作用的补贴方案对地铁运营公司的成本进行控制。

基于上述研究结论,我们设计了三套“北京市轨道交通运营财政补贴方案”,其中,第一套为基于“固定价格合约”的补贴方案,第二套为基于“激励性分成合约”的补贴方案,这两套方案都试图通过激励和约束使企业的运营成本趋于合理化,从而使财政补贴额度趋于合理化。第三套方案为作为长期改革目标的特许经营权竞标方案。

2 北京市轨道交通 2009 年及以后年度财政补贴实施方案

2.1 基于“固定价格合约”的补贴方案

2.1.1 总体思路

本方案的总体思路可以概括为:“建立成本自动调整机制、核定成本、确定合约菜单;超亏不补、减亏全留、超预期票款收入分成;事前定机制、事后决算”。

2.1.1.1 建立合约期内运营成本自动调整机制

根据经济学中的生产者理论,决定成本的核心变量是产量与生产要素价格。具体到轨道交通,影响运营成本的主要变量包括车走行 km、走行 km 的乘客密度以及投入品价格的变化。据此,建立轨道交通运营成本自动调整机制:

$$\text{第 } N+1 \text{ 年的成本} = \text{第 } N \text{ 年的成本} \times [1 + (\text{车走行 km 变化率} + \text{走行 km 乘客密度变化率}) \times \text{技术因子}] \times (1 + \text{投入品价格变化率})$$

其中,技术因子的设定主要考虑轨道交通运营规模经济特征及技术进步等因素。

2.1.1.2　核定成本基数

根据历史数据进行纵向核算,根据运营效率较高的 4 号线数据进行横向核算。

2.1.1.3　设计合约菜单

考虑到政府与企业间信息不对称,企业会更加了解合理的运营成本,可以由政府设计不同的财政补贴合约菜单,企业自主选择。

合约菜单的变量包括成本基数、技术因子和超预期票款收入分成比例。如果企业选择较高的成本基数,一方面,技术因子应该较低 ,另一方面,当实际票款收入超过预算票款收入时,企业的分成比例较低;如果企业选择更低的成本基数则刚好相反。

2.1.1.4　预算补贴额度

(1)根据企业选择的成本基数和成本自动调整机制,核定当年的运营成本。

(2)根据历史数据测算客流量及票款收入。

(3)预算补贴额度 = 核定成本 - 预算票款收入。

(4)预算补贴额度按季度划拨。

2.1.1.5　决算补贴额度

根据实际的车走行千米、走行千米乘客密度及投入品价格变化计算决算核定成本,并根据决算与预算差额、实际票款收入与预算票款收入的变化来调整预算补贴额。

当实际票款收入超过预算票款收入时:

决算补贴额度 = 预算补贴额度 - (预算核定成本 - 决算核定成本) - 政府分享比例 ×
(实际票款收入 - 预算票款收入)

当实际票款收入小于预算票款收入时,政府提供客流低迷补偿:

决算补贴额度 = 预算补贴额度 - (预算核定成本 - 决算核定成本) +
(预算票款收入 - 实际票款收入)

2.1.2　实施细则

2.1.2.1　建立成本自动调整机制

我们选择 2004—2005 年、2006—2007 年的历史数据作为参照期来估算技术因子为 x_1。另外,我们选择 RPI 作为投入品价格指数的衡量方法(是国际上实施激励性管制时的惯用方法)。基准的成本自动调整公式为:

$$第N+1年的成本=第N年的成本\times[1+(车走行千米变化率+走行千米乘客密度变化率)\times x_1]\times(1+RPI) \quad (1)$$

2.1.2.2 核定成本基数

综合考虑与历史数据的纵向比较及与4号线数据的横向比较，并根据成本自动调整机制，我们核定的成本基数(1)为 y_1 亿元。

2.1.2.3 设计合约菜单

根据不同的成本基数与技术因子设计不同的财政补贴合约，合约期为4年。

依据激励相容原则，令技术因子 x_1 上下浮动25%($x_2=1.25$，$x_3=0.75$)。得出两个成本自动调整公式为：

$$第N+1年的成本=第N年的成本\times[1+(车走行千米变化率+走行千米乘客密度变化率)\times x_2]\times(1+RPI) \quad (2)$$

$$第N+1年的成本=第N年的成本\times[1+(车走行千米变化率+走行千米乘客密度变化率)\times x_3]\times(1+RPI) \quad (3)$$

令成本基数上下浮动4%，由此我们得出成本基数(2)为 y_2 亿元，成本基数(3)为 y_3 亿元。

企业选择低成本基数时，其技术因子相应较高，实际的票款收入超过预期的票款收入时，企业分享 z_2%；

企业选择基准成本基数时，其技术因子相应地等于基准技术因子，实际的票款收入超过预期的票款收入时，企业分享 z_1%；

企业选择高成本基数时，其技术因子相应较低，实际的票款收入超过预期的票款收入时，企业分享 z_3%。

可以用表1矩阵来描述合约菜单。

矩　阵　　表1

项　目	成本基数	技术因子	超预期票款收入分享比例(%)
合约(1)	y_1	x_1	z_1
合约(2)	y_2	x_2	z_2
合约(3)	y_3	x_3	z_3

预算补贴额度：

(1)预算运营成本。由企业自主选择补贴菜单，根据预测的车走行千米数、车千米乘客密度以及RPI预算运营成本。

如果合约期内车千米走行数的年增长率与车千米乘客密度的年增长率之和已知，RPI取2%，则可以计算出合同期内预算运营成本。

（2）预测票款收入。根据2008年上半年客流量，预测全年的票款收入为10亿元，按照合约期内票款收入每年增长3%预测，则可以获得合约期内的预算票款收入。

（3）预算补贴额度。根据（1）、（2），可以计算出合约期内预算补贴额度。

2.1.2.4 决算补贴额度

每年年底根据实际车走行千米数变化率、实际车千米乘客密度变化率、实际的RPI来核定运营成本；并根据实际的票款收入来决算补贴额度。

2.1.3 方案分析

本方案是20世纪80年代以来西方发达国家对公用事业管制改革普遍采用的RPI－X模式的改进；是充分结合机制设计理论与国外大都市轨道交通运营补贴经验，并充分考虑北京市轨道交通运营具体实践的成果。

本方案良好地解决了确定财政补贴额度时所面临的两难选择。企业承担了成本变化的全部风险。但企业所节约的成本全部归企业所有，这就使得运营企业具有强烈的降低成本的激励。

对于核定补贴额度难的问题，在本方案下，实际的财政补贴额度在年底进行决算，超过预期的票款收入大部分收归财政，这就解决了核定补贴额度中票款收入核定不准确的问题；鉴于企业更加了解合理成本的信息，本方案提供了合约菜单，让企业拥有选择权，这在很大程度上缓和了合理成本的核定难题。

2.1.4 几点说明

2.1.4.1 技术因子的测算

根据历史数据来测算技术因子。分别选择2004—2005年、2006—2007年数据计算两个技术因子。因为2004—2006年与2006—2007年实行两种不同的补贴方式。剔除2005—2006年的数据是因为相对于2005年，2006年的成本增速异常。

2.1.4.2 基准成本的计算

根据2007年的实际成本，以及2008年上半年的数据，我们测算2008年的合理成本，并以此作为2009年及以后的成本核定基数。

2.1.4.3 菜单的设计

为了利用企业的信息优势，更准确地确定合理成本，设计补贴合约菜单，由企业根据自身情况来选择。

菜单设计的三个关键变量是：技术因子、成本基数及超预期票款收入分成比例。

根据机制设计激励相容原则,在设计菜单时,令技术因子上下浮动25%。;令成本基数上下浮动4%;超预期票款收入分成比例分别为0%、20%和60%。

2.2 基于"激励性分成合约"的补贴方案

2.2.1 总体思路

(1)核定合理成本。根据北京地铁的实际情况,本方案提供两种合理成本的核定方式:

①第一种方式以北京地铁4号线车千米运营成本为基础核定合理成本,4号线的成本是通过竞争性谈判确定的,根据经济学拍卖理论,该成本为"最有效成本"。

②第二种方式以2004—2006年地铁运营公司的实际运营成本的平均数为基础核定合理成本,通过物价指数和车走行千米等因子进行调整后确定,该成本是在2004—2006年1、2号线补贴包干政策下发生的,从理论上讲也应是最有效成本,但由于包干期限较短,且存在经济学上的"棘轮效应",该成本为"基本有效成本"。

(2)设计超亏递减补偿和减亏固定分享比例。对于超亏的部分设计一个递减的分担比例来补偿,如果企业在这种补贴下减亏出现盈余则政府分享的比例固定,从而对企业进行约束和激励。

(3)提供菜单,企业自主选择成本核定方式。本方案提供两种不同的成本核算方式对应不同的超亏后政府负担比例菜单供企业选择。企业选择不同的成本核算方式,那么政府对于超亏(减亏)后负担(分享)的比例也是不同的。

(4)年初预拨补贴资金。第N年初,根据核定的合理成本和预计的票款收入,计算第N年的预算基准补贴,以此为依据给企业预拨补贴资金,计算公式如下:

$$\text{预算基准补贴} = \text{核定的合理成本} - \text{预计的票款收入}$$

(5)下一年初,对上年财政补贴进行决算。

①超亏。

$$\text{决算补贴额} = (\text{核定的合理成本} - \text{实际票款收入}) + \text{超亏时政府负担的比例} \times (\text{实际成本} - \text{核定的合理成本})$$

②减亏。

$$\text{决算的补贴额} = (\text{核定的合理成本} - \text{实际票款收入}) - \text{减亏后政府分享比例} \times (\text{核定的合理成本} - \text{实际成本})$$

由于核定的合理成本建立在对第 N 年相关数据估算的基础上所得，所以在第 $N+1$ 年实际决算时，所有的估算数据采用第 N 年的实际发生数。根据决算的补贴额和预算基准补贴额的差额，多退少补。

(6)企业负担的超亏部分由企业用多经收入弥补。

多经收入与地铁资产属性和运营企业的努力程度相关，特别是多经收入中的广告和信息租赁收入很大程度上源于地铁现成的场所与客流，客流除受地铁运营方努力影响外，主要取决于地铁天然具备的快速性、及时性与方便性，而且随着地铁网的增加会越来越明显（经济学上称为“网络外部性”）。因此，为了既体现业主权益又激励运营企业努力创收，京投公司作为资产所有者应分享一个固定数额，其余部分留给运营企业用来弥补其负担的超亏部分。

(7)决算后对合理成本进行调整，计算第 $N+1$ 年的预算基准补贴。

2.2.2 实施细则

2.2.2.1 年初预算阶段

企业从给定的两种合理成本核定方式中自主选择一种。

(1)企业选择第一种方式时：

①根据4号线的走行千米和运营成本算出车千米成本。4号线2012年运营成本 a 亿元，走行千米为2687万千米，得出车千米成本为 b 元。

②4号线全部为地下站，1、2号线也是地下站，13号线和八通线全部为地上站，因为地下站和地上站能耗不同，应适当调整。

调整系数取13号线和八通线车千米成本的加权平均（按走行千米）值对1、2号线车千米成本的比值，经调整4号线的车千米成本为 c 元。

③预算基准补贴 = 核定的合理成本 − 预计的票款收入，以此为依据预拨当年财政补贴。

其中核定的合理成本 = 2009年1、2号线的走行千米预计数 × 13.13 + 2009年13号及八通线总的走行千米预计数 × c = y_1 亿元，而预计票款收入为 d 亿元。代入数据计算得出预算基准补贴应为 s_1 亿元。

④如果企业的实际成本与核定的合理成本有出入，那么在超亏时政府负担的比例是递减的（当超亏达到2.0亿元以上时政府不再负担），减亏时政府与企业之间各自分享50%，表2是超亏政府负担的比例。

负担比例的设计原理如下：在使用“最有效成本”核定合理成本时，当企业超亏较少时，企业的运行效率是较高的，那么政府对于超亏部分应负担较高比例。当企业超亏越来越多时，可以认为企业的效率越来越低，政府负担的比例应该减少,且减少得越来越快。

超亏政府负担比例 表2

超亏数 E(万元)	对应的政府负担比例
$0 < E \leqslant 5000$	0.95
$5000 < E \leqslant 10000$	0.75
$10000 < E \leqslant 15000$	0.45
$15000 < E \leqslant 20000$	0.15
$20000 < E \leqslant 25000$	0

⑤多经收入的处理。企业选择第一种方式时,从多经收入中支付固定数额 x_1 万元给京投公司作为资源占用费。

(2)企业选择第二种方式时:

①计算2004—2006年的平均成本为 f 亿元。

②根据递推公式核定2009年的合理成本。递推公式的初始值选取2004—2006年的平均成本,其值经3次递推可以获得。

递推公式为:

$$C_n = C_{n+1} \times (1 + CPI) \times (1 + X)$$

式中:C_n——n 年的核定的合理成本;

C_{n+1}——$n+1$ 年的基准成本;

CPI——物价指数;

X——调整因子。

在核定中,根据成本的特性可以分为五类,分别选取不同的调整因子暂估值:

第一类,工资及工资相关费用按照北京市社会平均工资增幅考虑。

第二类,车辆修理费、修理费用和运营费用按照走行千米增加数和北京市物价指数测算。

第三类,电力费,按照走行千米增加数和北京市实际电价调整测算,考虑到电价和 CPI 关系不太大,是政府定价行为,因此,调整因子 X 暂时取零。

第四类,管理费用,按照运营公司2004—2006年的年均增长率确定。

第五类,税费类,按照0取值,年终根据实际交纳数决算。

具体各年度以及各成本类别对应的调整因子见表3。

各年度成本对应的调整因子（单位：%）　　表 3

年份	2006 年		2007 年		2008 年		2009 年	
成本类别	CPI	其他变化因子	CPI	其他变化因子	CPI	其他变化因子	CPI	其他变化因子
工资	0	16	0	10	0	10	0	0
工资相关费用	0	10	0	10	0	10	0	0
车辆修理费	1.80	5.60	1.50	8.70	4.80	46	6.80	0
电力费	0	5.60	0.00	8.70	4.80	46	6.80	
修理费用	1.80	5.60	1.50	8.70	4.80	46	6.80	0
营运费用	1.80	5.60	1.50	8.70	4.80	46	6.80	0
纯管理费	0	11	0	11	0	11	0	11
税费	0	0	0	0	-15	0	0	0
资源占用费	0	0	0	0	0	0	0	0

③根据表 2 的调整系数可以核定出合理成本为 y_2 亿元，由此根据预计票款收入 d 亿元可以计算出预算基准补贴为 s_2 亿元。

④如果企业的实际成本与核定的合理成本有出入，那么在超亏时政府负担的比例是递减的（当超亏达到 2 亿元以上时政府不再负担），减亏时政府与企业之间各自分享 50%，表 4 是超亏政府负担的比例。

超亏政府负担的比例　　表 4

超亏数 E（万元）	对应的政府负担比例
$0 < E \leq 5000$	0.2
$5000 < E \leq 10000$	0.15
$10000 < E \leq 15000$	0.1
$15000 < E \leq 20000$	0.05

⑤多经收入的处理。企业选择第二种方式时，运营企业从多经收入中支付固定数额 x_2 万元给京投公司作为资源占用费。

2.2.2.2　年中预拨阶段

（1）预计 2009 年的票款收入：

$$2009\text{ 年预计的票款收入} = 2\text{ 元} \times \text{进站量}$$

（2）预算基准补贴：

$$\text{预算基准补贴} = \text{核定的合理成本} - \text{预计的票款收入}$$

（3）支付渠道及补贴拨付。京投公司向地铁运营公司直接拨付政府补贴额，地铁运营公司向京投公司拨付部分多经收入。

2.2.2.3 决算阶段

根据2009年运营企业的实际票款收入和实际运营成本计算出决算补贴额，根据决算补贴额和预算基准补贴额的差额，多退少补。

2.2.2.4 以后年度补贴方案及方案实施年限

对合理成本的调整，重复2.2.2.1节至2.2.2.3节部分所做的工作，具体调整方法为：

(1)当企业选择第一种方式时：主要对车千米成本基准进行调整，调整系数如下。

$$年调整系数 = (地铁企业实际交付的电价变化幅度 \times 30\% + 在岗职工工资变化幅度 \times 35\% + 居民消费价格指数变化 \times 35\%) + 1$$

其中在岗职工工资变化幅度采用北京市国企职工工资平均增长率。

(2)当企业选择第二种方式时：按照预计的物价指数因子和走行千米等调整因子进行调整。

(3)方案的实施年限建议为5年。考虑到方案中调整因子逐年向上变化的趋势，核定的合理成本也将逐步上升，但随着时间的推移，效率改进的因素将变得不可忽视，建议5年后根据社会整体效率的改进针对调整因子重新进行厘定。

2.2.3 方案分析

对运营公司的补贴曾经依次采取过两种办法，“亏多少、补多少”和“固定补贴、盈亏自负”，相对这两种补贴方式，本方案在以下几个方面进行了改进。

(1)提供了激励与约束机制。

①提供了两种不同的核定合理成本的方式，分别代表了两种不同的企业成本效率。

②不同成本效率对应不同的超亏政府负担比例，这既起到了正面引导、激励企业选择有效的成本核定方式，又对企业做大成本起到了有效的约束。

(2)扎根于北京轨道交通的现实。两种核定合理成本的方式考虑了北京轨道交通横向与纵向的现实情况。

①企业选择第一种方式时，根据运营企业横向的历史数据来核定合理成本。

②当企业选择第二种方式时，根据运营企业纵向的历史数据来核定合理成本。

(3)将多经收入纳入补贴，激励了企业控制成本。创造多经需要企业付出很大的努力，利用企业对于多经收入的关心来调动它压缩成本的积极性。

(4)方案设计含纠错机制。政府对超亏(减亏)的负担(分享)比例设计对应着核定的合理成本的区间。当实际发生的成本与核定的合理成本的差异在一定的范围内仍包含在本方案内。

(5)充分采取机制设计理论的基本思想。本方案通过菜单的设计和引导可以在一定程度上将信息租金控制在一定范围之内。

(6)简单易行,便于操作。本方案提供了两种核定合理成本的方式,每一种方式都基于可获得的数据,在一定程度上克服了以往在成本核定上旷日持久的谈判。而且需要的数据较少,程序简洁。

2.2.4 名词解释(仅在本方案类适用)

(1)成本概念。

①有效成本:最低的平均成本,本方案中为最低的车千米成本。

②基本有效成本:小于有效成本,但大于信息不对称条件下的企业成本。

(2)其他概念。

①棘轮效应:经济学上对应“鞭打快牛”现象,即某种政策的实际效果对效率高的行为反而是负面激励。

②网络外部性:20 世纪 80 年代在经济学中兴起,是指用户对于某产品或服务的效用随着网络的增大而增大。

③补贴菜单:由核定成本方式与对应的政府超亏(减亏)负担(分享)比例构成,给企业不同选择。

④多经收入:多种经营收入。指企业利用地铁现成的场所和乘客等方面的资源所取得的广告及信息租赁收入等。

⑤调整因子:随着时间推移,企业走行千米、购买的电价及人工成本等都有可能发生变化,根据这些因素的实际变化率确定的数据称为调整因子。

⑥核定的合理成本:所提出的两种核定合理成本方式中的任何一种,在估计相关数据基础上计算出的成本数据称为核定的合理成本。

⑦预计票款收入:对下一年票款收入的预计值。

⑧预算基准补贴:预算基准补贴 = 核定的合理成本 - 预计票款收入。

2.3 作为长期改革目标的“特许经营权竞标”方案

2.3.1 总体思路

以线路为补贴对象,以合同期内的年度运营成本为拍卖标的进行轨道交通特定线路特许经营权的竞标。根据竞标所确定的运营成本,对于票款收入和多经收入不足以弥补运营成本的部分进行财政补贴。

2.3.2 实施细则

(1)公示竞标相关信息。公示的信息包括线路概况、历史经营成本数据,客流分析等。

(2)设定服务质量标准。设定列车准点率、发车间隔、电梯可靠率、车站清洁度及乘客满意度等服务质量标准。

(3)设定标的组织竞标。以合同期内线路的年度运营成本为标的。

(4)年初预算。根据竞标结果,预算票款收入与多经收入,确定预算补贴额,按月划拨。

(5)年底决算。根据实际票款收入和多经收入进行决算,对于实际票款收入与预算票款收入的差额多退少补,实际多经收入与预算多经收入的差额由运营企业独享或承担。

2.3.3 方案分析

竞标对政府而言不存在合理成本的厘定问题,同时不涉及信息不对称。前者意味着补偿机制的实施成本大幅降低,后者意味着补贴额可能更加符合企业需要,避免了逆向选择和过度补贴的情况。而且该补贴机制的激励性很强,因为只有成本报价最低或补贴额报价最低的企业赢得运营权,企业有动力追求成本最小化,大幅节约政府财政补贴预算。同时,该机制保障了运营服务质量,因为竞标企业承诺达到一定的运营服务水平。

2.3.4 实施条件

特许经营权竞标需要足够多家企业来参与竞标。若竞标企业数量少,仍不能充分降低补偿金额的报价。同时需要政府监管部门不时地、常年地监管中标企业的运营服务质量,合约的监督成本较高。

鉴于当前北京轨道交通运营企业数量少,特许经营权竞标方案短时间内无法实施。但该机制引入了市场竞争,通过市场来解决政府与企业的信息不对称,激励运营企业提高效率、降低成本,从而使轨道交通的财政补贴额趋于合理。

特许经营权竞标机制在西方垄断产业的改革中被广为采用,本方案建议以部分线路作为改革的试点,引入多元经营竞争主体,充分发挥市场竞争机制的作用,更好地发展北京市轨道交通事业。

2.4 三个方案的配套措施

针对前两个方案,建议国资委将资产保值增值率、走行千米数等指标与运营企业工资总额挂钩。如果保值增值率、走行千米数等指标不合格则压缩企业工资总额。

为了防止运营企业牺牲服务质量压低运营成本，应根据以下主要的考核指标进行监督。

2.4.1 服务标准

建议采用列车服务指标和客运服务指标来考核地铁运营公司的服务质量。

列车服务指标应保证发车时间间隔在早高峰时段（7点至9点）和晚高峰（下午5点至7点）期间发车间隔小于3min，其他时间段小于6min。

客运服务指标应保证列车准点率、电梯可靠率（电梯运营总时间－故障停用时间）/电梯运营总时间、充值机可靠度（充值机运营总时间－故障停用时间）/充值机运营总时间在95%以上。

服务考核不达标应予以一定数量的罚款或扣减补贴。

2.4.2 第三方财务审计

建议聘国际权威的独立审计机构对运营企业的财务报表进行审计，至少两次（6月份和12月份）。

2.4.3 专项补贴

执行市委、市政府的各种要求而额外发生的费用支出的补偿应另行研究。

3 结论

关于北京市轨道交通2009年及以后年度财政补贴实施方案，基于以上分析，设计了三个补贴方案。第一个基于“固定价格合约”，第二个基于“激励性分成合约”，第三个为特许经营权竞标方案。

综合考虑，建议方案三作为长期目标，即把特许经营权竞标作为北京市轨道交通运营补偿机制改革的方向；短期内采用方案二，“激励性分成合约”补贴方案；中期采用方案一，“固定价格合约”补贴方案。

北京市轨道交通固定资产更新改造模式的研究

北京市基础设施投资有限公司资产管理部

摘　要：随着北京市城市轨道交通的快速发展，设施设备的种类与数量也越来越庞杂，需要采取有效机制对其进行更新改造以保障运营安全。本文指出了目前北京市轨道交通固定资产更新改造存在的问题，借鉴伦敦、墨尔本和香港地铁三个城市好的典型固定更新改造的管理模式，就2008年以前采用计提折旧资金方式和之后采用财政专项资金形式的演变及优劣势进行了分析，提出了基于"超支递减负担和减支固定分享比例"的激励性合约机制，即由政府设计补贴菜单，企业根据实际需求与自身管理水平选择补贴计算参数。不仅能合理反映资产折旧程度和灵活安排财政专项资金，而且能通过激励、监督和约束提高企业经营水平，有助于提高北京市基础设施设备更新改造的资金使用效率。本文还就固定资产更新改造的上报、审批、调整和拨付程序进行了详尽设计，同时给出了设立独立审计方、组建专家小组，评估投资效益等配套的监管措施，进一步落实了机制的具体实施，从而保障北京市轨道交通的健康和可持续发展。

关键词：北京市轨道交通；基础设施；固定资产；更新改造模式；激励性合约机制；计提折旧；财政专项

1 研究背景

城市轨道交通具有高效、准时、便利、节约、环保等特点，可较好地满足城市内部与城郊之间大规模的出行需求，因此成为现代城市公共客运交通体系的重要组成部分。近年来，北京市城市轨道交通取得了快速发展。根据《北京市城市快速轨道交通建设规划(2004—2015年)》，到2015年北京市规划线路19条，全市总运营里程将达561km，总资产将达2580亿元。面对如此庞大且快速增长的资产，加强轨道交通资产管理工作已刻不容缓。

城市轨道交通基础设施不仅前期投资巨大，建成后的固定资产更新改造费用也不菲，如果不能采取有效的机制对城市轨道交通固定资产进行设施设备和技术能力的更新改造，将影响到城市轨道交通的可持续发展和运营安全。北京市轨道交通固定资产更新改造资金来源，2008年前采用计提折旧资金方式，而2008年以后采用财政专项资金的形式。财政专项资金规模从2008年的1.07亿元增长到了2010年的7.91亿元，增幅逾7倍，资金规模增长较快。到2015年19条运营线路投入运营后，按照当前财政专项资金使用情况，除地铁4号线固定资产更新改造由京港地铁负责外，预计更新改造资金规模将达到43.71亿元，给北京市财政带来巨大的资金压力。因此，如何建立一套科学合理的轨道交通固定资产更新改造管理机制，在保证城市轨道交通高效可持续发展的同时，激励运营企业提高政府财政补贴资金利用效率，是北京市城市轨道交通事业发展过程中亟待解决的问题。本文将从北京城市轨道交通的实际情况出发，将理论和实践相结合，就轨道交通固定资产更新改造模式与机制进行系统化的探讨，以满足轨道交通运营安全的保障，保证轨道交通行业的可持续发展，提高资金预算与审批的决策科学性，激励运营企业提高更新改造资金利用效率，同时进一步深化轨道交通委托代理理论体系，为轨道交通更新改造工作实施提供理论支撑。

2 北京市轨道交通行业现状

北京市轨道交通建设之初，主要是以战备为主，兼顾交通。随着国际国内形势的变化，轨道交通的功能转变为以公共交通为主。北京市轨道交通的建设以政府投资为主，其资产归政府部门所有。在市场经济条件下，政府作为市场资源配置的主体，为更有效的配置市场资源，需要对国有资产实行市场性委托代理。所谓委托代理关系指委托人授权代理人在一定范围内以自己的名义从事相应活动、处理有关事物而形成的委托人和代理人之间的权能与收益分享关系。市场性委托代理制在一定意义上实现了所有权与经营权的有限分离。在该机制下，为有效解决国有资产所有者缺位的问题，国有资产监督管理委员会应运而生。同时，由于资产所有者相对缺乏资产高效经营管理的能力，需要委托具备相关能力的经营方代理其管理，资产的所有权和经营权的分离导致了委托代理问题产生。“委托代理问题”是指由于信息不对称，处于信息劣势的委托人难以观察、知晓代理人的全部、真实的行为，代理人为了追求自己的利益而实施违背委托人利益的行为。

北京市轨道交通行业正如以上分析所述，自2003年11月17日起，北京市轨道交通实行投资、建设、运营分开的机制。在这条多层委托代理关系链中，全体市民是初始委托人，市政府、市国资委和市财政局作为履行出资人职能的特殊法定机构，代表全体市民行使国有资产所有者职能。京投公司作为市国资委对基础设施投资的出资人代表，承担北京市基础设施项目的投融资和资本运营任务，近期以北京市轨道交通投融资、线网前期规划及线网管理为主。京投公司作为北京市轨道交通业主,委托建管公司建设管理轨道交通新线项目,委托运营公司负责建成线路的运营管理。从资产管理的角度出发,投资、建设、运营分离的专业化分工在加快北京市轨道交通建设进度的同时也为资产管理带来了新的挑战:资产实物管理和账务管理主体不同,而且资产的前期管理主要集中在京投公司,后期管理主要集中在运营企业,这种割裂不便于统筹安排,需要通过信息化手段弥补和优化。

轨道交通固定资产更新改造项目涉及范围广,对既有线安全运营影响较大,采用何种资产管理模式,将直接关系运营商等利益相关主体的积极性的调动、项目的社会和经济效益的可持续发挥、政府在运营期的投入产出关系的优化等问题,并涉及到如何避免或降低道德风险,提高资金的使用效率。因此,在有限的资金条件下,如何完善更新改造管理模式,提高更新改造工作效率,在满足轨道交通安全运营基础上实现轨道交通可持续发展,将是北京市轨道交通固定资产更新改造所面临的现实挑战。

3 典型城市轨道交通更新改造管理模式及经验

本章选取伦敦、墨尔本、中国香港作为代表,重点探讨其固定资产更新改造管理方式的演变与原因,及对我国城市轨道交通更新改造管理模式的经验与启示。

3.1 伦敦地铁

2000 年以前,伦敦地铁的投资、建设与维护、日常运营等都归独立的国有企业伦敦地铁公司负责。2002 年以后,伦敦地铁实行公私合伙制(PPP)模式,日常运营及票务由国有企业伦敦地铁有限公司(LUL)负责,LUL 将地铁线路的基础设施的建设、维修与升级以 30 年特许经营权的方式转给了三家私人基础设施公司(SSL、BCV、JNP,以下简称基建公司)。伦敦地铁由伦敦交通局(TfL)管辖,受英国政府运输部以及伦敦运输管理局的领导。政府承担客流量和运营风险,基建公司承担地铁更新改造的风险,因此属于风险高度转移模式,更新改造管理模式如图 1 所示。

伦敦地铁固定资产更新改造模式以合同的形式主要发生在 LUL 与基建公司之间。首先,更新改造的资金全部有基建公司承担,通过 LUL 向基建公司支付基础设施服务费,这部分费用主要来源于政府对 LUL 的政策性亏损补贴。其次,健康安全执委会每隔 3 年对伦敦地铁进行评估,审核地铁的安全风险;仲裁者每隔

7.5 年对基础设施服务费、资产状况、双方工作表现等进行定期审核,保证运作模式具有相当的弹性。最后,LUL 对基建公司实施的更新改造项目具有审批权,实施完成后,仲裁机构聘请行业专家对工程的质量进行考核。

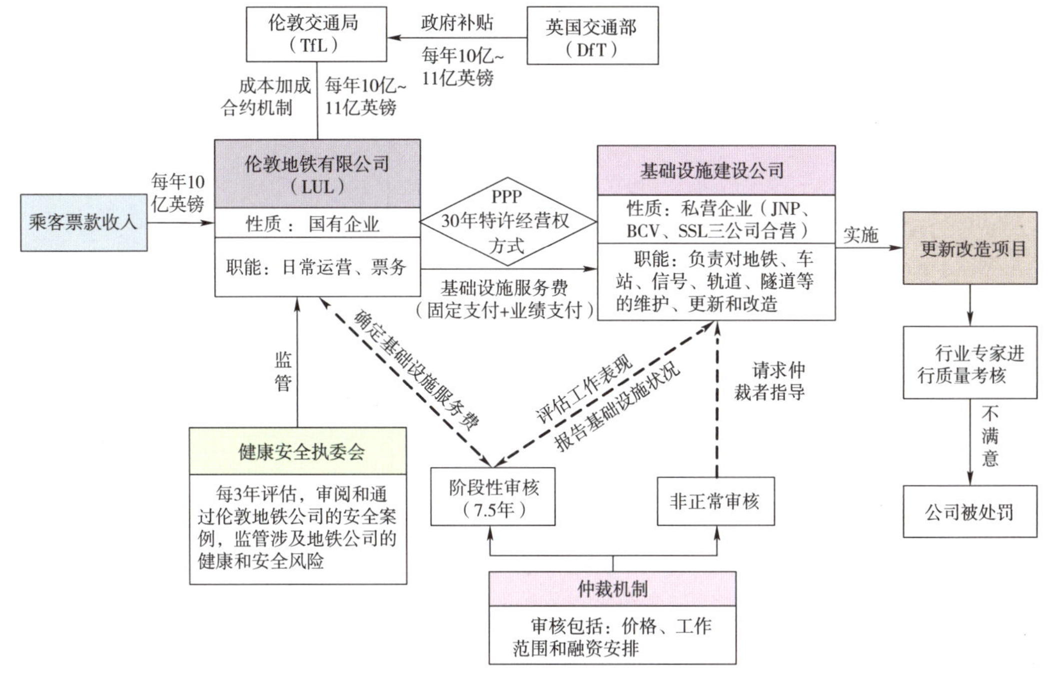

图 1　伦敦地铁固定资产更新改造流程图

通过对伦敦地铁固定资产更新改造模式的分析,得出以下几点经验:一方面,伦敦地铁采用风险高度转移的模式以固定价格合约的机制将固定资产的更新改造委托给基建公司,基建公司为降低运营成本进行裁员,导致多次地铁工人大罢工事件的发生。另一方面,通过引入独立的仲裁机构确定对基建公司经济且合理的价格,这一机制具有很强的激励性以促使基建公司降低成本,提高基础设施的质量,为合约的有效执行提供了制度保障。

3.2　墨尔本城市铁路

目前墨尔本城市铁路是由私营公司墨尔本大都市公交铁路公司(MTM)经营的,并负责基础设施维护与固定资产更新改造。公共交通司(The Director of Public Transport))负责管理和监管运营。

墨尔本城市铁路更新改造经历了两个阶段。1999 年,墨尔本城市铁路被私有化以后,维多利亚州政府以特许经营权的形式与运营商签订长期合同。政府提供更新改造资金,运营商负责更新改造工作,属于风险高度转移模式。2004 年以后,政府与运营商签订短期的特许经营协议,运营商负责服务,铁路安全、计划外及被动的固定资产更新改造,政府和运营商共同承担风险,属于风险中度转移模式。对资产的长期状况,由政府和运营商进行谈判,设立最低维修标准。目前更新改造管理模式如图2所示。

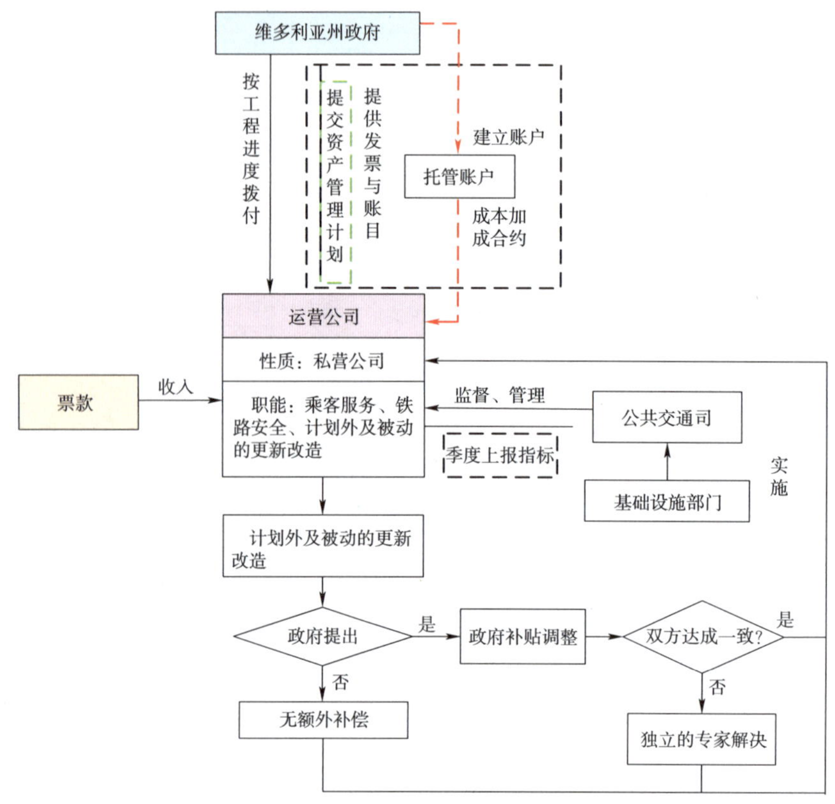

图2 由运营商和政府共同安排固定资产更新改造流程图

首先,运营商提交资产管理计划和账目,便于政府对固定资产更新改造工程进行检测和核查。经审计后,政府在托管账户中保留5%,按照工程进度拨付资金或者一次性拨付,不再以补贴的方式拨付。其次,运营商和政府均可以对资产管理计划提出意见(即计划外及被动的固定资产更新改造),每年不超过2次。最后,公共交通司对运营商实施监督管理,并通过每个季度运营商上报的考核指标监督资产状况和维护质量。

通过对墨尔本城市铁路固定资产更新改造模式的分析,得出以下几点经验:首先,墨尔本采用政府和运营商共同承担风险的风险中度转移模式,更加注重稳定与可持续性的发展。其次,由政府和运营商进行谈判设立最低的维修标准,运营商上报季度资产的考核指标,便于政府监督资产状况,减少了突发事件的风险。最后,政府建立独立的托管账户,保证专款专用。

3.3 香港地铁

香港地铁的投资、建设及经营均由港铁公司承担，政府是其最大股东，拥有77%股份。港铁采用的是官办半民营的运营管理模式，政府从多个方面干涉港铁公司的经营。经营模式上，政府通过地下铁道条例将专营权赋予港铁公司，期限为50年，同时将地铁的财产、权利、法律责任一起交给港铁公司，政府负责规管地铁的运作。

香港政府自1975年开始建设轨道交通，负责初期建设投资，并坚持“审慎的商业原则，用者自负”的建设及运营原则。并自1996年首次实现盈利后，港铁公司依托其业绩，于2000年在香港联交所上市，开拓了一条新的融资渠道。香港地铁的固定资产更新改造由港铁公司董事局决策，无需得到政府的审核，属于风险的高度转移。更新改造管理模式如图3所示。

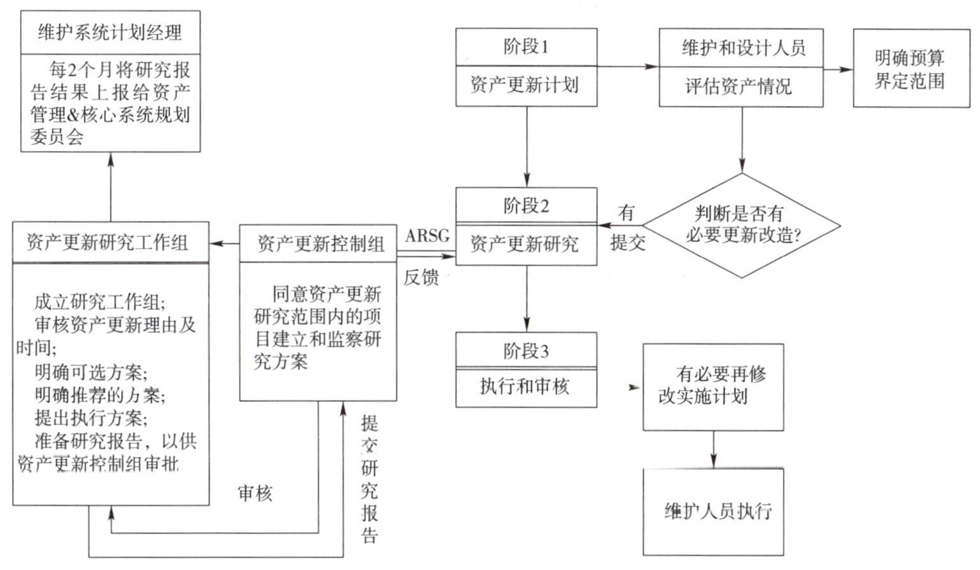

图3 香港地铁固定资产更新改造流程图

港铁公司将固定资产更新改造分为三个阶段：第一阶段要明确固定资产更新改造的必要性，建立规范并界定资产更新的范围和程序以及预算；第二阶段要对固定资产更新改造项目进行审核并建立执行方案；第三阶段对固定资产更新改造方案进行必要的修改后组织相关人员实施。

通过对香港地铁固定资产更新改造的分析，有以下两点值得北京地铁借鉴：①收益模式，港铁公司运营业务的扩展，与车票收入共同支撑固定资产更新改造的资金需求。②香港地铁采取市场化的管理模式，充分利用市场调节，达到资源的优化配置，实现管理成本最低化。但是北京地铁目前还不完全具备这些特征,因此只能在现有的经营模式上进一步优化,以期将来条件成熟时借鉴之。

4 北京市轨道交通更新改造管理模式演变分析

本章首先分析了北京市轨道交通更新改造管理模式的历史演变及模式特点,探讨了既有模式面临的挑战。

从发展历程看,北京市轨道交通固定资产更新改造资金筹措方式主要是资产计提折旧资金方式和财政专项资金方式两种。2008 年之前,主要采用固定资产计提折旧资金的方式。2008 年以后,主要采用财政专项资金的方式,如图 4 所示。

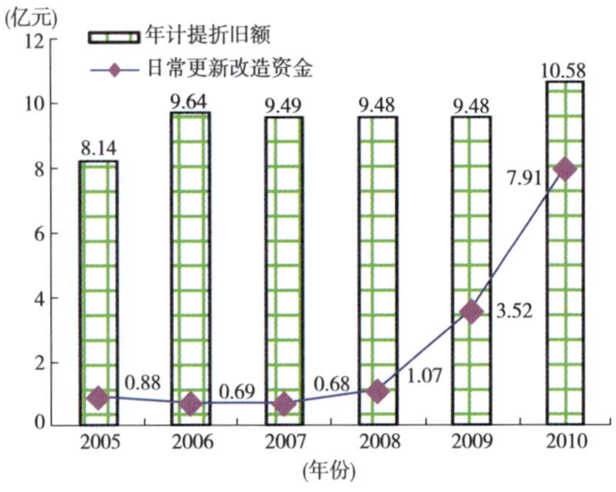

注:图中数据主要依照京投公司提供数据整理。2005—2007 年,日常更新改造资金未计入"十三号线"和"八通线"数据,因上述两条线属运营初期,其更新改造费用额度较小,2010 年计提折旧数据由上报市财政局的预算项目而得到的估计值。

图 4 2005—2009 年北京市轨道交通固定资产(一环线、十三号线及八通线)更新改造资金变化

从图 4 可以看出,日常更新改造资金的变化过程可以分为两个阶段:

(1)2005—2007 年,计提折旧资金和消隐工程时期,日常更新改造资金额度大,增长速度相对稳定,受到折旧标准的影响。目前,国内各个城市轨道交通系统资产折旧年限尚无统一标准。2008 年国家建设部及国家发改委颁布了《城市轨道交通工程项目建设标准》(建标 104—2008),简称"建设部标准"。1993 年,市财政局制定了北京市轨道交通固定资产折旧年限标准(简称"北京市标准"),由于制定时间相对比较早,部分资产的折旧年限的合理性有待商榷。如"建设部标准"规定的信号设备折旧年限为 15 年,而"北京市标准"为 8 年。

通过"北京市标准"和"建设部标准"的对比研究可以发现,"建设部标准"对大部分轨道交通固定资产的计提折旧年限比"北京市标准"折旧年限要长,依照

这两个标准核算的计提折旧额差异较大,如图 5 所示。

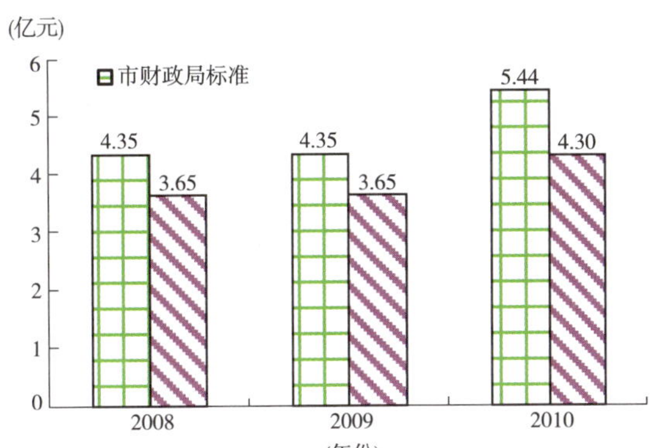

注:图中数据主要依照京投公司提供数据测算整理。

图 5 2008—2010 年不同标准下北京"一环线"资产的计提折旧额情况

(2)2008—2010 年,财政专项资金时期,日常更新改造资金增幅较快,年均增长率约为 270%。一方面,2008 年消隐工程结束后,涵盖的项目迅速增加;另一方面,目前财政专项资金项目所涵盖的日常资产更新改造范围相对计提折旧时期要广,包含了一些市委市政府为适应特殊需求而临时性安排的工作任务。从图 6 可以看出,相比 2007 年,2009 年设备更新类的更新改造资金增长了 5 倍,与新增了四惠东电客车厂修、购置"国庆 60 周年"的安保监测设备等项目有关。

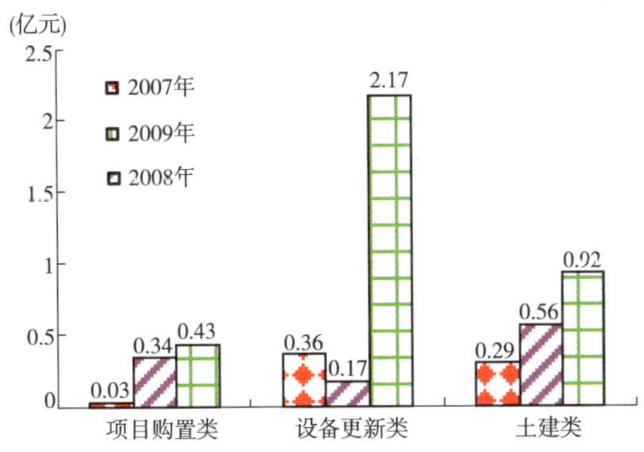

注:图中数据主要依照京投公司提供数据整理。以上为一环线、十三号线及八通线数据

图 6 2007—2009 年北京市轨道交通固定资产更新改造资金变化情况

5 既有的更新改造资金筹措方式分析

5.1 计提折旧资金方式特点

(1)计提折旧资金方式具有相对合理反映轨道交通固定资产的折旧程度和使用状况的特点。计提折旧资金方式充分考虑到固定资产在使用过程中的耗费

情况,相对合理反映资产使用情况。

(2)计提折旧资金方式,有利于会计财务处理,确保会计信息资料完整性。目前,大多数国有固定资产已形成一套完整全面的计提折旧的资金方式的会计处理流程和处理方法,便于会计财务处理。

(3)与财政专项资金相比,计提折旧资金方式,资金增长总体相对稳定,波动性相对较小。在轨道交通固定资产总值将保持相对稳定的情形下,若采用平均年限计提折旧法,计提折旧资金将保持相对稳定,整个生命周期没有大幅度的变化。

(4)成本加成模式下,计提折旧资金方式在发挥运营企业的积极性方面,仍然显得不充分,需要强化相应的激励措施。成本加成模式下的计提折旧资金方式,对激励运营企业合理有效地利用资源的积极性仍显得不充分,需要采取相应的激励措施。

5.2 财政专项资金方式特点

(1)具有核算方法简便、容易操作的特点。财政专项资金方式仅需针对运营企业的上报项目,进行更新改造资金核算,操作相对简单。

(2)与计提折旧资金方式相比,财政专项资金方式在轨道交通线路运营初期或消隐工程之后的初期具有节约资产更新改造资金的优势,而后优势将逐步降低。随着所涵盖的更新改造的项目范围越来越广及监管程度不充分的情况下,财政专项资金方式有效利用资金的优势将逐步降低。

(3)具有使用灵活性的特点。在应对特殊情况下的资产更新改造项目,财政专项资金方式有利于确保资金及时的到位和专款专用,显得更为灵活。

(4)财政专项资金方式采用成本加成的机制,可能导致运营企业缺乏提高效率、降低成本的积极性,且由于信息不对称,企业操纵会计信息风险具有潜在可能性。需要结合计提折旧资金方式的优点,制定一整套激励、监督和约束的管理制度,以确保轨道资产更新改造资金切实落实到轨道资产的维护和更新。

6 既有模式面临的挑战

网络化条件下的轨道交通运营给固定资产更新改造带来了新的要求与挑战。

(1)确定资产更新改造资金额度计算方法的指导机制或办法不够完善。目前对于专项资金的额度没有专门的指导机制或办法,在固定资产实际使用状况和资产使用中的实际费用等信息相对缺乏的情形下,给市财政局或京投公司的审核带来了风险。

(2)在执行过程中,对项目计划或者资金变化而做出调整的机制规范性不足。针对项目执行过程中,资金、工期、项目内容出现变化的情况,地铁运营公司是采取在资金额度内自行调整,抑或从项目中调出,重新提报,尚缺乏相应的规范性,相关主管部门难以实现有效管控。

(3)在轨道交通运营管理过程中,资产运用、维修和更新改造信息未能在市财政局、京投公司、运营公司三者之间充分共享,资产信息不对称。目前各线路的资产只有实物台账,而北京市轨道交通固定资产管理信息系统中只有地铁1、2号线和13号线的部分资产台账,需要进一步完善资产管理信息系统。

(4)对资金使用情况的审计、监察的机制有待进一步完善。政府和京投公司对于项目施工状况和资金使用、资金清算及财务审计等难以完整把握,需要完善资金使用情况的审计、监察制度。

7 激励性合约机制设计

本章探讨适合北京市轨道交通固定资产更新改造管理的合理模式,设计合理的监督管理机制,并规范更新改造项目管理流程,提出合理配套监管措施。

委托代理合约机制设计是北京市轨道交通固定资产更新改造模式创新的核心内容。政府与运营公司间的委托代理合约方式,主要有成本加成合约、固定价格合约、激励性合约和特许经营权竞标四种。成本加成合约的基本思路是"亏多少、补多少",其最大的问题是对企业无激励奖励,运营方施工效率难以提高;固定价格合约的基本思路为"固定额度、亏余自负",虽能有效控制支出,但是企业有可能为追逐高额利润而轻视运营安全;特许经营权竞标虽然解决了信息不对称,鼓励了企业追求最小成本,但该模式需要以充分的市场竞争为存在前提。因此,激励性合约机制更适合目前北京市轨道交通固定资产更新改造的管理。

7.1 机制设计思路

本研究提出的激励性合约机制通过事前制定合理的更新改造资金额度和共同承担风险(共享盈余)的激励约束方法,事后根据实际支出和既定方法进行决算,使政府和企业有效承担(共享)项目超支(减支)资金,以激发运营公司提高经营效率,使得轨道交通固定资产更新改造,既能满足政府"服务水平高且资源配置经济高效"的要求,又能满足运营公司"盈利"的目标。具体来说,激励性合约机制设计思路如下。

7.1.1 核定更新改造资金合理额度

计提折旧资金方式具有相对合理反映资产折旧程度和使用状况的特点,但较难反映出新线更新改造资金需求少,老线的改造资金需求多的实际情况,因此本研究建议在以计提折旧方法计算折旧总额的基础上,乘以合理的年度拨付比例,以此核定更新改造资金的合理额度。其中,年度拨付比例应根据各线路设施设备的资产状态和新旧程度分别取值。

7.1.2 设计超支递减补偿和减支固定分享比例的激励约束办法

本研究提出的激励约束办法可以概括如下:如果实际支出大于设定的合理额度,超支部分设计一个递减的分担比例由政府进行补偿,如果实际支出小于设定的合理额度,即出现资金剩余,则政府最后结算时仅收回一定比例的部分资金,剩余部分作为对企业提高经营效率的奖励,以起到对企业激励和约束的效果。

7.1.3 提供菜单,企业自主选择额度拨付比例

考虑到政府和运营公司之间存在信息不对称,即运营公司更加了解更新改造实际需求,可由政府设计不同财政补贴合约,运营公司在合约菜单中自主选择。合约菜单的变量包括年度拨付比例和分成比例,不同年度拨付比例对应不同的超支后政府负担比例。为了激励运营公司选择较低的成本基数,如果运营公司选择较高的年度拨付比例,则运营公司分成比例较低;反之,如果运营公司选择较低的年度拨付比例,则运营公司分成比例较高。菜单合约的作用不仅在于为运营公司提供一定范围内的自主选择权,还可以为政府在下一年核定更新改造合理额度时提供信息,以调整年度拨付比例的选项。

7.1.4 更新改造资金的预拨付与决算补贴

本研究所设计的激励性合约机制是在兼顾吸收计提折旧和专项资金的基础上提出的。即运营公司根据政府部门厘定的更新改造资金合理额度上报更新改造项目计划,年度预拨付金额根据财政审核批复的最终更新改造计划确定。对于资金在限额以内的项目,全部拨付计划额度,对于资金在限额以外的项目,则拨付计划额度的80% ,剩余部分在项目竣工后拨付。项目完工后,根据核定的合理额度、实际的项目支出以及事先确定分成比例,决算最终资金情况。

7.2 具体实施办法

将激励合约机制结合到北京市轨道交通固定资产更新改造管理过程,其具体实施办法如图7所示,可表述如下。

7.2.1 运营企业上报预算

运营企业将轨道交通固定资产更新改造计划和预算申报文件上报京投公司,京投公司进行申报信息的录入和项目的初审,再上报至市财政局进行项目资金计划的审批。

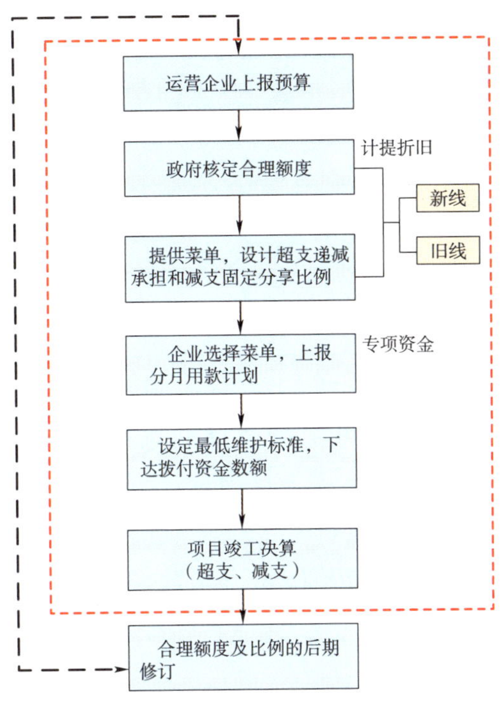

图7　激励性合约机制实施办法示意图

7.2.2　核定更新改造资金合理额度

年度拨付比例直接影响到更新改造资金的核定额度，在计算时，应以历年的实际更新改造资金数据和计提折旧总额为依据，采用合理计算方法计算得出年度拨付比例。需要指出的是，由于各线路运营年限以及资产状态不同，其年度拨付比例应单独计算。假设按照轨道交通固定资产折旧标准计算出的线路计提折旧总额为 Sk 亿元，该线路的年度拨付比例分别为 $rk\%$，则该线的合理额度为：$Sk \times rk\%$。

7.2.3　提供菜单，设计超支递减负担和减支固定分享比例

调整设置若干年度拨付比例，如在基准比例上下浮动5个百分点。对于不同的年度拨付比例，相应地设计不同的分成比例，形成不同的菜单合约。需注意的是，最低年度拨付比例必须能保证轨道交通固定资产更新改造的最低维护标准。

在企业选择某一年度拨付比例后，当出现减支情况时，政府与企业按该年度拨付比例对应的固定分享比例（$b_1\%:b_2\%$，$b_1\% + b_2\% = 1$）分享补贴剩余；出现超支情况时，政府负担的比例递减，当超支达到一定数额以上时政府不再负担。表1表示该菜单合约下，线路固定资产更新改造资金超支后政府负担比例。

线路固定资产更新改造资金超支后政府负担比例 表1

承担比例 \ 拨付比例超支数 \ 菜单合约	r_0%	r_1%	r_2%
$0<E\leqslant e_1$	a_{01}%	a_{11}%	a_{21}%
$e_1<E\leqslant e_2$	a_{02}%	a_{12}%	a_{22}%
$e_2<E\leqslant e_3$	a_{03}%	a_{13}%	a_{23}%
$e_3<E\leqslant e_4$	a_{04}%	a_{14}%	a_{24}%
$e_4<E$	0	0	0

7.2.4 运营企业选择菜单合约,上报分月用款计划

运营企业选择菜单合约,并可根据选择的菜单,调整更新改造计划,编制上报项目可行性报告或实施方案,以及分月用款计划。

7.2.5 更新改造资金的预拨付

市财政局根据批复结果,设定预拨付资金数额。其计算公式为:

$$C=\sum_i C_{0i}+\sum_j C_{1j}\times 0.8$$

式中:C——年度预拨付资金额度;

C_{0i}——限额以内的项目计划额度,其中 i 表示项目批复数;

C_{1j}——限额以外的项目计划额度,其中 j 表示项目批复数。

7.2.6 项目竣工决算

项目竣工后,根据实际资金支出以及企业选择的比例菜单合约,进行项目资金决算。当出现超支情况时,运营企业承担的超支部分由其自行解决;当出现减支情况时,政府分享部分由运营公司向政府返还。

7.2.7 额度及比例的后期修订

激励合约机制实施过程中需要确定一个合约周期,一个合约周期(设定为 N 年)结束后,根据信息共享平台提供的各年实际支出和设备的使用年限等信息,可对计提折旧年限及各线年度拨付比例进行适当的修正。

在上述激励与约束相结合的机制下,运营公司为了实现盈利目标,会努力提高经营效率节约项目成本,而政府通过核定合理额度,设定最低资产维护标准和超支(减支)承担(共享)比例,一方面使工程的施工质量得到保证,提高了服务水平,保障运营安全;另一方面,能有效控制成本,减少因信息不对称带来的额外成本支出。

8 更新改造项目的上报、审批、调整和拨付程序

明确规范更新改造项目的上报、审批、调整和监管程序是激励性合约机制得

以有效实施的保障。本研究将通过研究该程序，进一步明确协调机制，确保各个程序流转顺畅，按规定进行。

8.1 项目的上报、审批及调整程序

根据设定的激励性合约机制，更新改造项目管理采用“两上两下”流程。如图8所示。

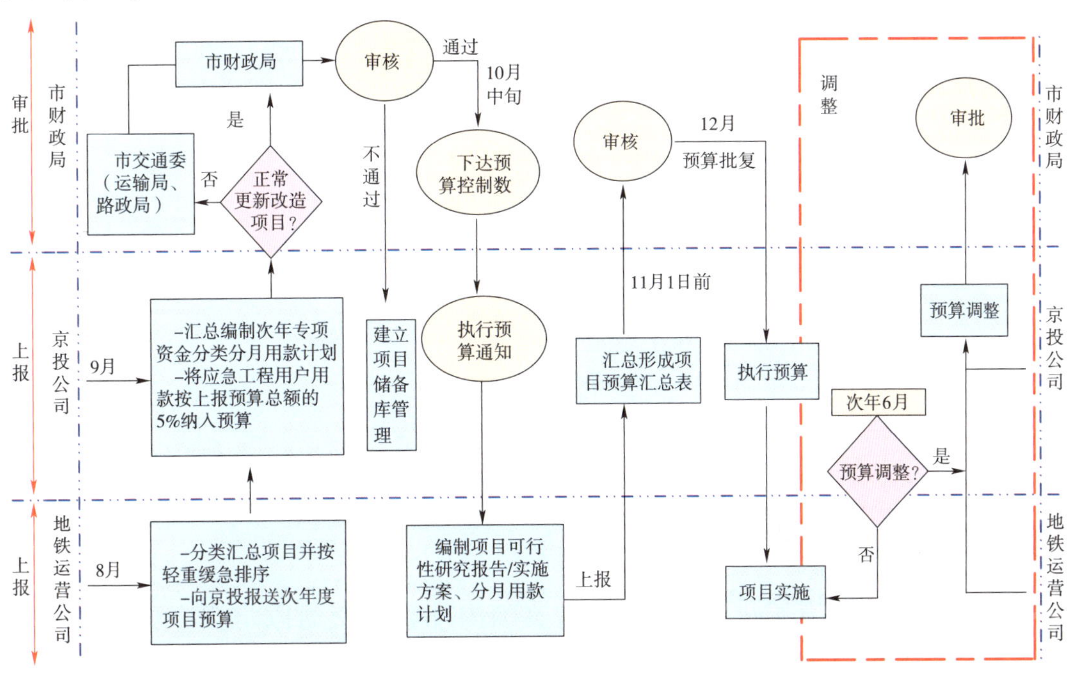

图8　北京市轨道交通固定资产更新改造项目管理流程示意图

（1）第一次上报：运营公司于每年8月份上报资金预算及更改计划表，经京投公司初审后，于9月上报市财政局。

（2）第一次下达：市财政局和市交通委分别对项目进行资金和技术层面的审核后，于10月中旬下达批复项目情况及预算控制数。

（3）第二次上报：批准通过的项目由运营公司编制项目可行性研究报告或实施方案、分月用款计划等材料，于11月前报京投公司，经汇总后上报市财政局。

（4）第二次下达：市财政局于12月对第二次上报的预算材料进行批复，下达后正式执行。

（5）项目调整：项目实施期间，项目实施单位需严格执行预算，原则上不做调整，遇到特殊情况，如市委市政府临时性指派的任务，在资金不能在原额度内统筹解决的前提下，可视情况适当调整。运营公司须编制项目调整计划，列明调整理由，于次年6月进行申报，并由京投公司汇总后报市财政局审批。

8.2 资金拨付

市财政局根据预算批复情况,对设备购置类、更新改造类及土建类项目分别以10万元、100万元及200万元为界限,合理拨付资金给京投公司。京投公司再根据运营公司报送的次月专项资金拨款申请单和上月专项资金使用月报表及项目的进度,将审定的资金拨付运营公司。其流程如图9所示。

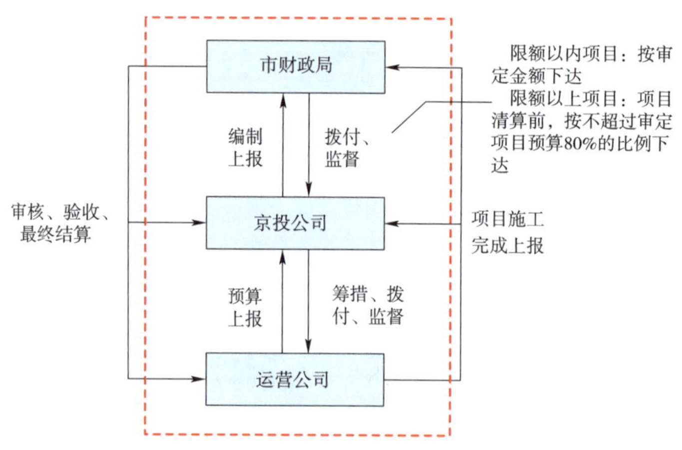

图9 北京市轨道交通固定资产更新改造专项资金拨付流程图

9 配套监管措施

为保证激励性合约机制的执行,借鉴国内外轨道交通固定资产更新改造管理经验,设置相应的配套措施。

(1)构建并完善高效、透明的信息共享平台。该平台记录了项目实施情况、资金使用情况、申报未批准情况及相应设备的使用周期,为合理制定折旧年限和确定超支(减支)承担(分享)比例提供数据支撑。

(2)引入第三方对资金使用和项目实施进行裁决,设立独立审计方。为保障委代双方在更新改造中的基本权益,根据实际情况,可以聘请国际权威的独立审计机构对运营企业更新改造项目的财务报表进行审计,以便于委托代理方之间账务和资金的清算和核实。

(3)组建专家监督小组,评估投资效益。建议由政府、京投公司、运营公司三方共同组织相关领域的技术专家构成监督小组对项目进行定期考察和抽样监察。通过对服务质量的评估,有利于督促运营商在节约成本的同时保证运输服务质量,为居民提供安全、舒适的出行保证;通过对投资效益的评估,有利于委托方明确投资价值和项目实施效果,也一定程度削弱更新改造过程中的信息不对称。

10 研究结论及创新点

10.1 典型城市轨道交通固定资产更新改造经验对北京的借鉴

(1)设置独立的仲裁机构。墨尔本地铁设置独立的专家委员会作为仲裁机构来确定更新改造企业需要的更新改造费用,并且每隔3年对资产的状况进行调查。通过资产状况好坏变化的判断,来决定是否需要更新改造企业增加更新改造资金,更新改造资金的盈余归运营商。

(2)设定资产维护最低标准和服务标准,并定期对其进行考察。墨尔本政府和运营商签订最低维护标准,运营商根据该标准来提交更新改造计划,并且每周需要上报资产的考核指标。

(3)建立托管账户,保证专款专用。墨尔本政府建立托管账户,运营商需要在每月月底提供与年度更新改造计划相符的费用发票获得更新改造费用,从而保证财政资金专款专用,无财政资金沉淀,也便于账务核查,会计清算等。

(4)灵活规范的更新改造项目计划调整机制。墨尔本政府和运营商均可对资产管理计划提出调整意见,但是每年不可以超过2次,运营商提出的调整一般不会得到补偿,而政府提出的调整才可以获得补偿。灵活规范的更新改造项目调整机制,既可以避免更新改造项目调整的随意性,也可以增强项目计划的弹性,以应对特殊情况下的项目调整的需求。

(5)建立更新改造的激励机制。墨尔本地铁通过设置专家委员会来判定地铁资产状况的好坏变化并以此决定运营商是否需要追加更新改造资金,更新改造资金的盈余归运营商,以此来激励运营商,有利于发挥企业更新改造的积极性,提升更新改造水平。

10.2 计提折旧资金筹措方式和财政专项资金筹措方式特点

10.2.1 计提折旧资金方式特点

相对合理反映轨道交通资产的折旧程度和使用状况;便于会计处理,确保会计信息资料完整性;计提折旧资金增长总体相对稳定,波动性相对较小;计提折旧资金额与折旧方法直接相关,资产实际损耗周期的准确性难以很好把握。

10.2.2 财政专项资金方式特点

核算方法简便和容易操作;资金安排使用相对灵活;与计提折旧资金方式相比,财政专项资金方式在轨道交通线路运营初期或消隐工程之后的初期具有节约资产更新改造资金,而后优势将逐步降低。

计提折旧资金方式和财政专项资金方式,在激励和发挥运营企业的积极性方面,仍显得不充分,需要设计相应的激励机制和措施。在进行激励机制设计时,不仅需要充分依据资产计提折旧的特点,也要吸取财政专项资金方式的更新改造资金的拨付与管理特点。

10.3 激励性合约机制创新

设计了基于“超支递减负担和减支固定分享比例”的合约机制,该机制吸收了计提折旧资金方式能合理反映资产折旧程度和财政专项资金方式资金安排相对灵活的特点,同时通过激励、监督和约束相提高了企业经营效率,这在目前尚未形成市场竞争的条件下可以充分解企业委托代理问题导致的更新改造项目申报存在“逆向选择”和“潜在道德风险”的问题。该方案的创新点如下。

10.3.1 激励与约束相结合有助于提高更新改造资金使用效率

本研究提出的激励性合约机制是充分结合北京市轨道交通固定资产更新改造行业现状,对西方国家公用事业 RPI－X 管理模式和北京市轨道交通运营财政补贴方案的消化吸收再创新。通过对合理额度的核定、资产维护最低标准和超支(减支)承担(共享)比例的设计,激励运营公司节约成本、提高运营效率的同时,可以有效约束其对超额利润的追求,构造了一种使得政府能在激发运营公司提高效率与避免其追逐超额利润之间的权衡。

10.3.2 通过菜单设计即信息甄别可以减少信息不对称

本研究提出的激励性合约机制,通过菜单设计提供了不同的年度拨付比例和超(减)支政府负担比例供运营公司选择,不同的年度拨付比例分别代表了不同的更新改造资金需求与使用效率。该方法在信息不对称时,政府无法快速科学合理核定运营成本的前提下,通过激励相容的机制设计,由政府设计一个补贴菜单,企业根据实际需求与自身管理水平从菜单上选择补贴计算参数,有助于政府部门更好地了解运营公司经营效率和引导运营公司提高管理水平。

10.3.3 方案设计中有纠错机制

由于激励性合约机制对于超支(减支)负担(分享)比例设计实际上对应着核定合理额度的一个区间。也就意味着当实际发生的支出与核定额度的差异在一定范围内时,仍然涵盖其中。另外,通过周期结束后对折旧年限及合理额度的修订,可以更好地提高该机制的自动纠错能力。

10.4 更新改造项目管理办法与措施

围绕激励性合约机制，进一步规范了更新改造管理流程，提出完善信息共享平台、引入第三方对资金使用和项目实施进行裁决，设立独立审计方、组建专家小组，评估投资效益等相应配套措施，协同激励合约机制完善北京市轨道交通固定资产更新改造管理体制。

北京轨道交通网络化运营管理模式创新与实践

北京市轨道交通路网管理有限公司

摘　要：目前，我国轨道交通网络化建设的研究和实践还处于起步阶段，首都轨道交通网络化运营管理模式创新与实践，将推动我国轨道交通等领域加快实现“四个转变”：一是运营管理体系由单线运营管理向网络化运营管理的转变；二是建设模式由传统分散建设向集约化、系统化建设的转变；三是监管方式由粗放型向数字化、精细化管理的转变；四是数据管理由信息孤岛向集中共享的转变。从而对加快基础设施“政府科学监管、适度竞争机制、投融资方式多元化”的格局形成，实现轨道交通路网“安全、高效、均衡”的运输提供了组织保障，奠定了技术基础。

关键词：轨道交通；网络化；运营管理；模式

在稳步推进轨道交通投融资和资源开发两大业务的同时，京投公司致力于研究解决北京市轨道交通路网建设中共性的技术问题及运营管理中共性的业务和政策问题，优化技术资源配置，制定和强化各种接口规范和标准，不断提高轨道交通网络化建设及运营水平，促进轨道交通业务健康快速发展。

1 首都轨道交通网络化运营管理模式创新的背景

近年来，北京市委、市政府高度重视轨道交通建设，把握奥运契机，投入大量的人力、物力推动轨道交通发展。奥运会前轨道交通运营规模达到 8 条线、123 个车站（含 16 个换乘站）、200km，轨道交通路网初步成形，为奥运和全体市民提供更加方便快捷的出行服务。2009 年，随着地铁 4 号线的建成，京港地铁公司也将参与北京地铁的运营，北京轨道交通将形成多线路、多运营主体的全新网络化运输格局。2015 年，北京将建成“三环、四横、五纵、七放射”共 19 条线、561km 运营里程的轨道交通网络，每天承载客流量占公共交通比例将由目前的 20% 提高到 50%，轨道交通将真正成为首都城市公共交通的骨干体系。北京轨道交通面临着前所未有的发展机遇与挑战。

通过对美国纽约、英国伦敦、西班牙马德里、法国巴黎、德国柏林、日本东京、韩国首尔,以及我国香港、上海、广州、深圳等城市轨道交通的调研,各地在指挥控制、票卡发行及票款清分清算等的建设运营管理方面经验可以看到,随着轨道交通路网规模的扩大、多运营主体的进入、联网运营格局的形成,各大城市都在致力于解决网络化运营所面临的协调指挥、安全运营、提高服务质量等问题。

通过运用SWOT分析法对北京市轨道交通的建设与运营发展优势、存在问题、机遇、挑战进行分析,京投公司以前瞻性思维,务实开拓、大胆创新,在轨道交通路网尚未形成、多运营主体即将出现时,超前提出实施首都轨道交通网络化运营管理模式创新,其作用在于以下方面。

1.1 满足轨道交通网络化条件下运营组织管理的需要

轨道交通在只有一条或是很少的几条线运营时,一条线出现问题对其他线路影响很小,通过建设独立的线路调度指挥系统即可满足运营管理需要;而当线与线交错形成轨道交通路网之后,某条线甚至某个车站出现的问题都会沿着网络的结点迅速传递,波及其他各条线路运行安全。因此必须树立整个轨道交通路网一盘棋的意识,形成全路网统一的调度指挥快速反应的管理模式。

1.2 满足提高轨道交通科学化运营管理水平的需要

已经有38年历史的人工售检票方式及与之相应的票务和清算管理方式,由于只能采取抽样调查、综合评估等手段采集乘客信息,无法保证信息全面、准确和实时,造成以原始信息为基础开展的各项统计、分析出现偏差,难以满足网络化、大客流、小间隔运营组织条件下精确化管理的需要,成为制约轨道交通可持续发展的瓶颈,而随着路网建设的提速,客流量不断攀升,特别是2007年北京实行惠民票价政策后,轨道交通日均客流量已达300万人次,预计很快将突破400万人次/日。迫切需要建立可实时统计、准确计算,并进行分析的智能化数据管理信息系统。满足提高轨道交通科学化运营管理水平的需要。

1.3 满足轨道交通运营市场化进程的需要

全面推进市场化进程是中国改革开放的根本目标,也是北京轨道交通的发展方向。在2009年,北京轨道交通路网即将出现多家运营主体,通过适度竞争不断提高轨道交通管理水平和经济效益,由于轨道交通是乘客实时流动的庞大联运系统,且整个路网内乘客均可无障碍换乘,因此需在不同运营主体之间建立起快速、高效、可靠的协调机制,并形成具有北京特点、路网整体协调统一的票制票价政策与经济利益补偿等相关规则。

1.4 满足政府加强行业监管、完善紧急突发事件快速处置的需要

公共交通是维系城市正常运行的命脉之一,随着轨道交通在城市交通所占比重的加大,行业监管部门不仅在平时要了解城市轨道交通路网的运营情况,对各线运营主体的运营服务状况进行监管与考核,而且在城市突发灾害时,还要结合城市各方面的情况,调动各种社会资源,指挥交通系统应变等,减少灾害损失,缩小次生灾害范围。因此,有必要建立一个基于计算机、网络和通信技术的高科技技术平台,提供各条线、各个车站设备系统以及客流情况的综合信息。同时,通过对基础数据的实时采集及统计分析,为政府与各线运营主体签订安全、合理、高效的运营合同提供依据。

2 首都轨道交通网络化运营管理模式创新的内涵

首都轨道交通网络化运营管理模式创新的基本内涵是:以国际先进的系统工程方法论和运营管理理念为指导思想,以提高首都轨道交通运营服务水平和应急处置能力,实现精细化管理为目标,通过以"政府授权、企业化运作"的模式建立北京市轨道交通指挥中心,实现"管理集中";通过建设容纳14条线路同厅指挥的指挥大厦,实现线路控制中心的"物理集中";通过建设智能化综合信息系统管理平台,实现轨道交通行车、客运、应急指挥信息的"信息集中",从而建立起符合首都轨道交通建设、运营管理现行体制特点的"高度集中、统一指挥、逐级负责、协调动作"的运营管理体系,实现调度指挥"从线向网"的转型。

3 首都轨道交通网络化运营管理模式创新的方案设计

首都轨道交通网络化运营管理模式创新的核心就是要解决"集中统一"的问题,这是一项复杂、庞大的系统工程。既涉及多家运营主体,又涉及不同建设主体,呈现主体多元化;既涉及运营管理体制的建设,又涉及智能化综合信息系统管理平台的建设,知识领域跨度大;既要考虑已经运营的和正在建设的轨道交通线路,又要兼顾未来规划中将要实施的线路,时间空间跨度也相当大。因此在创新与实践过程中,特别是在设计阶段必须以系统工程的思维方式,以复杂适应系统(CAS)理论为指导思想,强调理论与实践的高度结合,通过建立规则、加强不同主体间的交流、沟通,互相学习,相互影响,不断深化完善,逐步实现首都轨道交通网络化运营管理模式创新。

3.1 以“政府授权、企业化运作”模式，成立专门机构负责路网运行管理，实现路网“管理集中”

针对北京市轨道交通建设、运营管理多元化的格局，要实现提高运营管理水平和服务质量的要求，必须实施建设、运营管理的统一规划，明确功能定位和需求，提出统一的服务标准，避免在建设过程中走弯路。因此，必须有统一的制定标准、管理、监督、考核部门，从而实现管理的集中。

有了成立组织机构的需求和想法，接踵而来的问题是成立一个怎样的机构，这个机构的具体职能定位及合理的运作方式是什么？为此，京投公司特别组织开展了“北京市轨道交通网络化运营管理模式”的课题研究，借鉴国外网络化运营管理经验，提出了北京轨道交通实施统一运营管理的几种可能性。北京轨道交通的建设、运营管理任务是由不同的企业完成的，通常是由政府制定建设和管理标准，并进行日常监管。而对轨道交通行业的管理往往需要非常专业的技术和管理人员，这就使得这个机构在具有一定的政府管理职能的同时，还需要具备轨道交通行业技术管理经验。因此，单纯成立一个政府职能机构或专业运营管理企业都不能实现对北京轨道交通行业全面和专业的管理。

在课题研究的基础上，经过与北京轨道交通建设、运营等各方充分论证，与市政府相关部门充分沟通，京投公司提出了以“政府授权、企业化运作”的模式，成立一个专业的既有丰富运营管理经验，又有强大技术管理能力的相关机构，负责承担北京市轨道交通线网运营协调与管理，为首都轨道交通网络化运营管理模式创新与实践寻求法律上的依据。

3.2 建设容纳14条线路同厅指挥的指挥大厦，实现线路控制中心的“物理集中”，为路网“管理集中”奠定物质基础

从国内外轨道交通建设的发展历程分析，线路建设通常是分阶段、分步骤实施，建设时间跨度达3～4年，而且线路规划往往随着城市社会、经济发展做出适当的调整。线路控制中心一般都是随着线路的建设周期同步完成，这样就形成了国内外大多数城市所采用的“一线一中心”的分散建设和管理模式。

随着轨道交通线路建设规模的扩大，轨道交通路网的逐步形成，国外轨道交通发达的大城市已经初步意识到“一线一中心”的模式给运营管理带来极大困难。首先是轨道交通路网形成后，不同线路之间的运营已经密不可分，一条线路的行车和客运组织管理必须和相邻线路进行协调和配合，才能保障线网运行安全；其次是虽然利用现代通信技术和信息技术，可以实现远程信息共享和交互，

但这种远程沟通和交流往往造成信息缺失,特别是在处置突发事件时,指挥效率较低。

为此,京投公司领导紧紧抓住北京申办奥运会,轨道交通快速发展的有利时机,突破轨道交通“一线一中心”的传统建设和管理模式,果断决策整合各方资源,建设容纳14条线路同厅指挥的指挥大厦,实现线路控制中心的“物理集中”,为路网“管理集中”奠定物质基础。

3.3 建设智能化综合信息系统管理平台,实现轨道交通客运、行车及应急指挥信息的集中和共享,为路网“管理集中”提供技术保障

实现所有线路控制中心同厅指挥调度,仅仅是首都轨道交通网络化运营管理模式创新的第一步。而要真正实现集中统一的运营管理,还必须实现系统工程中六大元素之一的信息集中,即轨道交通各类系统运行管理信息的集中。为确保轨道交通安全、高效、便捷、均衡的运行,各线路均建设了以自动售检票、信号、电力、环境控制、通信为基础的自动化系统,使实现运行管理信息集中成为可能。但受到“一线一中心”建设和管理模式的影响,以及建设时序、技术水平的限制,大多数系统都是单独建设,彼此互不联系,形成信息孤岛。因此,创建首都轨道交通网络化运营管理模式的一项重要工作就是要建设智能化信息系统管理平台,为首都轨道交通网络化运营管理模式创新提供技术保障。

3.3.1 系统业务架构

通过对网络化运营管理需求的分析,信息系统管理平台应至少完成轨道交通路网票务清算管理、路网调度指挥和应急处置等三大职能。通过对应用管理的分析,路网票务清算管理和路网调度指挥分别属于客运调度和行车调度两大业务领域。因此在构建信息系统管理平台时,从需求角度将系统分为基础信息接入、基础业务应用和综合业务应用三个层次;从业务管理的角度在建设中将平台分为统一的轨道交通路网票务清算管理中心系统(简称ACC系统)、统一的轨道交通路网调度指挥中心系统(简称TCC系统)两大业务系统分别建设。同时为保证信息采集和指挥、调度命令稳定可靠的传输,综合通信平台也是信息系统管理平台不可或缺的重要组成部分。首都轨道交通智能化综合信息系统管理平台的业务架构示意图如图1所示。

3.3.2 系统技术架构

智能化综合信息系统管理平台通过综合通信网络平台与线路控制中心各主要机电系统及后备指挥中心连接,通过标准物理接口及预定义的协议实现系统与线路控制中心系统之间及指挥中心与后备指挥中心之间的信息交换。通过电

信运营商提供的专线与市政交通一卡通公司、市交通应急指挥中心、公安、消防、急救、交管、公交等部门建立通信渠道，用于票务清分和应急指挥时信息沟通。系统技术架构示意图如图2所示。

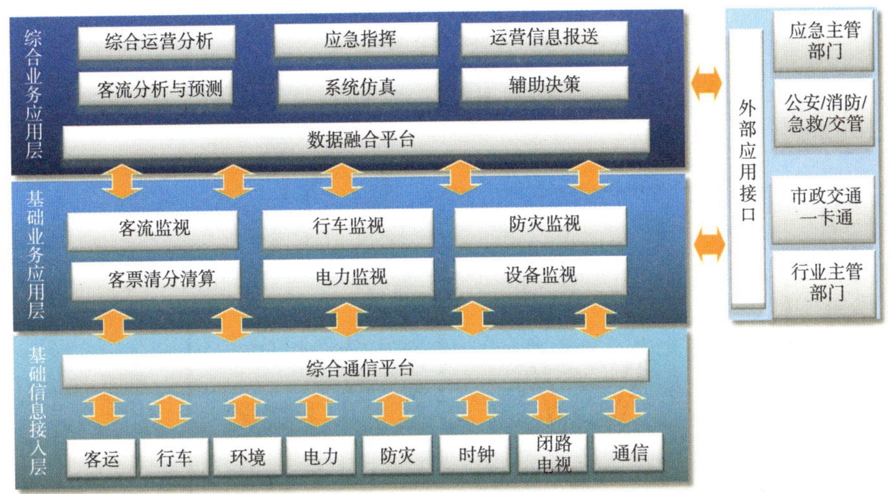

图1　系统业务架构示意图

3.3.3　系统主要功能

建设集成路网票务清算管理中心（ACC）和路网调度指挥中心（TCC）系统于一体的首都轨道交通智能化综合信息系统管理平台，在轨道交通领域是一项全新的尝试，没有先例可循。经过广泛的国内外调研，集中专业人员进行攻坚研究，最终明确了两大系统的基本需求。

3.3.3.1　路网票务清算管理系统的主要功能

ACC与路网内各线路自动售检票系统（简称AFC）共同构成轨道交通路网的联网收费系统。其中线路AFC是源头，通过直接向乘客提供售检票等服务，为ACC提供第一手的基础数据信息；ACC则是中枢，依据确定的业务规则，对路网内各线路AFC实施集中统一管理。概括来说，ACC系统主要具有三大功能：

（1）票务管理功能。通过自动售票机、出进站闸机等终端设备，自动完成出售车票、进站检票、出站验票、扣除乘车款、回收车票、记录相关信息等工作，实现了路网内车票全部电子化、无障碍换乘。通过建立票卡生产车间、票卡库房、票卡清洗车间等，实现路网内票卡的统一采购、统一生产、统一调配、统一回收。

（2）票款清分清算管理功能。通过事先确定并设置的各种情况下票款清分原则和清算模型，实现轨道交通系统与一卡通系统之间，以及轨道交通路网内各线路之间的票款清算、对账。

行车监视
电力监视
设备运行监视
乘客信息系统发布模块
电视监控监视
防灾监视模块
辅助决策模块
综合统计分析模块
票务清分模块
票价管理模块
指挥调度应用
清分清算应用
票务数据库
清风数据库
信息系统平台
实时监控数据库
辅助决策数据库
信息管理模块
综合信息处理模块
后备系统
一卡通公司
综合通信平台
800MHZ集群通信
有线通信系统
PSTN
公安
急救
公交
交通应急指挥中心
1号线运营控制中心
4号线运营控制中心
线运营控制中心
电视监控
行车
电力
乘客信息系统
自动售检票系统
电视监控
行车
电力
乘客信息系统
自动售检票系统
图2 系统技术架构示意

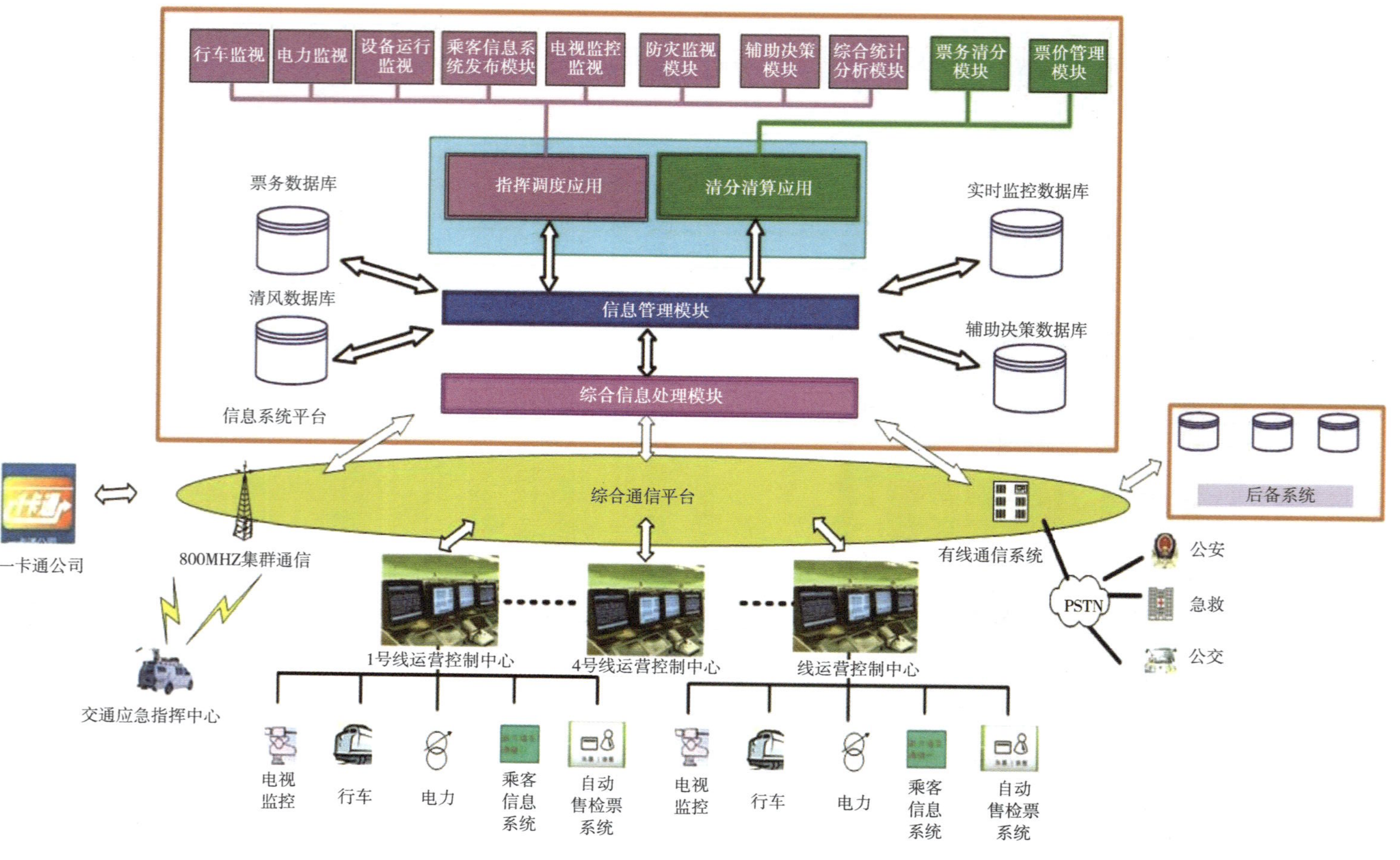

(3)客流统计功能。通过构建庞大而复杂的后台支持系统，实现轨道交通运营信息的实时准确获取及统计，为在网络化运营条件下确保行车组织与客运组织的高效、均衡运转，快速处置突发事件提供数据基础和决策依据。

其内在管理关系如图 3 所示。

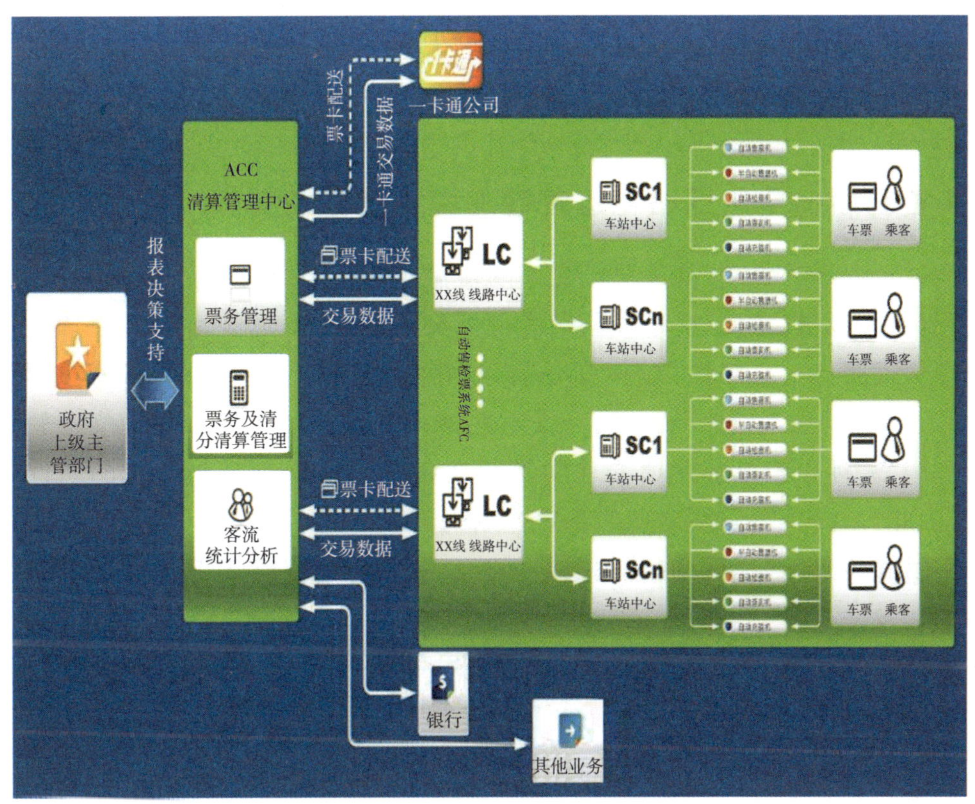

图 3 ACC 系统内在管理关系

3.3.3.2 路网调度指挥系统的主要功能

TCC 系统是一个集运营监视、数据共享、应急指挥、辅助决策功能为一体的综合指挥平台。主要包括通信系统、路网综合调度指挥信息系统。

(1)综合监视功能。通过采集全路网的视频图像、行车、客运及各主要控制系统运行信息，实现对全路网运营情况进行实时监视。

(2)数据共享功能。通过收集线路相关的建筑和机电系统设计及竣工图样、线路沿线视频、车站预录视频、线网应急资源等信息，供路网日常协调和突发事件应急处置使用。

(3)应急处置功能。集成专用调度电话、应急通知系统、热线电话、公务电话等多种通信手段，并以此为基础与市政府相关应急主管部门、公安、消防、急救、交通管理、公交等部门建立联系机制，以预案为基础，进行事件接警、处置、事后分析流程等工作。

(4)辅助决策功能。通过对ACC系统提供的每日路网客流数据进行分析,得出线网客流在各运营区段上的分时断面流量,找出线网客流的分布规律,进而通过与列车运营图的比对,分析出路网运能运力的匹配关系;编制全路网的列车运行计划,从而达到优化路网运行计划的目的。通过辅助决策功能,还可对突发事件情况下的客流分布进行仿真,为调度员处置突发事件提供决策支持。

4 首都轨道交通网络化运营管理模式创新的实施

经过近2年的研究,首都轨道交通网络化运营管理模式创新运作思路不断清晰,重要原则逐步稳定。在京投公司的积极努力下,2005年8月,《北京市轨道交通路网管理服务中心工程(指挥中心、自动售检票清算管理中心)可行性研究报告》通过市发改委立项核准;2006年11月,政府决定设立北京市轨道交通轨道交通指挥中心,标志着首都轨道交通网络化运营管理模式创新与实践的条件逐渐成熟,为此,京投公司以复杂适应系统(CAS)理论指导管理体制与业务规则的创新与实践,以项目管理理念指导指挥中心大厦工程及智能化综合信息系统管理平台的建设,稳步推进创新与实践工作。

4.1 确定北京市轨道交通路网管理有限公司为"政府授权、企业化运作"模式的专门机构

2005年1月,京投公司出资成立了北京市京投轨道交通路网管理服务中心有限责任公司,承担北京市轨道交通指挥中心工程建设及运营筹备工作。

2006年11月,在京投公司的积极倡导下,经市主管领导及主管部门研究决定,北京市京投轨道交通路网管理服务中心有限责任公司更名为"北京轨道交通路网管理有限公司"(简称路网公司),同时由市交通委作为举办单位成立北京市轨道交通指挥中心(简称指挥中心),并代表市政府授予路网公司履行指挥中心职责,承担北京市轨道交通线网运营协调、应急处置、一票通卡的发行管理、票款清分清算、运营信息汇总和统计分析,以及组织拟订售检票系统的技术标准、管理规范和业务规则,研究提出有关票制、票价调整意见等13项主要职责。

2007年3月22日,北京市轨道交通指挥中心正式挂牌成立,首都轨道交通网络化运营管理模式创新与实践有了法律上的依据,为实现统一集中的管理奠定了重要基础,标志着北京市轨道交通管理进入了全新的网络化时代!

4.2 抓住机遇,超前规划,创建世界一流的首都轨道交通路网标志性建筑

2005年10月28日,指挥中心大厦破土动工,标志着首都轨道交通路网集中控制中心的建设正式启动。指挥中心工程分指挥中心大厦和后备中心两部分。在时间紧、任务重、接口关系复杂、没有先例可循的情况下,公司抓住机遇,超前规划,精心设计,精心施工,重点突破,取得了显著成效。主要体现在以下方面:

(1)紧紧抓住新线建设机会,超前规划,建设通信主干光环网,沿途预留对各线路的通信接口,使既有运营线路、未来规划线路及TCC/ACC系统都可通过接入光环网,实现与路网内其他线路专业系统的通信。抓住既有线路全面改造的契机,积极推动集中建设线路控制中心的进程。2007年9月,市发改委立项批复4条既有线控制中心迁移至指挥中心大厦,为实现奥运会前北京全部8条线路控制中心在指挥中心大厦同厅调度指挥奠定了坚实的基础。

(2)统筹规划,精心设计,确保大厦整体形象大气而不奢华,现代而不张扬,简洁而不失功能齐全。采用钢管桁架结构的无柱圆形调度指挥大厅直径达72m、高12m,其构造复杂、施工难度之大成为世界首创;采用多种降低噪声、防止光线漫反射、保持恒温恒湿、消防等技术措施,为调度人员提供符合人体工程学要求的办公环境。

(3)容纳了14条线路控制中心和相关配套设备,TCC/ACC系统设备,以及通信、后备中心、楼宇等配套系统设施的指挥大厦,具有设备种类繁多,布放密集程度高等特点。仅各类线缆在大厦就长达500多km。为此,公司通过统一规划设备和线槽布局,合理整合资源,降低建设和运营成本,提高运行效率。例如:加强施工管理,严格按线槽标识布放电缆;统一建设UPS后备电源系统,确保在外部供电中断情况下,仍可保持内部重要系统2h不断电运行。

(4)根据指挥中心大厦土建现状编制了《指挥中心大厦土建基本条件及线路控制中心接入规则》,详细规定了设备平面布置、供电分配、强弱电线缆路由等,使各OCC设计、实施有据可依、有章可循。

2008年初,线路控制中心陆续搬入指挥中心大厦(图4),为首都轨道交通网络化运营管理模式创新与实践奠定了物质基础。

图4 指挥中心大厦

4.3 建立科学有效的管理方法,确保创新项目顺利实施

2005—2008 年期间,首都轨道交通 5 条新建线路、4 条既有线改造工程与 TCC、ACC 以及指挥中心大厦同步开展,为首都轨道交通网络化运营管理模式创新与实践提供了有利条件,但对项目实施管理却是一项严峻的挑战。仅 TCC 系统建设就涉及 40 余家集成商、70 余个接口;ACC 系统建设涉及 20 余家集成商、10 余个接口;指挥中心大楼的建设涉及几十家承包商;还有 8 条线路各大专业的上百余承包商。

为此,公司本着以诚相待,换位思考,顾全大局的态度,积极主动与外部单位沟通协调,多迈一步,逐步与各方形成了群策群力、互谅互让、共同奋斗的局面。

4.3.1 建立沟通协调机制,实施建设管理一体化

针对工程建设中遇到的多元主体、专业性强、分散建设的建设体制与智能化信息系统所要求的严密性、统一性、规范性形成的突出矛盾,和系统工程建设极为复杂、协调工作量巨大、影响工程进展的问题,2006 年 11 月,在京投公司推动下,设立由政府、建设管理单位共同组成的轨道交通网络化运营沟通协调机制,为实施建设管理一体化探索出了第一步。

2007 年 9 月 11 日,由指挥中心、北京市地铁运营有限公司、京港地铁公司、北京市市政交通一卡通公司、北京市轨道交通建设管理有限公司、机场快轨公司等轨道交通相关单位组成的北京市轨道交通 ACC - AFC 工程建设及开通筹备指挥部正式成立。由北京市交通委主管领导担任指挥部主任,京投公司副总经理担任副主任,主持指挥部具体工作。至此,京投公司从单一的管理执行系统自身合同和系统建设,跨越到统一协调管理全路网的 ACC/AFC 系统建设,这就意味对跨越三大洲的五家跨国联合体进行统一管理,统一协调工程进度,统一安排部署从标准制度到系统开发、从单元测试到大集成测试的各项工作,为推动轨道交通智能化信息工程建设发挥了重要作用。

4.3.2 加强对关键节点的控制协调力度,提高整体执行力

针对项目具有单体工程多、系统专业分类多、关键路径控制点多、相关工程衔接时间/条件苛刻等特点,公司利用项目管理理念,采用工作分解结构(Work Broken Structure,简称 WBS),以 2008 年奥运前开通运营为总体目标,编制了《北京市轨道交通 ACC/AFC 路网建设整体工期》和《北京市轨道交通 TCC/OCC 路网建设整体工期》基准计划,同时把关键里程碑和主要任务绘成进度控制图,作为各项目负责人的年度 KPI 考核指标,并加强信息沟通、定期分析项目进度、及时发现并纠正问题。

整体工期基准计划的出台，对决策层和执行层站在路网的角度，把握各分散工程的关键节点、进展情况，协调各工程保持步调一致，集中统一安排网络接入、联合测试、运营筹备等工作起到了重要的指导作用。

4.3.3 周密策划，精心组织，全力以赴保开通

2007年开始，首都轨道交通网络化建设进入关键的调试阶段。8条线路的各专业系统及TCC/ACC需分别进行内部测试、路网接入测试、联合走票测试等工作。

为确保项目顺利投入使用，公司本着科学的态度，周密策划，精心组织，先后由指挥中心牵头，编制了首都轨道交通网络化建设调试方案；同时通过建立指挥中心测试实验室，让各线在实验室搭建模拟仿真测试环境。经过各建设单位历时半年的实验室测试，2008年3月实现了系统的互联互通和模拟运行。期间仅针对一票通卡的使用就设计了200多个测试场景案例，经过30多轮的反复测试。

2008年3月底至6月初，在指挥中心协调下，统一实施了5次大规模的全路网联合现场走票测试。仅4月27日的路网模拟试运营测试，就实现参测线路7条，参测车站119座，参测人员共计5000余人次，测试进站量达到40万人次。确保了6月9日北京ACC/AFC联网收费系统的顺利开通，创下了一次开通5条线路自动售检票系统的最高世界纪录。

4.4 联合国内外优势力量，以业务为导向，推动信息平台的建设

建设集路网调度指挥、票务清算系统为一体，并与各线路控制中心主要机电系统互联互通的信息平台，目前在国内外均无现成模式可借鉴。2005年初，京投公司通过招标确定香港地铁为工程咨询顾问，对工程建设提供全程的咨询服务。为引进国外先进理念和技术，同时培育国内技术力量，最大限度提高设备国产化率，在集成商招标时，采取了国际招标绑定国内公司作为联合体的招标方式。

在建设过程中，还与国内高校合作，对运营业务深入研究，提出适合首都轨道交通网络化运营管理的业务模式，例如提出了基于乘客旅行信息的“两阶段、双比例”清分方法模型，以乘客旅行时间最短作为决定出行路径的关键因素，通过各运营商承担的运营里程确定清分比例，从而实现4h内对1000万人次出行数据的清算处理。

在工程设计阶段，通过多次设计联络会议，以轨道交通运营业务需求为主导，充分考虑系统的兼容性、可扩展性、资源共享性，统一了与创建首都轨道交通网络化运营管理模式相关的技术标准、业务规则、服务规范，使不同制式和技术

水平的专业系统得到充分衔接和整合,提高了运营管理的规范性及网络系统整体运行效率。

2006 年初,在京投公司推动下,联合首都轨道交通各单位组成北京轨道交通联合技术协调小组,负责首都轨道交通标准化编制、实施工作。

4.4.1 统一轨道交通建设技术标准

2006 年 12 月,北京市交通委正式颁布了《北京市轨道交通指挥中心(TCC)系统技术管理规定》、《北京市轨道交通 ACC/AFC 系统业务规则、技术规范》,统一了线路控制中心的信号、供电、视频图像等系统与 TCC 系统的接口规则、线路车站统一编码规则、公务电话统一编码规则等;规范了联网收费系统的票卡结构及使用规则、票卡—设备处理规则、运营模式及处理规则、运营参数管理规则、票务清算规则等。

4.4.2 统一轨道交通运营业务规则

2008 年 6 月,京投公司按照 ISO 9000 标准管理体系,组织编制了《北京市轨道交通路网票务清算管理规则》和《北京市轨道交通路网调度规则》。统一了轨道交通路网内票卡调配、清洗回收流程;清算对账、资金的结算管理流程。明确了政府主管部门、行业主管部门协调指挥、应急处置流程,线路间运输计划的协调流程,信息报送流程等。为网络化运营管理提供了执行规范,是对轨道交通领域内业务管理标准化的创新。

4.4.3 统一轨道交通服务规范

2007 年 8 月,京投公司组织编制了《北京市轨道交通 AFC 系统终端乘客服务界面规范》,统一了轨道交通联网收费系统中与乘客相关的设备界面布局、提示信息、处理流程以及服务用语等;编制了《北京市轨道交通(自动售检票系统)车票发行使用办法》,对乘客在购票、充值、进出站及异常情况处理等环节进行了相应规定,规范了路网服务质量标准,提升了首都轨道交通的整体形象。

5 首都轨道交通网络化运营管理模式创新与实践的实施效果

2007 年底,指挥中心大楼投入使用,截至 2008 年 6 月,北京地铁所有运营及在建线路的控制中心与路网指挥中心一起实现了同厅调度指挥,成为目前世界上集路网指挥调度和票务清算管理两大系统于一体,接入线路和系统最多,集约化、网络化、自动化程度最高的轨道交通指挥中心。指挥大厦亦成为世人瞩目的首都轨道交通路网标志性建筑。

2008年6月9日，路网票务清算平台投入试运营，北京地铁全面启用国际先进的轻薄可循环使用的电子车票，乘客在整个轨道交通路网内轻松实现一票通行、无障碍换乘，获得了社会各界的一致好评；7月19日在保证日均300万人次大客流安全运营前提下，顺利接入三条新线的自动售检票系统，北京轨道交通路网联网运营平稳实现了从5条线路、142km、93座车站至8条线路、200km、123座车站的扩容，标志着北京轨道交通进入网络化运营的新阶段。

与此同时，路网调度指挥平台所有技术系统已经稳定，实现了实时采集列车运行、设备运行、客流状况等运营信息、在线和离线分析等全部设计功能，具备了开通运营条件，并成功将集成在该平台上的路网视频信息传送至市交通安全应急指挥部、北京地铁运营公司，为其及时准确了解轨道交通路网运营状况、提高应急指挥能力提供了技术保障，为奥运交通保障做出了贡献。

首都轨道交通网络化运营管理模式的创新与实践，取得了显著的社会效益和经济效益，并具备广泛的推广价值。

5.1 共享信息、保障安全，提升行业服务水平，凸显社会效益

5.1.1 提升运营管理效率，提高应急处置能力

创新成果实施前，轨道交通运营企业与政府各职能部门及相关单位之间分别联络，接口众多，协调效率较低，而创新成果实施后，简化了接口关系，提高了协调效率；各线路系统通过TCC系统构成一个联动的网络，实现信息集中和共享，满足了轨道交通高度集中、统一指挥的运营管理需要（图5）。

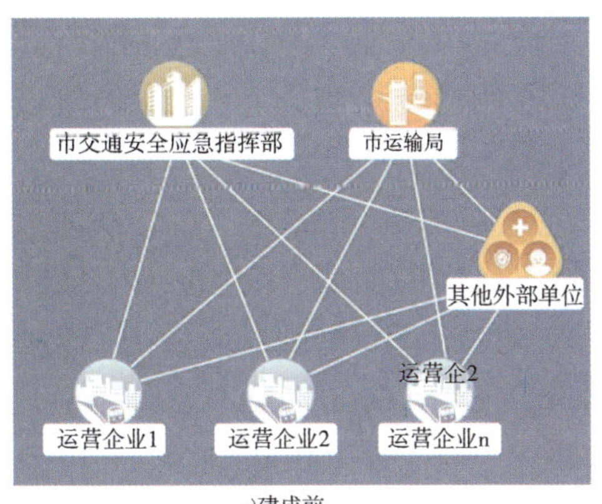

a)建成前

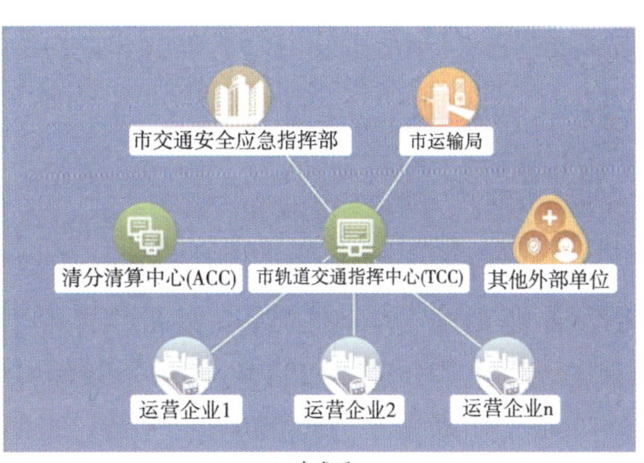

b)建成后

图5 指挥中心建成前后接口关系对比图

5.1.2 提升行业服务水平，加快城市轨道交通发展

通过智能化综合信息系统管理平台建设，提升了行业服务水平，促进了首都轨道交通快速发展，为改善首都交通环境做出了贡献。具体体现见表1。

体系创建和实施前后比较 表1

项目	体系创建和实施前	体系创建和实施后
清分清算	无法做到多运营主体清分	通过ACC信息系统自动实现清分清算
票卡	使用一次性纸票,人工统计客流等信息	票卡可反复使用,绿色环保,通过电子票卡自动统计客流等信息
客运组织	采用有障碍换乘,乘客需进行二次进站;各线独立发布乘客信息	实现无障碍换乘;统一发布乘客信息,方便乘客出行
行车组织	依据客流调查结果,制定运力计划;各线路独立制定运力计划	依据系统采集客流数据,制定运力计划;各线协调制定运力计划,换成节点合理衔接,节省了乘客出行成本
运营信息	客流数据主要根据客流调查,无法精确统计;各线运营信息独立,分散报送	客流数据依据联网收费系统采集,信息统计实现合理化、科学化;整合各线运营信息,实现统一报送
调度指挥	一线一中心,独立指挥	多线同厅运作,协同调度指挥
控制中心运营维护	分线维护	统一维护,节约人力成本30%

5.2 节约资源,降低轨道交通控制中心重复建设成本,具有明显经济效益

5.2.1 节省土地资源占用及相应建设成本

通过将14条轨道交通线路控制中心(OCC)与路网指挥调度中心(TCC)集中设置,土建工程一次建成,节省了大量建设用地。如果各轨道交通线路OCC单独征地拆迁,按每条线OCC占地2.5亩(1亩=666.6m^2)(容积率按3计算),14条线路共占用土地14×2.5亩=35亩;而小营指挥中心占地36亩,OCC部分占地按面积分配为36亩×31083平方米/59921平方米=18.7亩,节约土地16.3亩。同时,线路控制中心集中后,新建各线路不需再单独建设控制中心,相应的建设成本也得到节省。

5.2.2 节约能源耗用

集中设置OCC由于大幅度节约了生产和附属用房的面积,因此也大幅度降低了能源消耗。OCC按轨道交通线路单独建设,建筑面积在5000m^{2}左右,而集中建设后平均每条线2220m^2,14条线路共节约建筑面积(5000-2220)×14^{2}m^2=38920m^2,如果每平方米耗电(含空调、照明、采暖等)一年按400kW计算,共可节约能耗38920×400kW=1556万kW,每年可节约能源费用上千万元。

5.2.3 降低运营维护人员成本

在传统"一线一中心"建设模式下,每条线路OCC均需要单独配置各专业的运营及维护人员,且多为7×24h值守,而在高度集中的方式下,所有线路可以实现统一的维护管理,晚班值守人员也可优化共享,大大减少运营及维护人员的定

员配置,每年可降低运营维护人员成本约3000万元。

5.3 积累丰富轨道交通网络化运营经验,为其他城市提供借鉴模式,具备市场推广价值

首都轨道交通运营管理体系建成后,短短的半年时间里,中央、北京市及兄弟省市各级领导多次视察,国内外及港澳台众多专家前来学习借鉴。上海、成都、深圳、武汉等城市轨道交通原打算建设区域中心,但区域中心之间如何整合,一直存在困惑。经过参观北京轨道交通指挥中心后,认为首都轨道交通运营管理体系是轨道交通行业的一次创新壮举,具有广泛的市场推广价值。

目前,我国轨道交通网络化建设的研究和实践还处于起步阶段,首都轨道交通网络化运营管理模式创新与实践,将推动我国轨道交通等领域加快实现"四个转变":一是运营管理体系由单线运营管理向网络化运营管理的转变;二是建设模式由传统分散建设向集约化、系统化建设的转变;三是监管方式由粗放型向数字化、精细化管理的转变;四是数据管理由信息孤岛向集中共享的转变。从而对加快基础设施"政府科学监管、适度竞争机制、投融资方式多元化"的格局形成,实现轨道交通路网"安全、高效、均衡"的运输提供了组织保障,奠定了技术基础。

城市轨道交通试运行评估工作标准化研究

北京市轨道交通指挥中心

摘　要：虽然我国已颁布《地铁设计规范》、《地铁安全运营评价标准》等国家标准，但仍未真正形成统一规范城市轨道交通试运营监督管理体系，尤其是关于试运行合格研判的内容、方式、标准等甚为模糊，一定程度上制约了新线开通研判和决策的规范性。2007 年以来，我市轨道交通进入了前所未有的快速发展时期，建设和运营压力均不断加大。为保障新线安全顺利开通和乘客权益，市交通委决定进一步加大对轨道交通新线开通工作的监管力度，而试运行作为开通前最为重要的把关阶段和环节，更是重中之重。指挥中心在北京市交通委员会的指导下，组织建设和运营单位，以现有国家和北京市有关法律法规为基础，充分总结我市新线开通以及新线试运行工作经验，制定了《北京市城市轨道交通新线试运行评估暂行规定》等相关制度和标准，完善和加强了轨道交通新线试运行环节管理，推动了评估工作法制化、标准化，为主管领导和相关单位及时掌握试运行情况，科学决策新线开通发挥了重要作用，同时有效防范了新开通线路的运营风险，并对未来新线提前规避同类风险起到借鉴作用，管理和社会效益明显。

关键词：轨道交通；试运行；评估；标准化；运营

1 城市轨道交通试运行评估工作开展的背景

近年来，在北京市委、市政府高度重视和正确领导下，北京市轨道交通事业以奥运为契机，取得了前所未有的快速发展。特别是 2008 年奥运支线、10 号线一期和机场线开通以来，每年都有 1 条及以上新线建成通车。截至 2012 年 4 月，轨道交通路网运营里程已达 372km，运营车站 215 座，换乘车站 24 座，路网平日日均客流量为 700 万人次以上。

2009 年，随着地铁 4 号线的开通和京港地铁公司的加入，北京轨道交通初步形成多线路、多运营主体的全新网络化运输格局。由于 4 号线工程分 A、B 两部分建设（土建 A 部分由政府和业主出资建设，机电设备 B 部分由特许经营公司出资）模式，加上京港地铁首次进入北京轨道交通市场，其对本地运营情况及特点的熟悉、了解程度有限，为做好4号线开通筹备工作，保障顺利开通，市交通委首次提出由指挥中心对4号线试运行情况进行评估。指挥中心领导高度重视、认真研究部署，出色完成了首次评估工作，为4号线顺利开通发挥了重要“把关”作用，并得到市交通委领导和相关单位的高度认可。其后，指挥中心又于2010年、2011年圆满完成了大兴、昌平、房山、亦庄、15号线一期中段5条新城线和8号线二期北段、9号线南段、15号线一期东段、房山线剩余段等多条线路试运行评估工作。

为加快建设以轨道交通为主体的公共交通体系，从根本上改善北京市交通出行状况，根据最新规划，2015年轨道交通路网运营线路将超过20条，运营里程有望达到660km，近期新线建设和开通工作仍将十分艰巨，而做好试运行评估工作的重要性更是不言而喻，其作用主要表现为以下方面。

1.1　落实北京市人民政府第213号令，确保轨道交通安全运营的需要

试运行是新线开通前必不可少的重要环节，是指轨道交通工程完工、冷滑和热滑试验成功后，在行车基本条件具备的情况下，由建设单位会同运营单位组织的不载客列车运行活动。其目的是通过按照载客运营的标准组织行车，对轨道交通新建线路各系统联合试运转情况，各类设备、设施功能实现情况和系统稳定性，开通试运营各项运营筹备工作进行检验，不断提高运营品质，确保新建线路满足开通试运营的条件。

2009年北京市人民政府第213号令《北京市城市轨道交通安全运营管理办法(修改)》第三章第十一条规定：城市轨道交通工程试运行合格的，建设单位应当依法办理规划、消防、土建、人防、供电、特种设备、工程档案、建筑节能、无障碍设施、环境保护设施和运营设备、设施等项目的验收。验收合格的，方可移交运营单位投入试运营。政府相关行政管理部门应当依照各自职责对验收过程进行监督管理。

办法明确指出了试运行合格是载客试运营的基础前置条件，但对于试运行工作内容、合格标准并没有做具体阐述。通过何种手段和方式开展真正意义上的评估，是贯彻落实办法时需要解决的重要课题。

1.2　在当前北京市轨道交通发展体制下，实现又快又好发展的需要

2003年11月17日，为适应北京市轨道交通快速发展的需要，降低投融资成本，减轻财政负担，北京市国资委下发《关于北京地铁集团有限责任公司管理体制改革相关问题的通知》，将北京地铁集团有限责任公司变更为北京市基础设施

投资有限公司(简称京投公司),将地铁建设公司和地铁运营公司从原地铁集团公司中分立出来,成立北京市轨道交通建设管理有限公司(简称建管公司)和北京市地铁运营有限公司(简称运营公司),自此建立建设运营投资三分开体制。此后随着路网公司、京港地铁公司、北京东直门机场快轨公司的成立,目前北京市轨道交通行业形成了政府主管部门、1 个路网指挥中心、1 个业主单位、2 个建设管理单位,2 个运营管理单位的基本格局,各单位充分积极发挥各自专业化特长,经过共同努力,轨道交通事业取得了突出成绩。

市委市政府为实现轨道交通又快又好发展,十分重视和关注当前轨道交通快速发展时期的质量问题,坚持和强调“安全第一”、“建设为运营,运营为乘客”这一基本理念。而试运行作为建设和运营衔接的核心环节,理应成为政府相关部门予以重点监管的范围。由于试运行期间建设单位是主体,运营单位受建设单位的委托组织开展具体工作,为更好地协调推动建设、运营双方配合工作,最大程度上为路网安全运营和乘客出行提供良好条件,有必要由中立的第三方组织评估,向政府相关部门及时、全面、客观反映试运行情况。

1.3 适应北京市轨道交通网络化运营组织管理的需要

随着轨道交通路网线路的增多,规模的扩大、联网收费系统的建设和网络化运营格局的形成,任何一条线的运营状态都会对路网的安全均衡和高效运营产生影响,这就要求无论在新线建设还是运营环节都要树立路网一盘棋的意识,从路网整体的高度思考和解决问题。因此开通前不仅需要通过试运行环节对新线本身进行验证,也要验证其是否符合全路网运营组织和管理的需要。

1.4 满足政府加强监管,实现开通运营筹备科学管理、科学决策的需要

随着轨道交通在城市交通所占比重的加大,乘客和社会对安全运营的关注度不断提高,行业监管部门需要在深入了解新线建设情况和运营主体的运营准备状况基础上,才能科学决策新线是否具备开通试运营条件。

自 13 号线、八通线和 5 号线、10 号线一期等开通后,北京市轨道交通开通运营筹备工作体制雏形初步建立,但与国外先进城市相比,对于试运行环节的管控力度、工作规范和标准、辅助决策的技术支持能力等方面仍存在一定差距。

2 城市轨道交通试运行评估标准化的内涵和具体体现

试运行评估标准化的内涵是:为贯彻落实“安全第一,预防为主,综合治理”

的安全生产方针，实现我市轨道交通又好又快发展，确保新建线路满足安全稳定运营和基本服务质量要求，在城市轨道交通新线按图试运行全过程，由第三方机构通过日常监测、现场检查等手段对各系统试运行情况和运营筹备情况进行动态跟踪管理，及时研判问题并督促各方整改，发布评估信息，为政府全面了解新线情况、研判新线载客试运营条件提供技术支持和决策依据。评估过程中坚持“科学严谨、公正客观、严格把关、确保安全”、“全面了解和重点监控、定性与定量相结合”、“过程和结果并重”三大基本原则。

试运行评估工作标准化主要体现在以下方面。

2.1 确定组织机构，明确指挥中心为第三方评估主体，充分发挥信息、人才、协调三大优势

在市交通委新线试运营准备组的监督和领导下，指挥中心组织新线运营、建设单位成立试运行评估联合工作小组（以下简称试运行评估小组）推进新线试运行评估工作，抽调内部业务精干人员成立评估办公室（具体办事机构设在指挥中心），同时聘请地铁车辆、供电、机电、建筑结构、通信、信号、自动售检票、线路、客运组织、运营安全管理十大专业的资深专家参加评估工作，加强专业技术力量。必要时，聘请国家质检总局认可的第三方检测机构，对涉及的关键系统进行稳定性、可靠性、安全性指标检测，给出检测意见；聘请国家安监总局认定的安全评估机构进行定量/定性安全评估，辨识与分析危险、有害因素并提出应对措施建议。评估组织机构图如图1所示

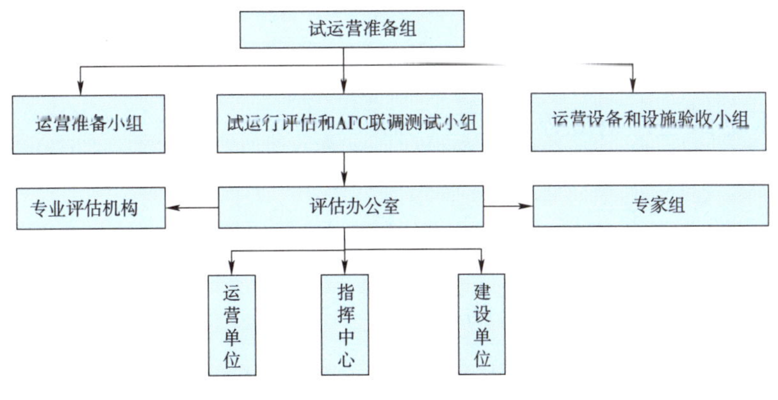

图1 评估组织机构图

2.2 制定评估工作规定，明确评估内容、工作机制和流程，确保评估制度化、规范化

经过2009年、2010年两次新线试运行评估的摸索，指挥中心组织运营和建

设单位,依据国家和北京市有关法律法规,认真总结近几年新线开通经验和教训,于2011年制定了《北京市城市轨道交通新线试运行评估暂行规定》以下简称《规定》和《北京市轨道交通试运营基本条件》以下简称《条件》,前者报市交通委审议、后者报委运输管理局审议通过后颁布试行(京交运输2011—372号、京交运轨2011—302号)。

2.2.1 试运行评估不仅仅局限于工程建设角度,同时兼顾运营筹备方面,评估内容更加全面。

评估内容包括各系统试运行和运营筹备情况两部分,如图2所示。

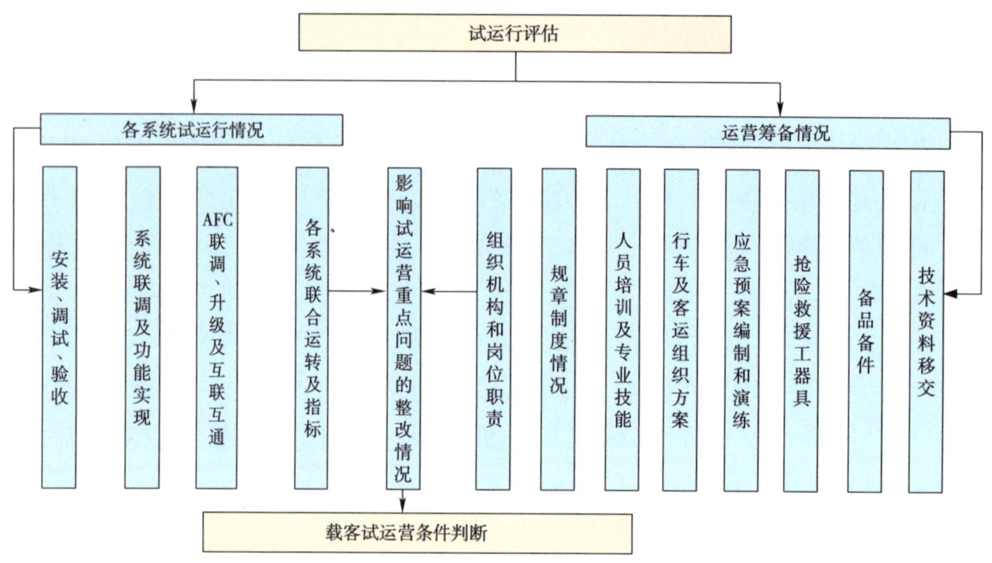

图2 试运行评估内容

(1)各系统试运行情况评估项目包括:

①安装、调试、验收。

②系统联调及功能实现。

③AFC功能联调、升级及互联互通。

④各系统联合运转及试运行指标。

⑤运营组织机构和岗位职责。

(2)运营筹备情况评估项目包括:

①运营规章制度。

②人员培训和专业技能。

③行车及客运组织方案。

④应急预案编制和演练。

⑤抢险救援能力。

⑥备品备件。

⑦技术资料移交。

⑧影响试运营重点问题整改情况。

2.2.2 实现对试运行全过程的动态评估

一是根据各线进度和试运行工作安排,本着循序渐进、稳步提升的原则,将各线评估划分为多个阶段(自按图行车起至空载试运行结束),明确各阶段开始条件和系统稳定性和可靠性指标考核要求。

二是每日实时监测新线试运行情况,随时排查影响试运行及开通的各类问题,定期跟踪处理情况,开展现场检查,实现闭环管理。

三是在各阶段开始前组织研判,各阶段结束后进行总结分析。

四是注重评估信息报送和成果应用。按图试运行期间,每日、每阶段向上级和各相关单位报送评估报表、报告等,为各方工作提供了必要的技术支持。试运行结束后,向试运营专家评审大会提交试运行评估报告,为政府决策提供依据;新线开通后,向政府相关部门提交评估工作总结报告,提出关于加强新线试运行和开通工作的建议,充分发挥发挥技术支持和辅助决策作用。

2.2.3 制定《试运营基本条件》,明确评估标准

不同于以往新线开通前由建设单位和运营单位共同确定新线开通各阶段工作要求,《基本条件》从工程建设要求、运营准备要求、指标考核要求等方面明确了本市新线开通前应达到的标准或条件,为试运行评估工作提供了具体依据,保证了研判和决策的科学性。

3 城市轨道交通试运行评估标准化工作的实施

3.1 重视评估组织和队伍建设

为提升评估人员的专业技术和安全法规知识水平,确保评估队伍的综合素质满足工作需要,组织相关人员认真学习《安全生产法》、《消防法》、《城市轨道交通运营管理办法》和《北京市安全生产法》、《北京市城市轨道交通安全运营管理办法》等开通试运营相关规章、规范和标准,并针对新颁布的《规定》和《条件》组织开展宣贯和培训工作。

3.2 认真筹备,为评估工作的开展创造良好基础

(1)确定试运行工作筹划(以9号线为例),见表1。

试运行工作筹划

表 1

阶段划分	日期	运营区段	最小间隔	运行时间	需上线车组	信号制式	列车运行模式
第一阶段	11 月 28 日—12 月 3 日	郭公庄—北京西站	13	7:00—19:00	4 组	点式 ATP	人工驾驶
第二阶段	12 月 4 日—12 月 9 日	郭公庄—北京西站	7′30″	6:00—22:00	7 组	点式 ATP	人工驾驶
第三阶段(1)	12 月 10 日—12 月 21 日	郭公庄—北京西站	5″	5:46—23:03	10 组	点式 ATP	人工驾驶
第三阶段(2)	12 月 22 日—12 月 23 日	郭公庄—北京西站	7′30″	5:45—23:10	7 组	点式 ATP	人工驾驶

(2)明确评估阶段划分和考核标准(以 9 号线为例),见表 2 和表 3。

综合指标考核标准

表 2

评估阶段划分	阶段目标				
	兑现率	正点率	掉线率(列/万组公里)	服务可靠度(万车公里/次)	设备故障率(次/万组公里)
第一阶段(11 月 28 日—12 月 3 日)	≥90%	≥80%	≤3	≥2.4	≤60
第二阶段(12 月 4 日—12 月 9 日)	≥95%	≥90%	≤1.5	≥8	≤40
第三阶段(12 月 10 日—12 月 23 日)	≥98%	≥98%	≤0.6	≥14.4	≤30
最后 15 天(12 月 9 日—23 日)	≥98%	≥98%	≤0.6	≥14.4	≤30

AFC 系统测试标准

表 3

指标项	达标标准	计算方法
数据完整性、一致性	≥99%	
数据准确性	≥99%	
设备完好率	≥97%	(1－故障设备台数÷设备总台数)×100%
交易故障率	<0.01%	(设备故障次数÷总交易数)×100%

（3）梳理影响开通运营的各类重大问题和开通前应实现的基本功能，制订整改计划，明确整改措施、责任人和完成时限。

（4）根据《规定》，结合新线实际情况和特点，制定评估实施方案，明确各单位职责、工作流程和具体要求。

3.3　依托指挥中心的信息优势，试运行期间实时监测每日运行情况，加强技术分析

按图试运行期间，指挥中心通过建成的路网调度指挥（TCC）系统监测，结合运营企业报告，每日监测列车运行、设备故障及突发事件，重点关注兑现率、正点率、掉线率、服务可靠度以及设备故障率五大综合指标完成情况，及时排查影响列车运行的各类问题。以9号线南段为例，掉线率趋势图如图3所示，设备设施故障比例如图4所示，各阶段故障发生情况见表4。

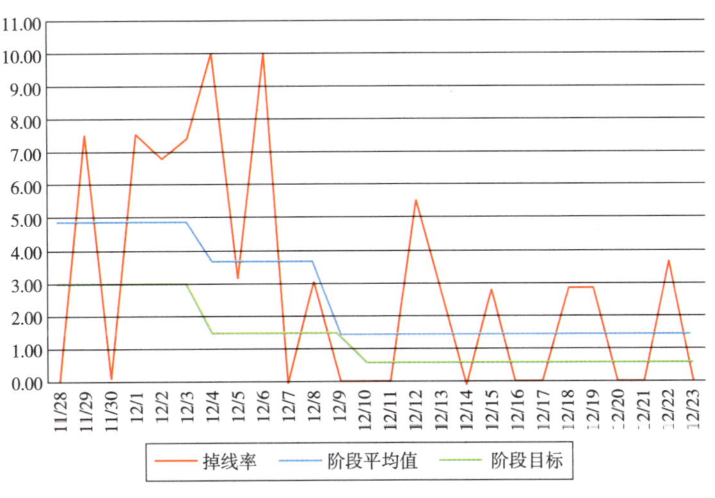

图3　9号线南段掉线率趋势图

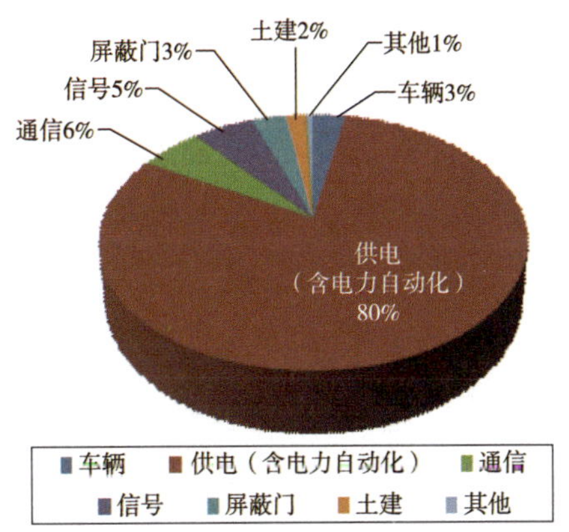

图4　9号线试运行期间设备设施故障比例

各阶段故障发生情况 表4

车辆系统	各阶段发生次数				影响				
	一	二	三	合计	掉线	停运	2分钟晚点	5分钟延误事件	中途折返
车载DMI	0	0	2	2	1	0	1	0	0
车载TMS	0	0	1	1	1	0	0	0	0
制动机	2	2	0	4	2	3	6	1	1
车门	2	0	1	3	2	1	1	0	0
辅助回路	1	0	0	1	0	0	2	0	0
控制回路	0	0	1	1	1	0	0	0	0
车载电台故障	0	3	0	3	3	0	2	0	0
合计	5	5	5	15	10	4	12	1	1

3.4 建立评估例会制度,依托指挥中心的协调优势,组织研判,协调督促各方落实工作

(1)试运行开始前,召开评估启动会议,研判按图试运行开始条件。

(2)试运行各阶段结束后,组织召开总结会,总结分析阶段试运行表现、调测试与整改工作完成情况并通报评估意见,根据工程情况和试运行效果研判是否具备转入下一阶段条件,部署各项工作。

(3)定期组织专家评审会,评估试运行进度情况以及遗留的问题,判断对试运营的影响程度。

(4)根据工作需要,在试运行期间随时召开专题会协调、督办重点工作。

3.5 依托指挥中心的人才优势,加强现场检查环节

为考察新线现场设备设施使用状况和运营单位筹备工作是否满足开通要求、是否存在安全隐患和薄弱环节,组织业务精干人员和专家,会同运营单位安全监察部门在新线开通前对工程建设情况和运营筹备情况展开现场检查。现场检查工作一方面有利于政府部门、指挥中心增加对新线现场实际情况的了解;另一方面,对运营单位和建设单位进一步落实各项筹备工作起到了督促作用。

现场检查工作分为准备、启动、实施和总结三个阶段。

(1)准备阶段。制定现场检查方案和各专业检查表,由新线运营单位根据现场检查表展开自查,同时向指挥中心提交新线试运营方案,包括行车组织、客运组织、运行维修等方面的规章制度,各专业系统设备的操作办法,各类应急预案,以及培训、演练记录等。

(2)启动阶段。召开现场评估启动会议,听取新线运营单位关于自查情况、

各专业开通筹备情况、影响试运营的重点问题、本线开通安全保障所需的专项预案制定情况的专题汇报。

(3)实施阶段。检查组与记录人员、配合人员依据现场检查表,通过实地踏勘、抽查、询问等方式对设备设施台账、运行及故障记录、规章制度建立和执行、人员持证上岗、预案演练、有关报告或证明文件等进行逐项检查。每日检查结束后,召开现场总结会议,汇总检查情况,整理评估意见,如图 5 所示。

图 5　实施阶段

建设和运营单位对检查发现的问题进行确认、组织整改并反馈情况;对于影响安全运营的问题,专家组进行复查;

3.6　开发评估信息管理系统,规范报表、报告格式和内容,提高信息报送效率

(1)计划管理与工作跟踪,如图 6 所示

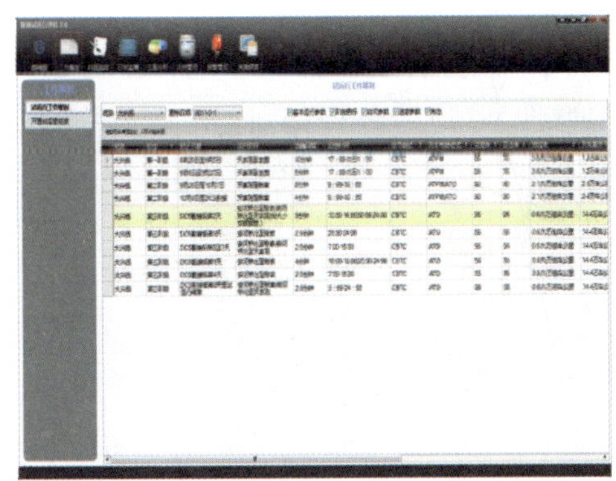

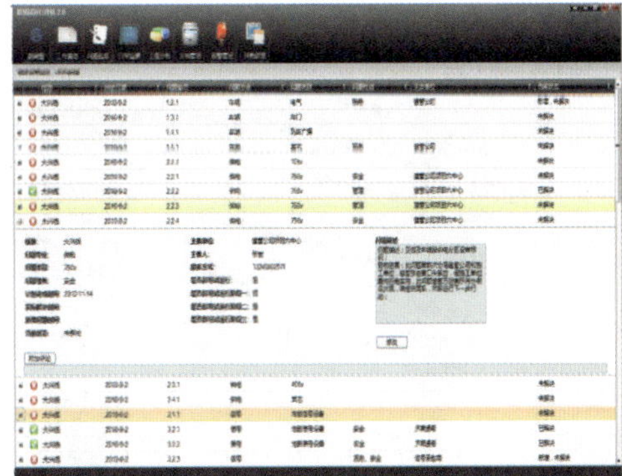

图 6　计划管理与工作跟踪

(2)试运行数据的存储加工,支持列车运行、故障等主题分析,如图 7 所示。

(3)自动生成报表,辅助生成报告,如图 8 和图 9 所示。

①每日向有关领导发送试运行短信息、突发事件短信息;向上级以及评估成员单位报送评估日简报。

②向上级以及评估成员单位报送评估阶段报告。

③向上级单位报送评估总结报告。

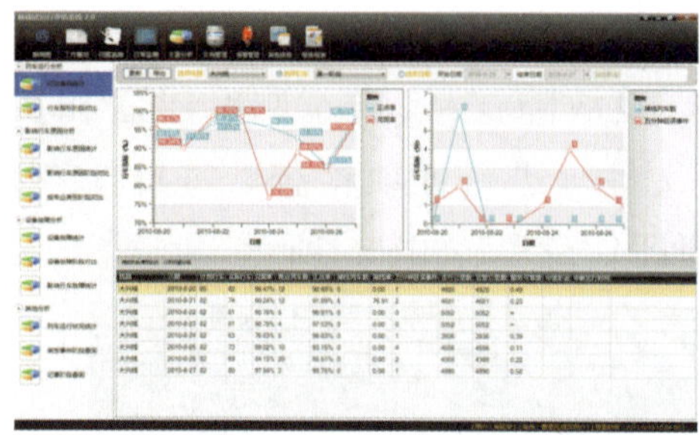
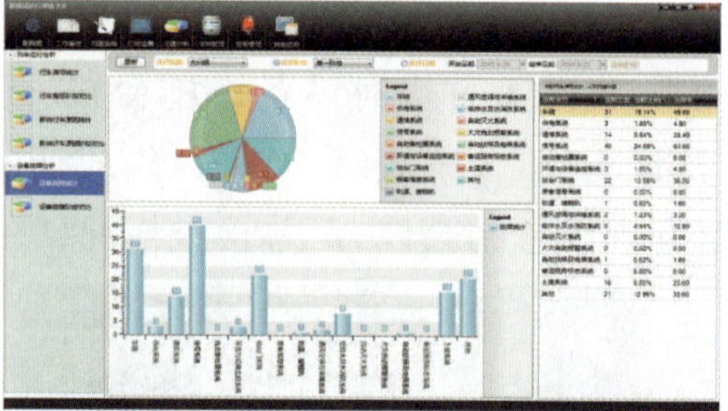

图7 试运行数据的存储加工

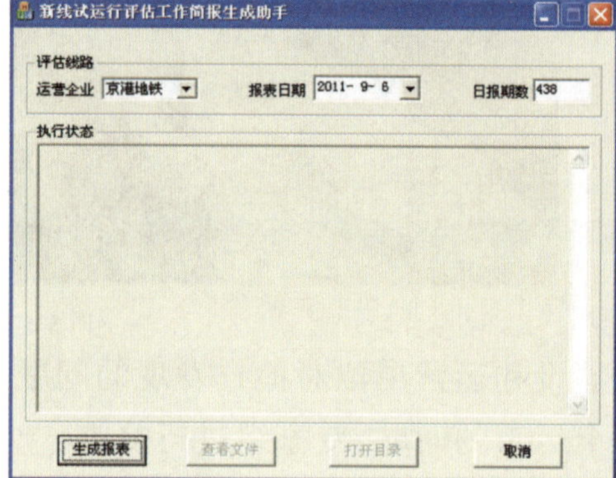

图8 自动生成报表

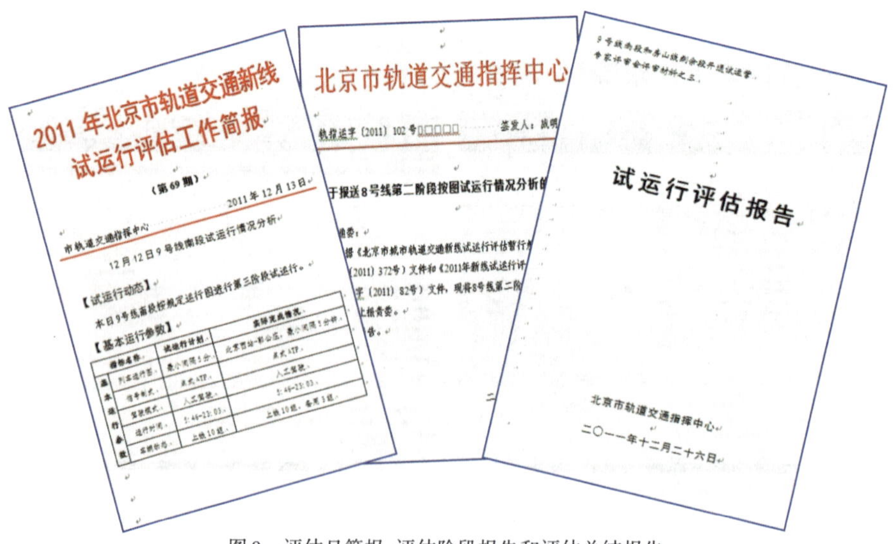

图9 评估日简报、评估阶段报告和评估总结报告

4 城市轨道交通试运行评估的实施效果

从2011年开始,新线试运行评估工作正式成为市政府年度实事工程(轨道

交通新线开通）的重点专项工作，对于做好北京市轨道交通新线开通运营筹备工作做出了实实在在的贡献，得到了市政府有关部门、轨道交通行业内兄弟单位的高度肯定，产生了明显的社会效益。

4.1 推动北京市新线开通管理工作取得明显进步

两个地方法规文件的出台，与北京市政府第213号令《北京市城市轨道交通安全运营管理办法》、《城市轨道交通运营设备设施验收管理办法》等相辅相成，进一步完善了新线开通管理体系。该体系必将会进一步互融互联，趋于完善，并推动其他有关配套细则出台。

随着轨道交通事业的不断发展，评估工作法制化、标准化还将进一步深入。

4.2 有效防范新开通线路的运营风险，促进新线安全稳定运营，保障开通服务水平

指挥中心在新线开通试运营评审大会上提交的新线试运行评估报告实事求是地提出了评估结论，客观反映存在的问题和隐患，提出了应对措施或工作建议，为各位专家了解新线试运行情况、评审试运营条件提供了参考依据。指挥中心重点评估意见得到各方高度重视和认可，被纳入专家最终评审意见书，对于在开通前完成必要整改，采取有效措施遏制和防范运营风险点具有重要意义。

通过机场线、4号线、昌平线、8号线开通初期主要运营指标对比情况可以看出：自2009年开展试运行评估以来，新线开通时的服务水平呈提高趋势，见表5、图10～图13所示。

各线运营指标对比　　表5

线路	开通初期	兑现率（%）	正点率（%）	掉线率（列/万车公里）	服务可靠度（万车公里/次）	清人率（列/万车公里）
机场线	2008年	99.23	99.71	0.23	14	0.07
4号线	2009年	99.43	98.73	0.09	12	0.08
昌平线	2010年	100	99.97	0.01	164.82	0.01
8号线	2011年1季度	100.00	99.99	0.02	∞	0

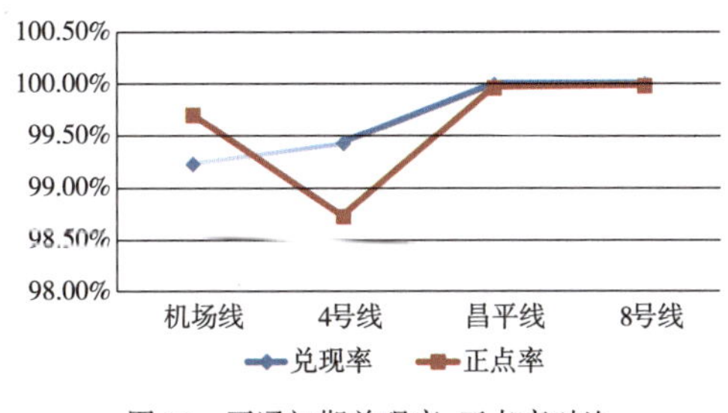

图10　开通初期兑现率、正点率对比

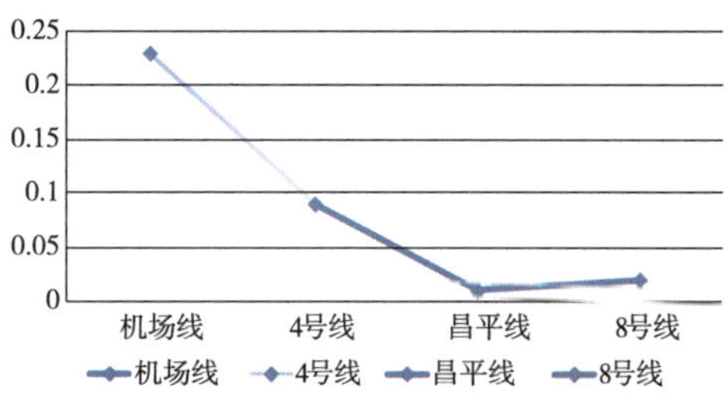

图11　开通初期掉线率对比

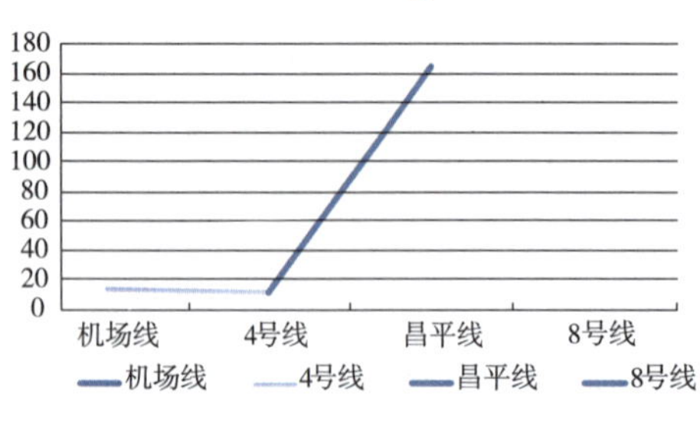

图12 开通初期服务可靠度对比

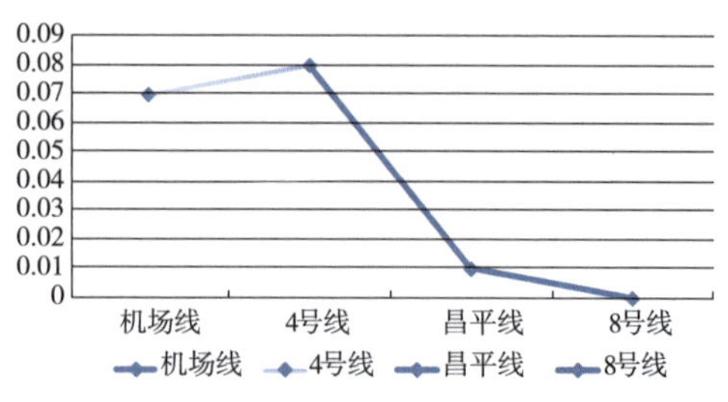

图13 开通初期清人率对比

4.3 形成一支专业化复合型的评估人才队伍

在近几年的评估工作实践中,指挥中心以自身运营业务人员为主体建立起一支专业化复合型评估队伍。评估人员在评估过程中强化了轨道交通各专业知识、对新线路、新技术和新方向有了更好的认知,同时年轻同志从各专业资深专家身上学到了很多宝贵的运营管理经验,无论是专业技术能力还是综合素质,都得到了明显提高,为做好今后试运行评估、路网运营管理和指挥工作奠定了坚实的基础。

4.4 为未来新线规避同类风险,提高建设水平

指挥中心高度重视对试运行评估工作进行总结,并向市交通委提交总结报告,梳理历年来新线开通过程中存在的薄弱环节和风险点,提出分析意见和建议,对今后新线建设过程中避免同类问题、提高建设和开通水平具有积极意义。

4.5 为对其他城市轨道交通发展提供参考和借鉴

我国大陆城市新线开通时通常是采取建设单位竣工验收→政府部门组织专家"突击评审"进而核准通车的做法,明显缺少制度化、系统化安全管理过程与独立核查机制。从长远看,独立安全评估制度应涵盖轨道交通工程全过程(设计、施工、测试与验收等),执行完整度应逐步与国际标准接轨。个别城市在轨道交通新线试运行阶段进行评估,研究和实践也处于起步阶段,例如上海市在开通前利用一周左右的时间组织对试运行情况进行总结评审。北京市对城市轨道交通试运行全过程进行评估的创新与实践,对于国内其他城市具有较强的参考和借鉴意义。

2010年北京轨道交通新线开通对既有路网运营影响分析及应对措施

北京市轨道交通指挥中心
北京市地铁运营有限公司
北京京港地铁有限公司

摘　要：轨道交通新线的开通在提高路网连通性和可达性的同时，也给路网运营组织工作难度和运营安全风险带来一定影响，为保障新线顺利开通及路网高效运营，指挥中心在新线开通前，以路网实际运营现状为基础、以理论模型为指导、以仿真系统为载体，对新线接入既有路网后对运力运量矛盾、线网运输矛盾、客运组织服务压力等方面产生的影响进行科学分析，研究既有路网运营存在的问题及风险，从确保轨道交通安全、有序、优质运营的角度提出应对措施或整改建议。

关键词：轨道交通；新线；既有线；运营影响

1 概述

1.1　目的及意义

随着北京城市轨道交通快速发展，轨道交通路网日客运量呈现较大幅度增长的态势，特别是2010年1月以来，7次刷新历史记录，最高达到645.7万人次，路网多条既有线路运力运量矛盾突出，已接近或超过饱和状态，不仅给行车、客运组织工作带来极大难度，而且运营安全风险日趋加大。

2010年底5条新城线——大兴线、亦庄线、昌平线、房山线、15号线将同期开通，路网总运营里程将由228km达到336km，路网规模效应进一步彰显，在5条新线开通前分析新线接入后既有路网运力运量匹配情况，换乘站设备设施配置、客运组织和工程建设等方面的薄弱环节，并及时提出整改建议，将对保障新线的顺利开通、路网安全稳定的运营有着积极的意义。依据市交通委下达的《北京市交通委员会2010年重点运输工作安排》，北京市轨道交通指挥中心联合北京市地铁运营有限公司和北京京港地铁有限公司，共同承担2010年北京轨道交通新线开通对既有路网运营影响分析及应对措施的研究工作。

1.2 技术路线

本报告主要结合新线与既有线网的衔接关系、新线客流预测以及既有线客流分布特征、运力运量匹配、换乘站设备设施现状，分析新线开通后对既有线运营的影响，并针对出现的问题，提出应对措施。

具体技术路线如下。

1.2.1 分析既有路网客流和运力运量匹配情况

整理既有路网客流数据，分析路网各线客流时间和空间分布特征，分析路网运力运量匹配及其特点。

1.2.2 分析新线客流情况

结合新线与既有路网的关系及可研对新线开通初期的客流预测，对新线开通时的客流进行分析。

1.2.3 分析新线接入对既有路网运营影响

结合既有线的行车、客运、设备设施条件，分析新线接入后对既有路网运营在列车满载率和换乘站方面的影响。

1.2.4 建议

结合本报告分析，提出相应的改进建议。

2 北京轨道交通既有路网运力运量分析

2.1 既有路网客流情况

2.1.1 路网客流增长迅猛

北京市轨道交通网络化程度进一步提高，轨道交通路网客运量不断增长。2010 年 1 月—7 月轨道交通路网平日日均客运量 516.3 万人次，同比 09 年增长 34%。2010 年路网日客运量持续攀升，七次突破历史纪录，最高达 645.7 万人次，各线客运量也纷纷突破历史纪录。

2.1.2 高峰潮汐客流特征明显

早高峰时段前 20 位进站量车站主要分布在霍营、回龙观和天通苑等大型居住区，各站早高峰进站量的比例约占早高峰时段全部车站的 40%，客流集聚特征明显。与新线接驳的西二旗站、宋家庄站、公益西桥站均为早高峰时段进站量前 20 位车站。

2.1.3 路网换乘量进一步增长

2010 年 1 月—7 月路网日均换乘量同比去年增长 41.6%，占全日客运量的比重增长了 2 个百分点。

2.2 既有路网运力运量匹配情况

2.2.1 路网运力运量匹配矛盾突出

随着北京轨道交通客流的持续增长,路网多条线路运量已经接近或达到饱和状态,路网 4 月运力运量匹配情况见表 1。

2010 年 4 月北京轨道交通路网运力运量匹配情况 表 1

线路	上下行	小时最大断面客流量(人次)	开行间隔	高峰运力(人次)	时间段	最大满载率(%)
1 号线	上行	45726	2′15″	38556	7:30—8:30	120
	下行	48613	2′15″	38556	7:30—8:30	126
2 号线	上行	26177	2′30″	34272	7:50—8:50	77
	下行	28397	2′	38556	7:35—8:35	74
4 号线	上行	32237	3′	28160	7:20—8:20	114
	下行	23261	3′20″	28160	16:20—17:20	93
5 号线	上行	30971	2′30″	29904	7:30—8:30	106
	下行	41145	2′30″	34176	7:30—8:30	120
8 号线	上行	9090	5′15″	13212	9:45—10:45	68
	下行	12458	7′	13212	16:15—17:15	93
10 号线	上行	31419	3′	29360	7:40—8:40	107
	下行	31164	3′	29360	7:45—8:45	106
13 号线	上行	32995	3′	28560	7:30—8:30	119
	下行	26200	3′	28560	17:50 18.50	92
八通线	上行	28941	3′	27132	18:00—19:00	107
	下行	38001	3′	27132	7:20—8:20	144
机场线	上行	1153	10′	2688	17:05—18:05	58
	下行	1153	10′	2688	17:30—18:30	39

依据表 1 路网客流数据,各线运力运量匹配情况具有如下特点:

(1)除 2 号线、8 号线和机场线外,平日各线最大满载率均已经超过 100%,其中 1 号线上下行最大满载率均超过 120%;1 号线下行、5 号线下行和八通线下行的最大满载率均超过满载率 130% 的上限警戒值。

(2)路网最大满载率为 144%,发生在八通线早高峰 7:25—8:25,区间为传媒大学—高碑店,15min 极端最大满载率达到 165%;路网最大高峰断面客流量为 45805 人次/h,发生在 1 号线早高峰 7:30—8:30,区间为大望路—国贸。

(3)各线最大满载率发生时间具有明显的特征。横向看:最大满载率日期多分布在平日周一或周五两天;纵向看:各线平日最大满载率均发生 7:00—9:00 早高峰时段,或者 17:00—19:00 晚高峰时段,1 号线、2 号线、5 号线、10 号线和八通线最大满载率均发生在早高峰时段。

(4)区域分布特征较明显。高满载率区间均分布在早高峰换乘站周边,集中于 1 号线、5 号线、13 号线和八通线,如图 1 所示。

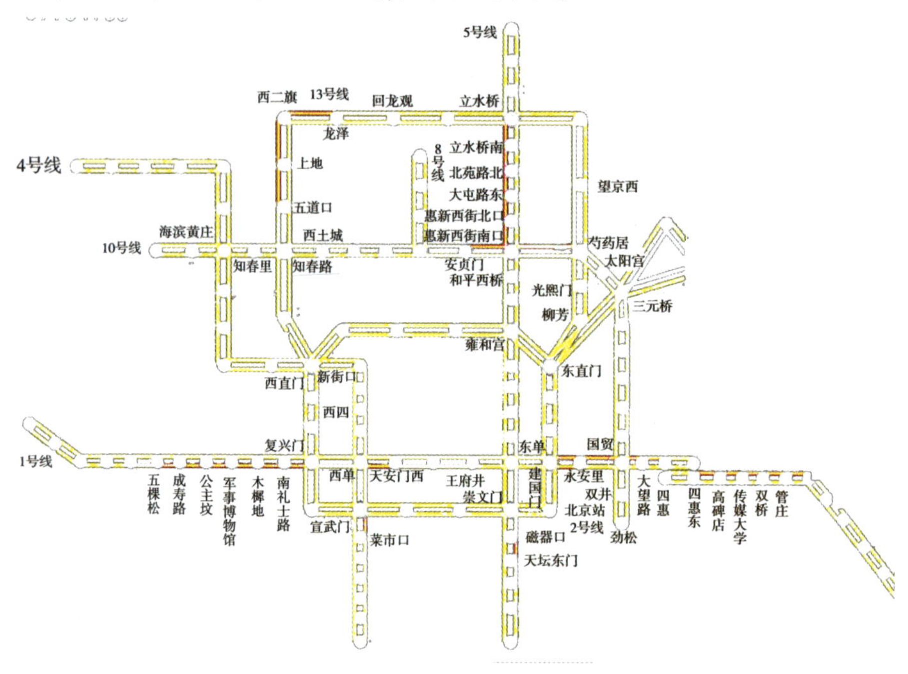

图 1 北京轨道交通路网早高峰运力运量匹配情况

注:图 1 中,绿色标识出满载率不超过 70% 的区间,黄色标识出满载率超过 70% 的区间,红色标识出满载率超过 100% 的区间。

(5)针对目前高峰期间运力运量间的突出矛盾,2010 年北京地铁运营公司新编了部分线路的列车运行图,调整高峰期间的行车间隔,以缓解客流压力,满足乘客的出行需求。

2.2.2 路网限流常态化

随着轨道交通高峰期间运力运量矛盾加剧,目前路网常态限流车站共有 21 座,适时限流车站有 8 座,限流车站占全部车站总数的 20%,限流时间主要集中在 7:00—8:45,限流排队时间平均超过 10min,龙泽、天通苑等站超过 25min,如图 2 和图 3 所示。

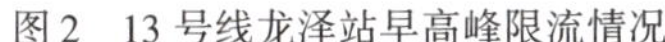
图 2　13 号线龙泽站早高峰限流情况

图 3　5 号线天通苑站早高峰限流情况

3 新线客流分析

3.1　5 条新线与路网关系

2010 年开通的 5 条新线均为放射状的郊区线路，将昌平区、顺义区、亦庄经济开发区、大兴区和房山区等郊区县与城八区衔接在一起，与既有线网的关系如图 4 和表 2 所示。

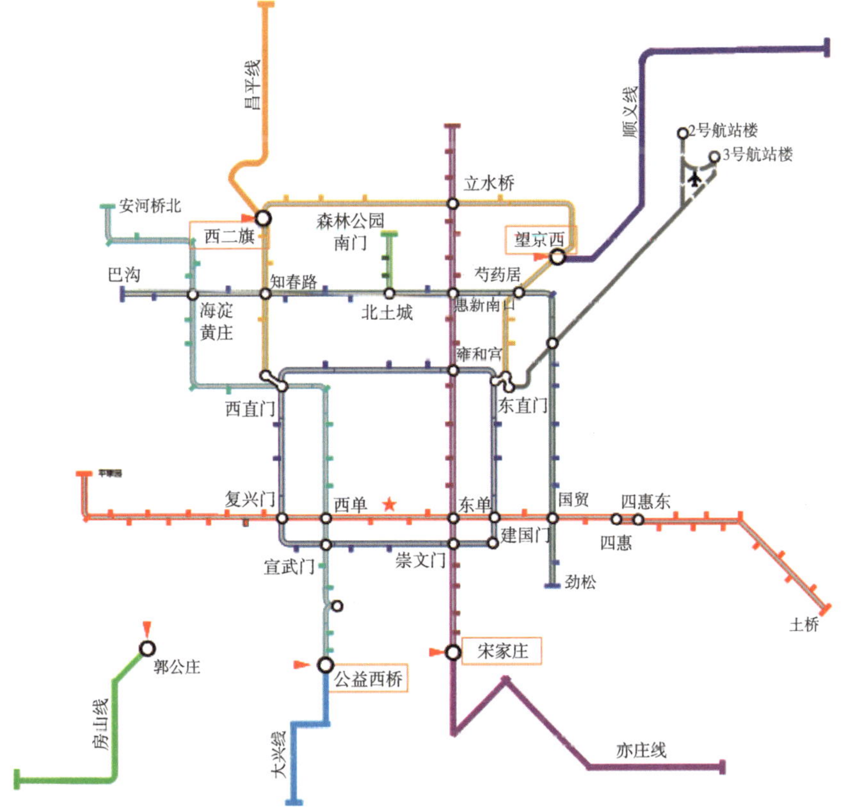

图 4　2010 年北京轨道交通 5 条新线位置图

5条新线与既有线关系 表2

新线	线路里程(km)	衔接线路	换乘站(衔接站)	衔 接 方 式
昌平线	21.0	13号线	西二旗	与13号线高断面区间厅台衔接
15号线	20.2	13号线	望京西	与13号线非高断面区间通过换乘通道衔接
亦庄线	22.7	5号线	宋家庄	与5号线南端厅台、台台衔接
大兴线	21.8	4号线	公益西桥	与4号线贯通
房山线	23.3	—	—	暂时不与路网衔接

3.2 新线概况

3.2.1 昌平线概况

昌平线一期工程自西二旗至昌平城南路,线路全长21.0km,设计时速为100km/h,点式进路闭塞模式下的全周转时间为2740s。昌平线设1座地下站,6座高架站及一座停车场,通过西二旗站与13号线实现换乘,如图5所示。

图5 昌平线线路图

3.2.2 15号线概况

2010年底开通的15号线一期,自13号线望京西至后沙峪,线路全长20.2km,设计时速为100km/h,开通后信号为点式ATP后备模式,全周转时间为3104s,共9个车站,通过望京西站与13号线实现换乘,如图6所示。

3.2.3 亦庄线概况

亦庄线全长23.2km,运营里程为22.7km,设计时速为80km/h,全周转时间为4155s,通过宋家庄站与5号线实现换乘。车站14座,地下车站6座,高架车站8座,换乘站5座。起点设置宋家庄停车场,终点设车辆段各一处,如图7所示。

图 6　15 号线线路图

图 7　亦庄线线路图

3.2.4 大兴线概况

大兴线全长21.8km,设计时速为80km/h,通过公益西桥站与4号线实现贯通连接,早晚高峰采取安河桥北至新宫以及安河桥北至天宫院间大小交路运行,安河桥北—新宫全周转时间为6676s,安河桥北—天宫院全周转时间为9876s,如图8所示。

图8 大兴线线路图

3.2.5 房山线概况

房山线全长24.79km,设计时速为100km/h,全周转时间为3803s。根据轨道交通的建设规划,房山线将通过郭公庄站与9号线衔接。由于2010年年底9号线尚未建成通车,开通初期,房山线乘客暂时不与路网其他线路直接换乘,需利用公交车，并重新购票进入路网，如图 9 所示。

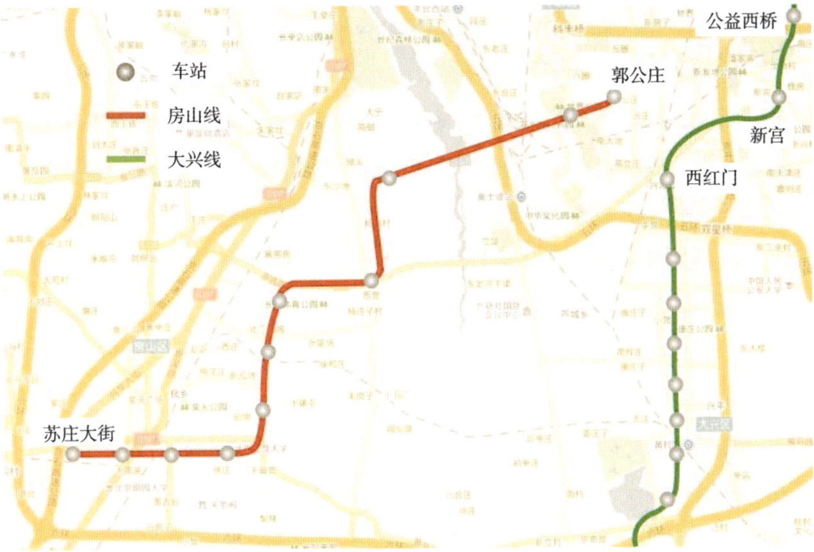

图 9　房山线线路图

3.3　新线客流预测

3.3.1　新线可研预测客流与实际客流差异分析

通过对近年开通线路的实际客流与可研预测客流的比较，可研预测客流与实际运营客流产生偏差的原因可归纳为：

(1)新线实际建成通车的时间与可研预测时不同，造成新线实际开通时与可研预测时的客流预测条件存在差异。

(2)新线开通时未达到规划设计通车里程，路网规模和结构在新线开通时与可研也不尽相同，导致这些线路吸引客流的能力和作用与可研预测条件有差别。

(3)由于市区房价上涨、新线沿线土地大量开发等因素，致使新线在较短时间内就能吸引大量客流。

(4)新线从规划到建成通车期间，受线路建设周期、沿线规划用地的持续变化影响，轨道交通沿线范围内小区规模、人口构成、商业开发等情况也随之改变，新线可研报告很难预测和反映这些改变带来的客流变化。

(5)其他因素，如：票制票价对轨道交通客流的调节作用非常明显。

3.3.2　新线可研预测客流修正

客流是研究新线本身及其对既有路网运营影响分析的基础，有必要对新线可研预测客流数据进行修正，修正原则如下：①以新线可研初期预测客流为基础；②结合既有路网各线周边的客流发展、土地利用发生的变化；③考虑新线实际开通里程;④只预测2011年新线开通期的客流;⑤新线沿线小区建设情况及分布情况;⑥参考既有线的客流特点。

3.3.2.1 昌平线可研客流修正

修订后昌平线2011年日客运量为8.79万人次,日换乘量为7.40万人次;最大断面发生在早高峰下行北清路—西二旗,高峰小时断面客流量为11160人次,高峰小时换入13号线客流量为8928人次。

3.3.2.2 15号线可研客流修正

修订后15号线2011年日客运量为9.93万人次,日换乘量为8.53万人次;最大断面发生在早高峰下行望京—望京西,高峰小时断面客流量为11370人次/h,换乘量为9041人次/h。

3.3.2.3 亦庄线可研客流修正

修订后亦庄线2011年日客运量为9.70万人次,日换乘量为7.76万人次;最大断面发生在早高峰上行小红门—南四环,高峰小时断面客流量为12777人次/h,换乘量为10222人次/h。

3.3.2.4 大兴线可研客流修正

修订后大兴线2011年日客运量为17.15万人次,日换乘量为14.72万人次;最大断面发生在早高峰上行西红门—新宫,高峰小时断面客流量为14539人次/h,换乘量为12911人次/h。

3.3.2.5 房山线可研客流修正

修订后房山线2011年日客运量为4.97万人次;最大断面发生在早高峰上行稻田—大葆台,高峰小时断面客流量为4660人次/h。

4 新线接入对既有线运营影响分析

今年开通的5条新线,除房山线外,都是通过一个端头换乘站(衔接站)接入路网。通过分析乘客在路网内分布情况,新线将对直接相连的既有线——13号线、5号线和4号线的运营产生较大的影响,本研究重点对受新线开通直接影响线路的满载率和换乘设施进行分析和评估。

4.1 既有线运营情况

4.1.1 13号线概况

13号线为北京北部重要的轨道交通线路,连接东直门和西直门两大交通枢纽,穿越望京、北苑、天通苑、回龙观、西二旗及上地等大型社区和工业园区。目前最小行车间隔为3分钟,已达到可研远期设计能力,除车辆保有量及车辆段存车能力外，车站土建、信号系统（目前为固定闭塞 ATP）、供电系统、西直门站前折返暂不具备缩短列车运行间隔的条件。

4.1.2　5号线概况

5号线为贯穿北京南北的重要的轨道交通线路，穿越天通苑、东单、崇文门、蒲黄榆等大型社区和商业区，5号线运力已达现有系统和车辆保有量条件下的最大通过能力。目前最小行车间隔为2分钟50秒，车辆保有量及车辆段存车能力、信号系统、供电系统、两边折返车站设计能力暂不具备缩短列车运行间隔的条件。

4.1.3　4号线概况

4号线为贯穿北京西部南北的重要的轨道交通线路，穿越圆明园、动物园、中关村、西直门、西单、北京南站等大型商业区、旅游景点和交通枢纽。

4号线与大兴线采取贯通运营行车组织模式，高峰期间采取安河桥北—天宫院与安河桥北—新宫长短交路运行，列车在新宫和天宫院折返，平峰期采取安河桥北—天宫院单一长交路运行，列车在天宫院折返。高峰期间，安河桥北—新宫计划最小行车间隔为2分钟30秒，新宫—天宫院计划最小行车间隔为5s。

4.2　昌平线接入对13号线运营影响

根据昌平线的客流构成以及13号线西二旗、龙泽、回龙观等站早高峰期间进站客流在路网的分布情况，西二旗进站客流中15%的乘客去往13号线下行方向，85%的乘客去往13号线上行方向（图10）；其中，上地—知春路有25%的乘客出站，大钟寺—西直门有16%的乘客出站。分流至10号线、4号线和2号线的乘客比例大概分别为21%、11%和12%。

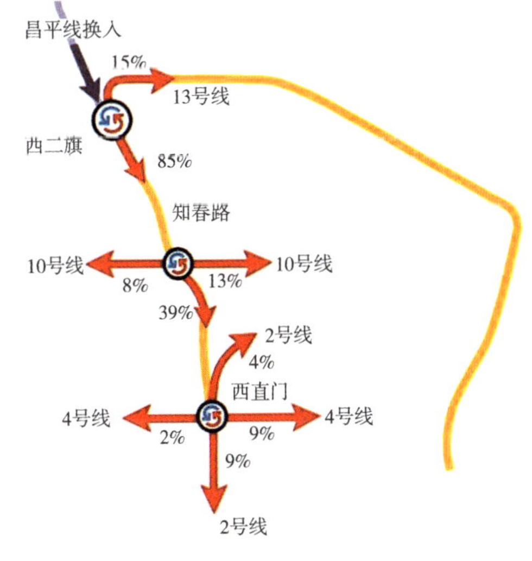

图10　西二旗早高峰进站客流去向分析

4.2.1　昌平线接入后，13号线系统能力不足的问题更加突出

根据修订后客流，高峰期间昌平线换入13号线的客流为8928人/h，其中1339人将去往13号线下行方向，7589人将去往13号线上行方向，2232人在上地—知春路出站，1428人在大钟寺—西直门出站。分流至10号线、4号线和2号线的乘

客大概分别为1875人、982人和1071人。

13号线早高峰运力紧张区段主要集中在上行方向回龙观—知春路区段，在霍营、回龙观、龙泽、西二旗各站采取常态限流的基础上，多个区间满载率超过100%。昌平线接入后，高峰小时将有近9000人由西二旗站换入13号线，列车超载将更加严重，使13号线运力运量矛盾更加尖锐，该区段最大满载率的变化情况见表3。

13号线早高峰满载率变化情况 表3

高峰时段	运力紧张区间	高峰小时满载率(%)	
		目前	昌平线接入后
7:30—8:30	龙泽—西二旗	111	111
	西二旗—上地	109	137
	上地—五道口	117	143
	五道口—知春路	104	130

4.2.2 昌平线接入后，加大车站客运组织难度

根据运营经验，当列车满载率超过120%时，就会造成乘客滞留站台。昌平线接入后，由西二旗站开始，列车超载严重，会造成大量乘客无法上车，被迫在西二旗、上地、五道口等站采取限制乘客进站措施，或者在昌平线采取扣车手段，减缓13号线客流压力。

4.2.2.1 西二旗换乘站

目前13号线上行列车在西二旗—上地区间最大满载率已超过109%，昌平线通过西二旗站与13号线的大客流断面衔接。昌平线开通初期，列车在西二旗车站采取站前折返方式，旅客乘降均在线路东侧乘降，如在高峰期间乘客在站内换乘，将难以采取有效措施控制车站换乘客流量，从而无法保障乘客换乘安全。

4.2.2.2 知春路换乘站

13号线知春路站上行换乘10号线的换乘路径的瓶颈是13号线上行站台到10号线站台的下行楼梯，设计最大通过能力为6720人/h，而目前高峰期间实际通过人数已超出设计通过能力，见表4、图11和图12。

知春路换乘站换乘能力与换乘量比较 表4

车站	设计换乘限制通过能力(人/h)	实际换乘量(人/h)	新增换乘量(人/h)	站台容纳乘客人数(人)	换乘方向
知春路	6720	9843	1612	2400	13号线换乘10号线

早高峰期间，由于13号线知春路站上行站台只有一个换乘步梯，通过能力低，造成大量乘客滞留，疏散时间长，无法保证安全换乘，存在严重的安全隐患。

晚高峰期间，由于知春路10号线换乘13号线通道的上行电梯较长，在电梯底部容易引起乘客滞留现象，一旦发生电梯故障，无法保障乘客安全疏散。

目前，知春路换乘通道的修建于2010年7月18日开工，按工期计划，2011年2月23日可竣工并投入使用。

图11　13号线知春路站站台下行楼梯口

图12　知春路13号线换乘10号线通道

4.2.2.3　西直门换乘站

西直门站是13号线、2号线和4号线的三线换乘车站，其中13号线换乘2号线的限制通过能力为12600人/h，而13号线换乘4号线的限制通过能力也为12600人/h，见表5。

西直门换乘站换乘能力与换乘量比较　　表5

车站	设计换乘限制通过能力（人/h）	实际换乘量（人/h）	新增换乘量（人/h）	站台容纳乘客人数（人）	换乘方向
西直门	12600	11093	1791	3200	13号线换乘2号线和4号线

昌平线开通后，西直门站13号线换乘2号线和4号线的通道在现有限流的基础上，将有更多乘客滞留在站外换乘通道，增加客运组织的难度。

目前，西直门新增换乘通道施工尚未完成，工期严重滞后，预计2011年5月1日之前投入使用，但由于存在较多不确定因素，因此施工单位建议投入使用时间调整为2011年7月1日。

4.3　15号线接入对13号线运营影响

根据15号线的客流构成以及13号线望京西、芍药居等站早高峰期间进站客流在路网的分布情况，望京西进站客流主要去往13号线望京西—东直门下行各站以及2号线沿线。其中，72%的乘客去往13号线下行方向，28%的乘客去往13号线上行方向；光熙门—东直门有13%的乘客出站。分流至10号线、5号线和2

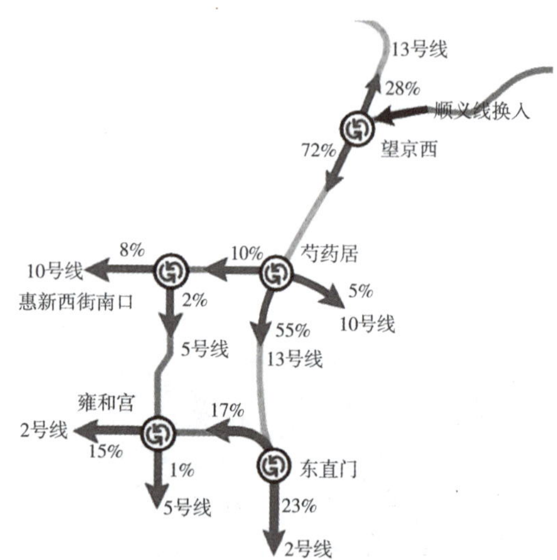

图 13 望京西平日早高峰进站客流去向分析

号线的乘客比例大概分别为 15%、3% 和 40%，如图 13 所示。

根据修订后的客流，高峰期间 15 号线换入 13 号线的客流为 9041 人/h，其中 6509 人将去往 13 号线下行方向，2531 人将去往 13 号线上行方向，1100 人在光熙门—东直门出站。分流至 10 号线、5 号线和 2 号线的乘客大概分别为 1356 人、271 人和 3616 人，见表 6。

15 号线开通后，每小时将有 6509 人经由望京西站换乘 13 号线下行方向，使望京西—芍药居列车满载率由 64% 达到 96%，处于正常范围之内。

13 号线早高峰满载率变化情况 表 6

高峰时段	运力紧张区间	高峰小时满载率(%)	
		目前	15 号线接入后
7:30—8:30	望京西—芍药居	64	96

4.4 亦庄线接入对 5 号线运营影响

根据亦庄线的客流构成以及 5 号线宋家庄、崇文门等站早高峰期间进站客流在路网的分布情况，宋家庄进站客流主要去往 5 号线宋家庄—雍和宫上行各站以及 2 号线沿线。其中，宋家庄—东单有 18% 的乘客出站，分流至 2 号线、1 号线的乘客比例大概分别为 29%、13%，如图 14 所示。

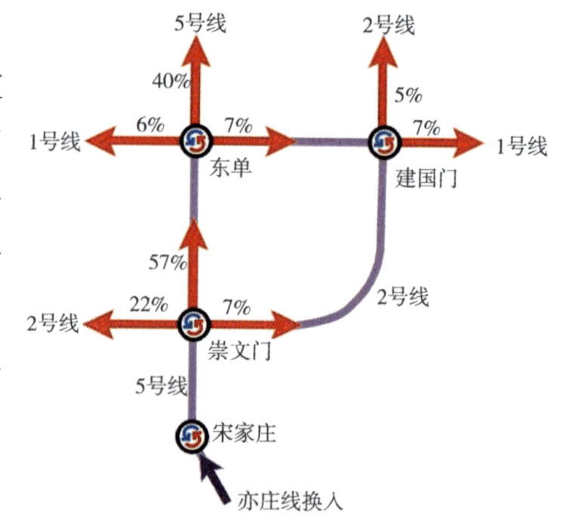

图 14 宋家庄平日早高峰进站客流去向分析

4.4.1 亦庄线接入后，5 号线系统能力不足的问题更加突出

根据修订后的客流预测，高峰期间亦庄线换入 5 号线的客流为 10222/h 人，其中 1747 人将在宋家庄—东单出站。分流至 2 号线和 1 号线的乘客大概分别为 2817 人和 1263 人。

5 号线早晚高峰客流主要集中在该线下行北段和上行南段，早高峰上行运力紧张区段主要集中在磁器口—崇文门，见表 7。

5号线早高峰满载率情况 表7

高峰时段	运力紧张区间	高峰小时最大满载率(%)	15分钟最大满载率(%)
7:30—8:30	磁器口—崇文门	99	107

注:以上满载率为2min50s运行间隔结果。

亦庄线每小时将有10222人经由宋家庄站换乘5号线上行方向,使5号线早高峰期间蒲黄榆—东单区段满载率进一步提高。若5号线恢复使用单一交路运行(高峰最小行车间隔为2min50s),宋家庄—刘家窑列车满载率由24%达到59%,磁器口—崇文门列车满载率由99%达到134%;若5号线继续使用大小交路套跑模式运行(高峰最小行车间隔为2分钟30秒),宋家庄—刘家窑列车满载率由32%达到74%,磁器口—崇文门列车满载率由86%达到125%,各区间满载率情况见表8。

5号线不同交路模式下满载率变化情况 表8

区间	大小交路套跑模式			单一交路模式		
	早高峰间隔	满载率(%)	亦庄线接入后满载率(%)	早高峰间隔	满载率(%)	亦庄线接入后满载率(%)
宋家庄—刘家窑	3′45″	32	74	2′50″	24	59
蒲黄榆—天坛东门	3′45″	114	155	2′50″	87	122
天坛东门—瓷器口	2′30″	81	121	2′50″	95	130
瓷器口—崇文门	2′30″	86	125	2′50″	99	134

4.4.2 亦庄线接入后,加大车站客运组织难度

亦庄线开通后,将导致南段蒲黄榆—瓷器口区段满载率较高,车站易出现乘客滞留现象,迫使宋家庄—瓷器口各站采取限流或亦庄线扣车等措施,增加客运组织难度。

崇文门站5号线换乘2号线的限制通过能力为11100人/h,见表9,与目前高峰小时实际通过客流量持平。亦庄线开通后,高峰小时5号线经由崇文门站换乘2号线的客流将接近14000人,将大于换乘通道的设计通过能力,该换乘通道末端的上行楼梯是影响该换乘通道换乘能力的瓶颈,容易造成通道拥堵,如图15、图16所示。

崇文门换乘站换乘能力与换乘量比较 表9

车站	设计换乘限制通过能力(人/h)	实际换乘量(人/h)	新增换乘量(人/h)	站台容纳乘客人数(人)	换乘方向
崇文门	11100	10662	2817	2180	5号线换乘2号线

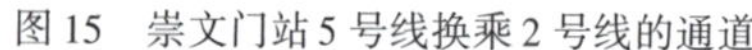
图15 崇文门站5号线换乘2号线的通道

图16 崇文门5号线换乘2号线的上行换乘楼梯

4.5 大兴线接入对4号线运营影响

4.5.1 大兴线与4号线贯通后，系统不稳定因素增加

4号线开通试运营不到一年，日客流量持续增长，已达可研中期预测水平，设备设施系统仍不十分稳定，列车运行指标略低于其他线。大兴线与4号线贯通运营后，上线列车数将由36列增加到59列，线路长度由28km增加到50km，加之大兴线本身设备设施处于磨合期，发生故障的概率较高，均会导致整个贯通运营系统发生故障的概率增加，从而导致系统可靠性低，乘客投诉率高。

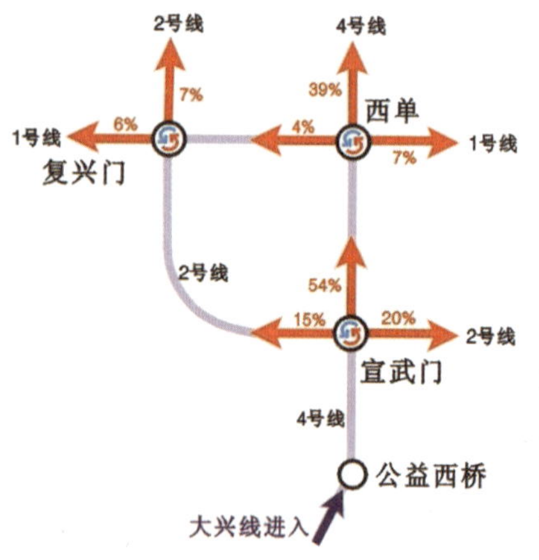

图17 公益西桥平日早高峰进站客流去向分析

4.5.2 大兴线与4号线贯通后，加大车站客运组织难度

根据大兴线的客流构成以及4号线公益西桥、宣武门等站早高峰期间进站客流在路网的分布情况，大兴线进入4号线主要去往公益西桥—西直门上行各站以及2号线沿线。其中，公益西桥—西单有15%的乘客出站，分流至2号线、1号线的乘客比例大概分别为35%、11%，如图17所示。

根据修订后的客流预测，高峰期间大兴线进入4号线的客流为12911人/h，其中1936人将在公益西桥—西单各站出站，分流至2号线和1号线的乘客大概分别为4518人和1420人。

4号线早晚高峰客流主要集中在该线上行南段，贯通运营后，高峰小时将有13000人进入4号线，4号线采用2分半间隔后，北京南站—宣武门区段满载率增幅仍然明显，早高峰上行运力紧张区段主要集中在菜市口—宣武门，乘客滞留较多，需启动北京南站—菜市口各站限流措施，控制沿线进站量，大兴线接入后各区间最大满载率的变化情况见表10。

4 号线早高峰满载率变化情况　　表 10

高峰时段	运力紧张区间	高峰小时满载率(%)	
		目前(3 分钟间隔)	大兴线接入后(2.5 分钟半间隔)
7:15—8:15	北京南站—陶然亭	78	97
	陶然亭—菜市口	92	109
	菜市口—宣武门	114	122

宣武门 4 号线换乘 2 号线的换乘通道小时单向设计换乘能力为 8800 人，已无法满足实际小时换乘量 12948 人的需要，见表 11，现在宣武门车站站厅已经采取增设导流设施加强乘客引导等措施，减缓乘客对通道的压力。大兴线开通后，高峰小时 4 号线经由宣武门站换乘 2 号线的客流达到 18000 人以上，将远超过换乘通道的设计通过能力，如图 18、图 19 所示。

宣武门换乘站换乘能力与换乘量比较　　表 11

车站	设计换乘限制通过能力(人/h)	实际换乘量(人/h)	新增换乘量(人/h)	站台容纳乘客人数(人)	换乘方向
宣武门	8800	12948	5100	2400	4 号线换乘 2 号线

图 18　宣武门站 4 号线换乘 2 号线的楼梯

图 19　宣武门站换乘通道

5 建议

目前北京轨道交通平日早晚高峰期间的运力运量矛盾已较为突出，今年同时开通的 5 条新线均为放射状线路，高峰期间客流的聚集效应较大，将大量的远郊客流汇集到城区的主干线路上，继续加大主干线路的运输压力，根据影响的程度和解决的难度，提出如下近期和远期措施。

5.1 近期措施

5.1.1 加强换乘站客运组织

5.1.1.1 西二旗站

2010年底昌平线试运行时，西二旗新站不具备站内换乘条件，因此，须做好13号线与昌平线的地面换乘相关客运组织工作。

13号线早高峰期间回龙观—知春路间运力已经非常紧张，为了应对昌平线带来的换乘客流压力，需在昌平线沿线重点车站进行限流，同时，继续加大13号线回龙观—西二旗间各车站的限流力度，增加限流时间。

5.1.1.2 西直门站

西直门车站是三线换乘车站，全日换乘量为路网之冠，须加快西直门站新增换乘通道的建设工程，确保按工期计划完成，满足远期换乘客流的需要。

建议长期保留地面换乘设施。

5.1.1.3 宣武门站

随着4号线客流的急剧增长，宣武门站的换乘客流量持续增长，有必要采取地面换乘和列车通过等措施。

5.1.1.4 知春路站

目前，高峰期间知春路站的换乘已经存在较大的换乘安全隐患，昌平线接入后，由于客流的增长，将使知春路站换乘环境进一步恶化，一旦发生突发事件，将直接影响路网的安全运营。因此，通道完工前需按实际情况启动昌平线和13号线联合限流方案，高峰期间采取临时封站、列车通过不停车等措施。

加快推进换乘通道的改造工程，确保按工期计划完成，满足远期换乘客流的需要。

综上所述，为避免新线开通后新增客流对既有路网安全运营的影响，采取的主要措施是：新线限流、加大既有线的限流力度、地面换乘以及列车在换乘站通过不停车等措施，但势必会造成以下运营负面影响：

(1)限流的区域不断扩大，时间不断延长，增加乘客排队时间。

(2)越发严重的限流措施容易激化乘客不满情绪，大大增加维持秩序的难度。

(3)限流措施尚不完善，当遭遇恶劣天气时，严重影响乘客的出行。

5.1.2 公交优化方案

目前，多条轨道交通线路运力已达饱和状态，需要公交进行一体化配合支援。

(1)新线开通时,保留原有公交线路,并根据轨道交通发展变化情况,适时调整公交线路。

(2)对重点、难点车站建立接驳机制,如:为缓解不断增长的13号线客流压力,新开回龙观地区至上地、中关村区域的公交线路,并加强宣传工作,告知乘客选择地面公交是另一种可行方案。

5.1.3 提高系统能力

由于大兴线与4号线贯通运营,大兴线建成后,很难在短期内达到目前4号线设备设施的运营水平,设备设施的不稳定极有可能影响4号线的运营服务水平。建议京港公司针对梳理出的相关问题,特别是供电系统和信号系统,及时跟进项目的整改情况。

5.1.4 加强运营风险评估

(1)根据列车满载率、车站乘客滞留情况和换乘通道的换乘压力,对车站和线路的运营风险进行分级,细化高峰期间应对各级风险的运营方案,包括设施管理、应急预案制定和演练等。

(2)加强限流、封站等各类措施的宣传工作,让乘客对保障运营安全采取的各项措施有心理准备;适当增加限流等工作的人员,增加公交、地铁、公安的联防。

5.2 远期措施

5.2.1 优化路网规划,合理安排建设时序

2010年开通的5条新线与既有路网衔接都是采用单线点对点的衔接方式,建议郊区线与路网采取多点衔接,形成枢纽的衔接方式。

优化建设时序,尽快完善中心区骨干网的建设,提高中心区线路运输能力,以减少郊区线客流对既有线网的压力。

5.2.2 提高既有路网运输能力

由于13号线目前最小行车间隔已达到工可研远期设计能力,除车辆保有量及车辆段存车能力外,车站土建、信号系统、供电系统、西直门站前折返暂不具备缩短列车运行间隔的条件,导致13号线提高运输能力有限,因此,即便2012年8号线和10号线开通,仍需尽快启动13号线运力的系统升级改造工作,纳入系统改造工程。

由于5号线车辆保有量及车辆段存车能力、信号系统、供电系统、两边折返车站设计能力暂不具备进一步缩短列车运行间隔的条件,导致5号线提高运输能力有限,须加快对5号线运力的系统升级改造工作,5号线车辆段扩容改造和购置

新车的进度。

尽快启动1号线信号系统改造和车辆增购方案。

5.2.3 车站设备设施

目前,路网换乘通道均有环境较差、换乘能力不足的缺点,无法适应急剧增长的轨道交通客流,建议尽快启动土建改造和通风设施安装等改造工程,保证安全稳定运营,提高服务水平。

北京市轨道交通自动售检票系统清算管理中心(ACC)清分方法研究

北京轨道交通路网管理有限公司

摘　要：本报告根据自动售检票清算管理中心(ACC)的建设方案，按照北京轨道交通网络化运营和乘客无障碍换乘的基本要求，以保证投资和运营主体获得应有的收益，有助于投资运营主体对其所属的多条线路进行内部分线核算为目标，研究北京轨道交通网络的“运费清分”问题。本研究通过分析乘客出行路径选择的基本特点和影响因素，运用理论分析和客流调查相结合的方法，建立合理的清分规则和模型，并以此为依据提出将相应的运费收入在各线路的运营主体之间进行分配和结算的方法、模型以及相关参数的取值。

关键词：轨道交通；自动售检票系统；清算；清分；方法研究

1 研究背景

北京市规划在2008年实现城市轨道交通网络“一票换乘”，为此，将建立自动售检票清算管理中心(ACC)。ACC是政府的授权机构，由政府部门直接领导，企业运营，提供一个跨运营主体的统一票务及清算管理平台，主要职能有以下四大方面：

(1)作为一票通的业主，即发行机构与管理者。

(2)作为运营主体收益清算的服务提供者。

(3)作为政府票务体制及政策的执行者。

(4)作为“一票通”相关技术应用、要求及标准的制定与管理者。

ACC系统的核心功能是为轨道交通运营主体提供清算管理服务，并代表轨道交通各运营主体与一卡通进行清算。从业务需求而言，清算管理包括以下重点：处理一票通的交易数据，处理一卡通的交易数据，票款、票卡处理服务费用结算、对账，运费收入清分、对账，运营主体账务管理，统计报表、信息服务等功能。

随着北京市轨道交通网络的不断建设，线路之间的耦合度会越来越高，线路之间交叉互连形成一个网状结构，跨越不同营运线路的乘车情况(即换乘)将越来越频繁。在上述问题背景下,一种完善、稳定、标准的票务清分方法是实现客流数据科学统计、票款收入公正清算的重要基础,也是北京市轨道交通网络化运营可持续发展的重要保证。

2 国内外清分现状

轨道交通在我国已经发展十几年,但至今也尚在起步阶段,各大城市的轨道交通也在逐步向网络化方向发展;实现一票换乘的网络还很少,票务清分也相对简单。目前,国内城市轨道交通初步形成网络的城市除北京以外,还有上海、广州。不同城市轨道交通换乘模式和清分方法见表1。

不同城市轨道交通换乘模式和清分方法　　表1

城市名称	联网情况	投资情况	换乘方式	清分方法
纽约	全部联网	不同投资经营主体	同一投资经营主体下的线路可以在付费区内一票换乘,不同投资经营主体下属的线路不可以一票换乘	不同投资主体之间的线路换乘清晰
芝加哥	全部联网	不同投资经营主体	付费区换乘时要求使用CTA卡,在换乘入口插卡不扣除费用	换乘留有标记,路径较为清晰
巴黎	全部联网	不同投资经营主体	所有线路采用付费区换乘	不存在清分问题
东京	全部联网	不同投资经营主体	同一投资经营主体下的线路可以在付费区内一票换乘,不同投资经营主体下属的线路不可以一票换乘	不同投资主体之间的线路换乘清晰

3 研究内容

基于上述背景,本课题根据自动售检票清算管理中心(ACC)的建设方案,按照北京轨道交通网络化运营和乘客无障碍换乘的基本要求,以保证投资和运营主体获得应有的收益,有助于投资运营主体对其所属的多条线路进行内部分线核算为目标,研究北京轨道交通网络的“运费清分”问题。

本研究通过分析乘客出行路径选择的基本特点和影响因素,运用理论分析和客流调查相结合的方法,建立合理的清分规则和模型,并以此为依据提出将相应的运费收入在各线路的运营主体之间进行分配和结算的方法、模型以及相关参数的取值。研究的主要内容包括:

(1)清分影响因素分析。

(2)北京城市轨道交通乘客出行问卷调查。通过组织实施乘客出行问卷调查,统计分析乘客出行的基本特征。分析出行时间、距离、舒适度、换乘方式、运营时间等因素对乘客路径选择的影响程度,以此作为清分模型建立、参数标定和算法实现的基础。

(3)清分基本原则和方法确定。在与北京轨道交通相关运营责任单位充分沟通交流的基础上,根据北京实际情况制定合理有效的乘客路径选择规则、清分比例的确定等一系列清分规则,从而建立完整的清分规则体系。

(4)"两阶段、双比例"清分方法的确定。建立灵活、合理的清分模型,反映利益的贡献者与利益分配主体之间的关系,保证运营的全部收益按照各运营实体的贡献进行公平的利益分配,包括两阶段路径选择方法和双比例的线路清分方法。

(5)清分方法实现的相关问题研究。根据所需操作和处理过程提出清分算法,确保有效计算全路网中各独立清分实体的经济贡献,及其系统运营价值链中各要素的相互依存依赖关系。

4 运费清分的影响因素

综合分析影响运费清分的各种因素,可将其大致划分为两类:

第一类为确定性因素,包括路网结构、换乘模式、列车旅行时间、OD 间路径上运营模式和运营时间等。这类因素不涉及乘客的主观选择,可以直接通过有关路网规划设计和运营管理的信息确定。

第二类为不确定性因素,包括路径的换乘时间、换乘方便性、拥挤程度、乘客对运营主体的偏好。这类因素由于涉及乘客主观性的选择行为,其对于清分的定量化影响程度无法直接确定,而必须根据理论分析、实际调查等方法进行量化。

确定性因素是影响清分的主要方面,只考虑这些因素来进行清分计算可以基本满足清分的科学性要求;加入体现乘客出行行为主观性的不确定性因素,能更接近实际情形,有利于提高清分方法的精度。但是体现不确定性因素对清分影响的相关参数的设定具有一定的难度,而且也会在一定程度上影响清分结果的准确性。

通过分析调查数据证明,旅行时间是最重要的影响因素;换乘的次数、拥挤程度等指标也有影响;目前乘客对于不同运营公司列车的偏好不大。此外,通过数据拟合,可以定量化标定各个不确定性影响因素的模型参数。

5 清分基本原则与方法

5.1 基本原则

城市轨道交通在实现网络化运营之后,乘客在不同线路车站之间的出行可能存在多条路径的选择,而"一票换乘"条件下,乘客换乘的具体信息难以准确获取,这也就使得相关的运营主体对其做出的经济贡献不能明确地界定,而清分正是为了解决将运费收益按照各运营实体的贡献进行公平合理地分配的问题。本研究认为清分方法应基于一定的路网结构、运营模式、票价政策、客流特性等,体现其有效性、全面性、整体性和可扩展性,具体的原则包括以下几个方面:

(1)着眼整体网络、兼顾局部线路。清分方法应着眼于北京城市轨道交通整体路网,在保证清分方法对整体网络合理性的基础上,考虑局部线路的特殊性,进行局部调整。

(2)近期实际网络与远期规划相结合。清分方法应以近期(2008 年前)实际运营网络为背景,同时还需适应远期轨道交通线网发展趋势,满足线网规划要求。

(3)理论分析与实际调查相结合。清分方法、模型应在理论分析的基础上,同时还需结合实际客流调查,考虑实际可操作性后进行确定。

(4)清分方法的先进性、科学性和实用性相结合。清分方法、模型的建立既要具有先进性和科学性,同时更重要的是应具有实用性、可操作性和可调整扩展性。

(5)影响清分的客观因素与乘客出行路径选择的主观因素相结合,以影响清分的客观因素为主、主观因素为辅进行清分方法的设计。影响清分的客观因素所涉及的相关参数为:路网规模、结构、运营模式、运输组织方式等;影响清分的主观因素所涉及的相关参数为:换乘便利性、乘客偏好、拥挤程度等。清分方法既要体现清分权重与网络线路重要属性的相关性,又要体现清分权重与影响乘客出行路径选择因素的相关性,还应体现清分权重与运营服务水平的相关性。

(6)理论模型与运营经验相结合。清分方法建立理论上的清分模型及其算法,相关参数的确定可采用客流调查,并在各相关运营责任单位充分沟通交流的基础上共同协商确定。

(7)利益分配与经济贡献相匹配。体现路网中独立的经营核算实体的经济利益,同时还应考虑个条线路的运营效果的准确衡量,为运营计划的制订提供客流依据。

(8)清分结果的合理性与精确性的统一。清分方法应保证对整个路网清分结果的合理性和准确性,而不宜局限于单条线路清分结果的精确性。

5.2 几种清分方法简介

5.2.1 基于路网规模的清分方法

基于路网规模的清分方法是按照路网中各个运营主体营运的线路规模(运营里程)的比例,对整个路网运营的运费收入进行清分。该方法简单易行,但这种静态模型不考虑各个运营主体所提供的服务对整个路网客运周转贡献的差异,不能客观地反映各个运营主体应得的收益,在精确度、合理性上都存在明显缺陷。这里不推荐此种方法。

5.2.2 基于乘客出行路径的清分方法

基于乘客出行路径的清分方法是通过分析乘客的出行行为,考虑影响乘客路径选择的因素并建立出行阻抗函数,在此基础上确定乘客 OD 站点之间的一条或多条可能路径,从而根据这些路径中各相关运营主体所承担的运营里程来确定其运费清分比例。这种方法较为复杂,但能客观、准确地反映实际情况,有助于实现运费清分的公平性。

5.2.2.1 最短路径法

最短路径是指任何两站间旅行时间(包括区间运行时间和换乘时间)最短的路径。该方法假定某两站之间的乘客全部选择最短路径,将运费收益分配给最短路径上做出贡献的运营主体(具体方法与下文多路径选择概率法所用运费分摊方法同)。该方法较为简单,在路网规模不大、结构简单、清分精度要求不是很高的条件下,最短路径算法可以作为确定运费清分比例的可行方案。但其不足是只根据时间要素进行路径选择分析,忽略了影响乘客出行路径选择的其他主、客观因素,同时,一个 OD 对只选用唯一的路径进行清分计算,不能体现乘客选择的多样性,难以真实反映实际情况。

5.2.2.2 多路径选择概率法

一票换乘条件下,路网中各线站点之间可能存在多条路径,只选取最短路径不能真实地反映实际的乘客出行路径,进而在清分中使得利益在各运营主体中的分配产生不公之处。多路径选择概率法考虑了乘客出行路径的多样性,确定几条乘客可能选择的理性路径,根据一定的方法确定每条路径的客流分配比例,进而结合各线路承担的运输里程计算出清分比例。该方法更切合实际地反映了乘客的出行情况,能充分兼顾路网运营中做出贡献的运营主体利益,体现了更加科学、准确、客观、公平地分配运费收益原则。最短路径法实际上是该方法的一种特例。

考虑到北京城市轨道交通网络的规模和结构的复杂性以及多经营主体的实际情况,我们认为北京城市轨道交通网络 ACC 清分方法应以多路径选择概率法为基础,因此,本课题重点对此进行研究。

要在各个运营主体之间分摊运费,必须考虑乘客出行的路径选择行为,进而通过一定的科学方法公平地确定各个运营主体的收益。对于实行一票换乘、多运营主体的路网,乘客在路网中出行的轨迹无法通过换乘闸机进行统计,因此,清分工作具有一定的难度。本研究中提出了基于乘客出行多路径选择的“两阶段、双比例”的清分方法。

6 “两阶段、双比例”清分方法

6.1 方法思路综述

“两阶段”是指客流在OD间不同出行路径上的分配比例的确定分两个阶段完成。第一阶段,以有效路径的综合出行阻抗为基础,根据乘客出行路径选择的概率分布模型,计算OD间各有效路径分担OD客流的比例;第二阶段,考虑乘客出行径路选择中的不确定因素,包括换乘次数和线路拥挤程度,对上一阶段计算出的客流在路径上分配比例进行修正,如图1所示。

“双比例”是指分别按OD间多条有效路径之间的客流分配比例和每一路径中不同运营主体(按线路)承担的运输里程比例进行最终的清分。具体为:以综合出行阻抗为基础,并考虑换乘和拥挤程度等因素,确定各有效路径承担某一OD客流的比例;然后根据各运营主体承担每条路径的运输里程以及客流在各路径中的分配比例计算出相关运营收益方的清分比例,如图2所示。

“两阶段、双比例”清分方法流程如图3所示。

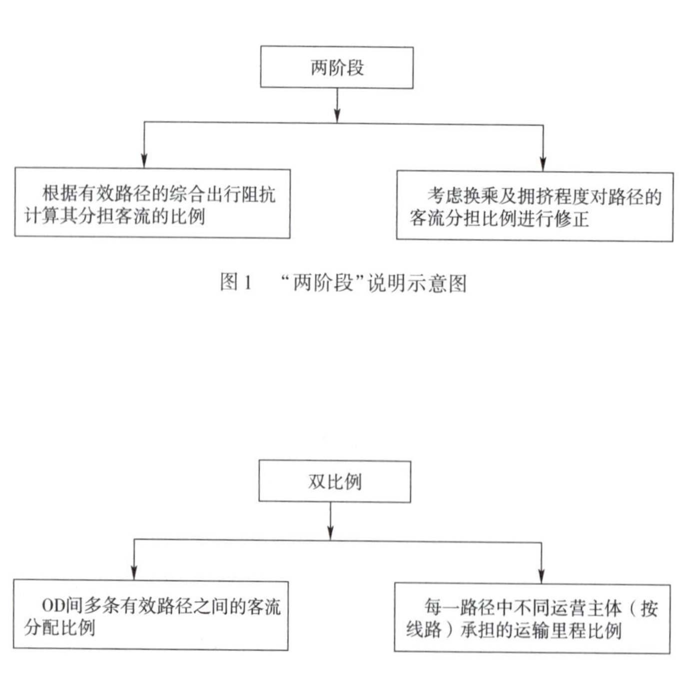

图1 “两阶段”说明示意图

图2 “双比例”说明示意图

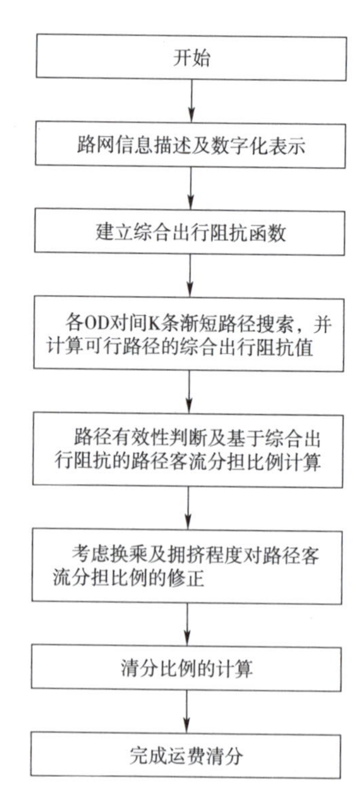

图3 “两阶段、双比例”清分流程示意图

6.2 实现步骤:模型与算法

6.2.1 综合出行阻抗函数的建立

借鉴城市道路网的相关理论,并根据轨道交通网络的乘客出行特性,建立轨道交通的乘客出行综合阻抗函数,在此基础上研究客流出行路径的特征及其搜索算法。

在城市道路网络的交通流量分配中,通常采用最短里程来搜索路径。但是在城市轨道交通系统中,对于大部分乘客来说,精确的里程长度是一个十分模糊的概念,而旅程花费的时间却是能确切感受到的。调查表明,60%以上的乘客视"时间最短"为轨道交通出行路径选择的首要因素。因此,本文认为以广义出行时间作为阻抗来确定路径更加接近实际,也更加合理。

出行阻抗包括路段上(即区间)的阻抗和节点处(即车站)的阻抗。在城市轨道交通系统中,路段阻抗用列车在该区间的运行时间表示;节点阻抗则是乘客在车站所花费的时间,对于通过车站,节点阻抗为列车的停站时间;而对于换乘车站,所花费的时间包括换乘走行时间和换乘候车时间。考虑到同样的时间,换乘走行及候车过程与乘车过程比较,乘客对前者的心理感觉时间要长。因此,换乘站的节点阻抗用换乘时间乘以一个换乘放大系数α($\alpha \geqslant 1$,$\alpha = 1$时表示不考虑乘客对换乘的心理感觉)来表示,即通过一个换乘放大系数将换乘时间转换为同等意义上的乘车时间。本文研究的阻抗是指乘客在轨道交通网络中从出发站到终到站之间经过进出站闸机后的交通阻抗,因此不包括乘客进出站的时间开销(换乘除外)。

出行阻抗是进行客流分配的重要参数,也是路网属性抽象的重要内容。这里提出的综合出行阻抗函数由两部分组成:路段阻抗和节点阻抗,量纲为min(分钟)。路段阻抗等于相邻两站间的区间运行时间;节点阻抗分两种情况:通过车站为在该站的停站时间,换乘车站为经过换乘放大系数处理后的换乘时间。换乘车站的阻抗应分线路换乘方向不同而分别计算。

6.2.2 K条渐短路径搜索算法研究

要实现计算机辅助智能化路径搜索,需要利用离散数学中图论和数据结构的知识以及数据库的技术,将路网数字化表示。在城市轨道交通系统中,一般上下行的区间运行时间即路段阻抗大致相同,但是对于换乘节点,两线之间的换乘可能会由于方向不同(如p线换至q线和q线换至p线)而换乘时间不同,因此需要将轨道交通路网看作一个有向的连通图,车站用节点表示,区间用弧表示,可以利用如"邻接矩阵"等数据结构和关系数据库技术将路网数字化存储起来,此处不再赘述。根据节点和路段的出行阻抗函数建立弧和点的权值,用于路径搜索算法的实现。另外,各条弧上还应包括归属的运营主体、区间里程、运营时间、分时段的区间列车满载率等信息,用于清分比例的计算。

K 条渐短路径搜索算法可采用成熟的 Dijkstra 算法,获取路径阻抗结果较优且乘客选择概率较高的 K 条渐短路径作为清分的基础。并且考虑到乘车时换乘次数不宜太多的问题,算法将对每条换乘路径中换乘次数加以限制。

通过构建北京城市轨道交通的抽象网络,赋予节点和弧的相关信息,包括出行阻抗、区间里程、运营时间、运营主体归属等,运用基于综合出行阻抗的路径搜索算法搜索出任意 OD 对间的 K 条可行路径作为下一步清分的基础。

6.2.3 路径的客流分配比例计算

通过路径搜索算法得到 K 条渐短路径及各路径的综合出行阻抗值之后,接着需要对这 K 条路径的合理性进行判断,再根据一定的方法确定各合理路径(即有效路径)所承担的客流比例。

对搜索出的 K 条渐短路径,通过运营时间和阻抗值容许区域两方面的判断,可以生成 OD 间的有效路径集;并以路径的综合出行阻抗值为基础,确定各有效路径的客流分配初始比例。

6.2.4 路径客流分配比例的修正

综合出行阻抗反映了乘客在各条路径上所花费的旅行时间,可以作为乘客路径选择概率确定的主要因素。一般来说,综合出行阻抗值越小,选择该路径的乘客越多。但是其他一些因素也会影响到乘客出行路线的选择,比如换乘次数、路径上的拥挤程度等,问卷调查的结果也证明了这一点。因此,在主要依据旅行时间所确定的 OD 间有效路径分担客流比例的基础上,考虑加入换乘次数及拥挤程度等因素的影响,从而对路径的客流分担比例进行修正,能更合理的体现实际的乘客出行路径选择行为。但是实际上,在乘客的一次出行时间较短时,往往会忽略换乘和拥挤这类舒适性因素的影响,即路线的综合出行阻抗在某一个范围之内时,无需考虑换乘和拥挤度这类不确定因素对其路径选择概率的影响,本次调查的结果也体现了这一结论,比如可以取考虑出行舒适性因素的综合出行阻抗临界值为 20min。

6.2.5 清分比例的确定

根据北京 2008 年城市轨道交通路网的规划,对于任一 OD 对的选中路径(至少一条),存在下列四种可能的 OD 路径上运营模式:单路径单运营主体、单路径多运营主体、多路径单运营主体、多路径多运营主体。

(1)单路径单运营主体。OD间只有一条有效路径,并且只涉及一个运营主体,此时该OD运费所得全部分配给该运营主体即可。

(2)单路径多运营主体。OD间有效路径只有一条,但是该有效路径涉及多个运营主体。此时该OD运费所得应根据各运营主体的运距比例分配。

(3)多路径单运营主体。OD间有效路径有多条,但每条只涉及一个运营主体。此时该OD的运费只要根据客流在各路径的分配比例分摊给各条路径运营主体即可。

(4)多路径多运营主体。OD间有效路径有多条,有路径涉及的运营主体不唯一。这时把该OD的运费,首先,在多条可选路径之间分配;然后,针对每条路径,再根据所涉及的各运营主体的运距比例分配该路径的运费。

对全路网OD表中各对OD按照不同时段计算其清分比例,从而生成不同时段的路网全部OD间的清分比例表。再根据ACC系统统计的票款的收入时间信息,就可完成运费在各个运营主体之间的划分。

6.2.6 清分比例算法过程综述

本研究提出的“两阶段、双比例”清分方法是一种基于乘客多路径出行选择的清分方法。通过模拟乘客在城市轨道交通网络中的出行行为,计算出各OD对中相关运营主体完成的客运周转量,并以此为基础进行运费收入的清分。上述五节分别对实现“两阶段、双比例”清分方法的几个关键步骤作了理论分析,并给出了具体的计算方法。总结起来,“两阶段、双比例”清分方法的实现过程如下所述(图4)。

第一步:综合出行阻抗函数的建立。以旅行时间为标尺,把区间和车站(包括通过站和换乘站)影响通过参数标定建立综合函数关系,作为出行阻抗,量纲为时间(min)。

第二步:路网的抽象化表示及路网信息描述。将轨道交通网络表示为有向连通图,并用计算机储存;输入构成路网的线路、车站、区间的相关属性信息,包括线路的运营时间、发车间隔,通过车站的停站时间、换乘车站不同线路换乘时间、区间运行时间、里程、区间列车满载率、运营主体归属等;计算路段(区间)和节点(车站)的阻抗。

第三步:OD间K条渐短路径的搜索及路径信息的获取。根据路段和节点的阻抗搜索出OD间K条渐短路径,并输出K条路径的相关信息,包括路径的综合出行阻抗值、路径换乘次数及每次换乘的时间、路径上的列车满载率、路径中参与运营主体的运距比例、路径的运营时间等。

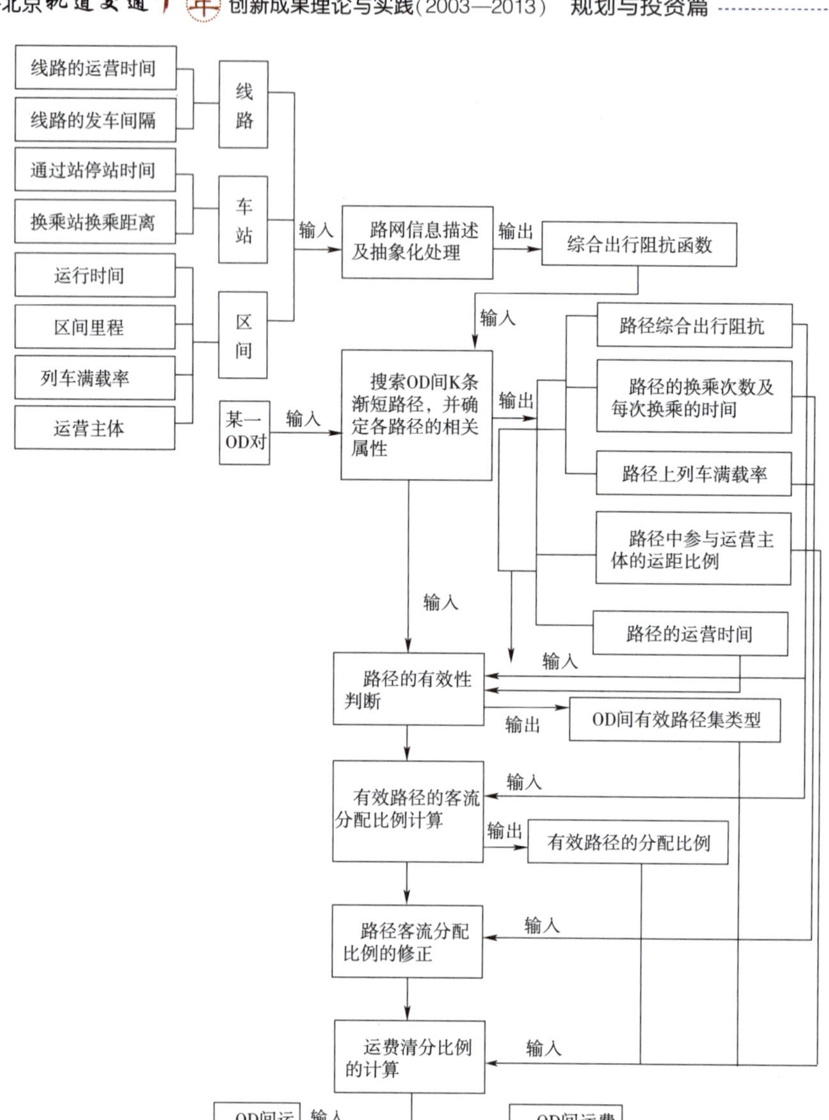

图4　“两阶段、双比例”清分方法的实现过程

第四步:路径的有效性判断。根据运营时间和路径综合出行阻抗容许区域两方面对 OD 间 K 条路径进行筛选,剔除不满足条件的路径,形成 OD 间的有效路径集,并确定其类型。

第五步:有效路径的客流分配比例计算。基于各有效路径的综合出行阻抗值,结合交通调查获取的反应乘客出行行为的相关参数的标定,运用概率分配模型,确定 OD 间各有效路径分担该 OD 客流的比例,即有效路径的客流分配比例。

第六步:有效路径客流分配比例的修正。考虑换乘次数和拥挤程度对乘客出行路径选择的影响,对基于综合出行阻抗确定的路径客流分配比例进行修正。

第七步:清分比例的计算。根据OD间各有效路径的客流分配比例和该路径中不同运营主体的运距比例计算出OD运费收入在不同运营主体之间的清分比例。按路网中任意OD对清分比例,生成不同时段路网全部OD间的清分比例表。

第八步:运费的清分。对任意OD对,将其运费按照不同时段的清分比例,实现运费在相关运营主体之间的分摊。

7 清分方法实施意见及建议

7.1 清分方法的确定

由于清分方法很大程度上将影响清分结果,关系到参与清分各方的切身利益,而且清分涉及的因素较多,因此清分方法的确定是一个在各方充分协商讨论的基础上不断向前推进的过程。

7.1.1 清分基本方法

本研究提出的"两阶段、双比例"清分方法是考虑了影响清分的多种因素,考虑OD间乘客出行可能存在多条路径,并且各方的清分收益是根据其承担的客运周转量来分配的一种清分方法。

7.1.2 清分需考虑的因素

影响乘客出行选择的主要因素包括旅行时间、换乘和拥挤程度等,它们将决定客流在OD间不同路径上整体上的分布概率,其中旅行时间是基础;这些因素中部分是客观因素,而部分则是主观因素。清分比例计算时考虑的因素包括运营时间和运距比例等。

7.1.3 清分的基本模型和算法

清分方法的实现包括了建立基于广义旅行时间(考虑了换乘时间放大)的轨道交通综合出行阻抗函数、OD间K条渐短路径搜索、考虑运营时间和综合出行阻抗允许区域对OD间K条渐短路径的有效性判断、运用正态分布函数计算基于综合出行阻抗的OD间有效路径的客流分配初始概率、考虑拥挤程度和换乘次数对路径的客流分配初始概率进行修正以及最后OD间清分比例的计算等一系列的步骤。

7.1.4 清分相关参数

清分实现过程中运用相关模型和方法所涉及的一些参数,可在理论分析的基础上,通过客流调查和各方协商共同确定。

7.1.5 清分结果的验算

根据各方认可的清分方法及确定的相关参数,对现实路网或者路网的一部分进行计算,并与实际调查结果对照分析,用以验证该方法的科学性和有效性。

7.1.6 清分参数的调整

当清分计算结果与实际情况产生较大出入时,有必要对清分的整个过程中可能导致较大误差的原因进行分析,包括清分中考虑的影响因素是否合理、清分中涉及参数的设置是否合理等一些列问题,从而使清分结果更接近于实际。

7.2 清分方法实施的具体建议

7.2.1 尽快确认清分方法

清分是反映一个路网中不同运营主体在总体上的收益分配。因为在清分中需以客流在路网中的走向和分布为基础,而乘客的出行行为具有较大的主观性,因此,在目前"一票换乘"且乘客出行路径不确定的条件下,任何清分方法都不可能保证完全按照真实情形实现任一 OD 上的票务的精确清分。一种清分方法能从整体上以及大多数情况下合理地匹配各运营主体贡献与利益所得之间的关系,则认为该方法是可行的。

7.2.2 尽快协商确定清分参数

清分方法实现必需的参数包括 m、U、σ 及换乘放大系数 α 等。建议组织由中立方主持、各利益相关方共同参与的乘客出行调查小组,针对上述参数的设置做专项客流调查,统计计算并协商得出相关参数值作为未来一段时间清分的依据。另外,考虑到路径比例修正的"第二阶段"所需的基本信息和参数较难获得并且不容易定量化分析,建议在使用该清分方法的初期(如 2008 ~ 2010 年期间),不进行文中提出的"第二阶段"的路径客流分配比例的修正,仅通过综合出行阻抗确定各路径的客流分配比例,也能较精确和科学地反映真实情况。

7.2.3 清分参数的调整

参数既要保持一定的稳定性,又要根据实际运营条件发生变化而作出相应的调整。建议定期(期限可由各方商量确定,建议以财务核算期限为标准),对相关参数的设定值审核并确定其是否需要修改,由各方共同确认。当路网运营条件发生改变或客流有较大变化时,可考虑临时修改参数。

7.2.4 局部计算结果的调整

清分参数主要用以反映路网整体的清分情况。清分参数的设置能保证总体误差在某一个范围(比如 5%,该比例由各方协商决定)内,则认为是合理的。但在这种参数条件下,可能存在的个别 OD 通过模型计算的客流与实际统计的客流有差异(即有效路径的客流分配比例的差异),当超过某一范围(比如 15%,该比例由各方协商决定),可由相关单位向路网中心提出,并核实后按实际情况调整该 OD 间路径的客流分配比例,从而确定该 OD 在当前阶段新的清分比例。

北京城市轨道交通联网收费系统标准化规范化研究

北京市轨道交通路网管理有限公司

摘　要：北京城市轨道交通的联网收费系统，由多家设备厂商和集成商分别建设。带来了技术标准和实现不统一、重复投资重复建设、存在安全隐患、各线使用和运维方式不一致、对厂商依赖性强等影响安全运营的问题。几年来，指挥中心会同市建设和运营单位，紧密围绕不同时期的重点问题，通过编制和落实技术标准，保证不同厂商的系统间互联互通，线网的质量不断提升。形成了系统的标准编修、标准检测、标准完善的体系化管理模式。对其他专业具有借鉴价值。

关键词：轨道交通；联网收费系统；标准化

1 城市轨道交通联网收费系统简介

城市轨道交通联网收费系统（以下简称 AFC 系统）是基于计算机、通信、网络、自动控制等技术，实现轨道交通售票、检票、计费、收费、统计、清分、管理等全过程的封闭式自动化网络系统。目前在国内的城市轨道交通领域，已普遍采用了 AFC 系统，并与城市一卡通接轨，实现城市公共交通一卡通，技术发展达到了相当先进的水平。

AFC 系统按照全封闭的运行方式，以计程收费模式为基础，采用非接触式 IC 卡为车票介质的组成原则，根据各层次设备和子系统各自的功能、管理职能和所处的位置确定为车票、车站终端设备（SLE）、车站计算机系统（SC）、线路中央计算机系统（LC）、清分系统（ACC）五层结构形式，具有一定的可伸缩性。各层次基本承载以下功能和要求（图 1）。

作为轨道交通唯一一个各线联网运营系统，AFC 系统具有以下几个特点：

一是直接面向地铁乘客。系统自动收取市民的出行费用，对一卡通等储值类卡进行消费操作，关系到乘客的切身利益。

二是关系到客运安全。系统集中部署在候车区和进站通道间的咽喉位置，一但出现问题极容易发生乘客大量聚集，导致推击踩踏事件，对系统的稳定性和可靠性要求高。

三是对行为差异适应性要求高。现在每天都有400多万乘客使用AFC系统,乘客的个体行为差异大,要求系统都能够正确处理,保证系统正常运行。

四是直接影响到路网运营指挥。在无障碍换乘模式下,AFC系统基于进出站和清分数据,测算客流基础信息,在运力调整、运输质量评估、突发事件应急处置等方面,发挥着基础支撑作用。

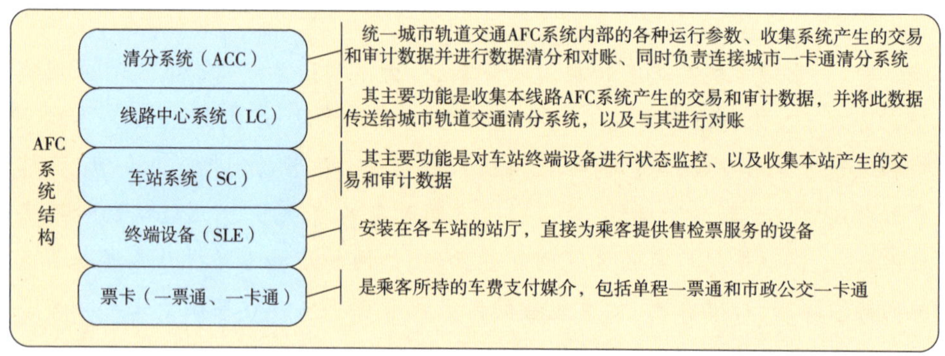

图1 AFC系统结构及功能

6年来,在市政府各级主管部门的领导下,指挥中心围绕路网安全运营和提高乘客服务质量两大管理主题,深入分析重点和难点问题,以标准化为支撑,分三个阶段持续推进标准规范建设和成果应用,打开了联网收费系统科学发展新局面,确立了北京市在全国范围内的网络化管理领先地位。

2 北京市轨道交通联网收费系统标准化历程

2.1 第一阶段,从无到有:统一ACC标准,确保路网互联互通,提供一致的乘客服务

为支持北京奥运会,市委市政府要求在2008年全面建成8条地铁线路,包括1号线、2号线、5号线、10号线、13号线、8号线(奥运支线)、八通线和机场线的自动售检票系统。虽然当时AFC系统已经在国外普遍应用,广州和上海地铁也已经应用,但我们却面临着前所未有的难题:①1号线、2号线、八通线在不影响日常运营的情况下完成系统建设;②要完成13号线以磁票为介质的AFC系统改造;③在5号线、8号线、10号线、机场线建设同期建成系统;④要同步完成清分系统;⑤要实现各系统间一票通、一卡通;⑥各线系统在乘客服务界面上要统一,保证乘客方面使用。为解决这些问题我们征求了很多行业专家的意见,基本上都认为时间过紧,工程难度太大,劝我们不要冒这么大的风险,调整目标降级开通。但北京已经向世界作出了承诺,作为地铁人绝不能让国家放空炮。在市交通委的领导和直接指导下,我们确定了“以标准为基础,以宣贯和检测保开通”的工作

思路，并采取了以下做法。

第一，制定颁布 ACC 技术规范，统一票卡处理、计费管理和交易及审计等数据传输规则，为互联互通打下了技术基础。

第二，制定颁布 AFC 业务规范，统一 AFC 系统的功能要求，以及乘客服务界面，保证各线向乘客提供无差别服务。

第三，在小营指挥中心建设互联互通实验室，汇集 8 条线路的系统设备，编制统一的测试用例，全面检测票卡处理、线路功能和 ACC 接口，保证建设质量。

第四，建立多方协调机制，各业主单位、运营单位、集成商共同研究解决关键技术问题，每周公布技术测试结果，在集成商之间形成竞争态势。

正是有了标准化的保驾护航并实施了有效的管理措施，最终保证了 4 家业主单位、3 家运营单位、5 家集成商、7 家设备制造商和十余家硬件单元供应商，用一个谱唱同一首歌，在 2008 年 6 月 9 日，同期完成 3 条既有线系统建设、13 号线系统改造和 4 条线路的系统开通，创造了 AFC 系统建设史上的奇迹。

2.2　第二阶段，从有到优：统一应用软件标准，持续改进，稳步提升

在完成 AFC 系统集中建设阶段任务后，我们深刻感受到了标准化在系统建设工作中发挥的重要作用，征尘未洗指挥中心会同建设和运营单位进行了全面总结，深刻认识到虽然 AFC 系统的标准化取得了初步成效，但受当时客观条件制约，技术标准远没有对 AFC 系统形成有效的覆盖，主要体现在以下五个方面：

第一，各线系统自成技术体系。一是严重依赖集成商，系统建设和变更难、可控性差，周期和质量受集成商制约严重；二是抗风险能力低，一旦集成商不提供技术支持，将直接引发运营风险，且很难规避或短时间内解决；三是运维难度高，各线只能独立维护，人力物力和财力支出都很大；四是终端设备因设计质量差异，导致可靠性、稳定性、寿命等品质表现参差不齐。

第二，对业务规则的技术实现不统一。部分线路采用独立读写器处理票卡业务，部分线路设备采用终端设备实现，还有部分线路采用混合模式，导致 AFC 系统中的业务处理方式各不相同，相应的读写器包含的应用程序功能和逻辑结构也各不相同，配置和性能存在差异。

第三，各子系统间没有统一的功能分割界面和接口规范。线路、车站和票卡等业务规则完全相同的子系统，无法开发统一软件，各线重复建设，致使政府重复投资。同时各线功能相同的子系统质量也不一样，有的好用有的问题较多。

第四，终端设备以及关键模块各线独立研发不能互换。一方面形成了局部垄断，严重影响设备升级、更换和质量提升。另一方面系统安全隐患大，不能实

现统一的封闭安全控制系统,各集成商都具备破防的技术能力。

第五,难以形成市府可控的自主知识产权,技术上受制于人,也严重影响了AFC系统的产品化和北京市相关产业的发展。

标准的缺失导致系统建设存在以下四个方面的重大问题。①部分线路对一卡通的CPU卡能严重不适应,导致一个出口的闸机全部失效。②极个别技术人员修改票卡数据违规使用。③各线路业务操作界面严重不一致,给业务人员使用系统带来极大不便。④系统故障时我们的运维人员只能解决表面问题,票务政策调整和开通新线需要既有线升级时,有的外商趁机索要不合理的费用。其他小问题更是不胜枚举。这时候北京市轨道交通建设正在步入第二个高潮,2015年规划已经出台,届时将形成"三环、四横、五纵、七放射"561km的轨道交通网,2010年底5条新城线开通,如果这些问题不能有效解决,首尔地铁AFC系统全面瘫痪的一幕很有可能在北京重演。

为有效解决AFC系统集中建设阶段遗留的突出问题,指挥中心经过反复分析论证,在2009年启动了以统一应用软件和票卡业务处理为核心目标的新一轮的标准化创新工作。

2.2.1 编制并发布应用软件及票卡业务处理单元相关标准

在推进AFC系统应用软件和票卡处理单元标准化工作之初,我们确实面临非常大的困难,北京的AFC建设市场是非常开放的,可以说全国相关企业90%的产品或技术都在北京地铁有应用。各厂商一方面怕一旦标准化搞成了,北京的AFC系统建设会由本地厂商垄断市场,自己被轰出去;另一方面又怕自己不参与,定出的标准给自己的产品带来太大的改动,来来去去打转转。在当时的条件下,我们自己又不具备主导标准编制的能力,必须依靠外脑汇集众智,那么怎么办?!经过反复研究,我们采用"一拉一推"两种方法破围。首先继续面向全国按原定计划招标5条新城线AFC系统,通过"一拉"使各厂商消除疑虑;另一方面,组建由国内厂商主导的《AFC系统设计与实施导则》,加大宣传力度,明确在2010年底一定要实施应用软件标准化,统一票卡处理单元,建设多线共用LC(即MLC)系统,强力推动标准化工作。经过艰苦博弈,终于在2010年3月编制并颁布了《北京市轨道交通联网收费系统规范》,整合ACC标准和相关业务规范,详细制定了从ACC到票卡各层次应用软件以及统一票卡处理单元的技术要求,在五个方面取得了标准化突破。

(1)明确了清分系统、线路控制中心系统、车站系统、终端设备和票卡5个层次的功能结构,详细规定了LC与SC间的逻辑接口,为实现多线公用线路控制中心系统(MLC)奠定了基础。

(2)详细规定了 SC 与终端设备之间的逻辑接口,为实现终端设备的整机互换奠定了基础。

(3)详细规定了统一票卡处理单元的外观,与终端设备间的电气接口和逻辑接口,使统一票卡处理单元在各种终端设备间的互换具备了标准支持。

(4)规范了 AFC 系统中终端设备的功能、界面及接口,实现终端设备在不同线路之间互换使用,实现设备管理、使用、维护的高度统一。

(5)完善 AFC 系统参数体系,提高 AFC 系统的整体适应能力,为系统升级、系统需求变更等提供更加有效的支持。

《北京市轨道交通联网收费系统规范》(以下简称《规范》)是当时国内对 AFC 系统业务统一最彻底、应用软件覆盖最为全面、规范程度最深、细节最为到位、系统性最强的技术标准,可以说任何一个厂商完全可以根据《规范》研发出能在北京轨道交通并网运行的 AFC 应用软件。后来这套《规范》也由集成商带到了其他城市,为国内城市轨道交通的发展做出了贡献。有了标准化的有力支撑,在 2010 年北京地铁完成了三项 AFC 系统的重点优化工程。

2.2.2 实现了票卡处理单元的统一

为解决各线票卡业务处理不规范集成商全面掌握数据加密机制系统存在安全隐患的问题,指挥中心组织研发了标准读写器,实现全业务和安全控制机制整体封装,并与线路 AFC 集成商共同完成了统一读写器与各类终端设备的系统对接,2010 年 12 月 25 日与西二旗站同步投产。截至 2011 年已经在亦庄线、大兴线、房山线、昌平线、15 号线、8 号线、9 号线各站全面投入使用,近期开通的 6 号线、10 号线二期和 14 号线 AFC 系统终端设备都将使用指挥中心提供的统一读写器。

票卡处理单元统一后,效果是非常明显的。一方面,软件是我们自己自主研发的,对业务调整的响应效率明显增强。2010 年底房山线开通时并未接入路网,市政府要求在房山线与 4 号线间开通公交接驳,实现一卡通乘客免费换乘路网其他线路,这在标准化之前协调全部相关厂商进行软件修改,时间上根本来不及,还需要投入大量改造资金。由于统一了票卡处理单元,我们仅用两天的时间,就完成了技术方案制定和适应性软件修改,保证了房山线开通时市政府惠民政策的落实。另一方面,由于各种安全控制机制全部封装在票卡处理单元中,系统的防控能力显著增强。同时,在票卡处理单元与各厂商终端设备联调过程中,发现了很多以往终端设备程序的设计缺欠和产品错误,整体提升了 AFC 系统的可靠性。

2.2.3 完成集中式线路控制中心系统的建设

为解决AFC系统相同功能的软件重复投资建设,业务操作界面不一致的问题,指挥中心会同建管公司依托标准的支持,组织招标建设了多线公用的线路中心(MLC)系统。在MLC系统建设过程中,为保证MLC系统严格落实技术标准,指挥中心委派专人与集成厂商成立联合工作组,现场指导MLC的研发以及与线路站务系统的联调测试工作。协调运营和设备维护单位,在建设阶段提前介入,针对系统易用性和易维护性进行了专项需求优化,如期实现亦庄线、房山线、15号线、昌平线接入MLC系统,2010年12月28日同期开通。

MLC系统的建设解决了相同功能软件重复投资建设的问题,我们用低于10条线路LC的建设费用建设了集中式MLC,还建设了MLC灾备中心,使线路中心系统更加牢固,进一步保障了清分系统的运营质量。运营企业在不增加人力的情况下,顺利接管了10线MLC系统,通号公司仅组建了一个项目部就承担起10条线的MLC系统维护工作。由于前期各方需求提得透,MLC系统在投产后更贴近运营实际,系统使用效果非常好。

2.2.4 在2010年5条新线建设过程中落实和完善技术标准

为保证2010年开通的大兴线、亦庄线、房山线、15号线和昌平线AFC系统全面落实《规范》要求,指挥中心会同建设单位确定了严把招标和成果检测两端关口的工作策略,将《规范》作为系统招标的技术依据和强制性要求,并采用统一的标准符合性检测模式,取得了技术管控的主动权。在《规范》颁布后,集中开展了标准符合性检测的方案编制,确定了统一的测试流程、方法、用例和通过标准。

为保证在时间紧、设备资源有限、测试任务繁重的不利条件下,确保2010年新线AFC系统贯标、优质和如期开通,由指挥中心与建设管理公司牵头,组织各线集成商共同成立了联合工作组,统筹5条新线AFC系统测试工作。主导完成了测试计划制订、测试任务执行、问题分析以及问题整改。共计完成单功能测试1282项、常规连接测试109项、专项测试326项、集成测试48项、现场测试8项、异常测试1294项、标准读写器异常测试64项,使《规范》在AFC系统中得以落实,满足了AFC系统开通的功能、质量和数据准确性要求。

值得一提的是昌平线,由于集成商中国普天公司对北京地铁的AFC系统不熟悉,当时面临非常大的延期开通风险,正是有了标准作保障,普天与方正国际开展了技术合作,普天专注其终端设备的修改,由方正国际提供亦庄线的SC系统与普天的终端设备集成,在较短的时间内通过了集成调试和测试,系统如期开通。从另一个层面证明了终端设备已经具备了在各线路系统互换的条件。

回首第二阶段的标准化工作,可以说是“步步惊心”。在8个月的时间,3家集成商要完成已经比较成熟的应用软件大改,建设多线公用LC系统并完成新线接入,还要使用指挥中心提供的标准读写器,风险大的直至今日我们还忍不住常常后怕,任何一点闪失都将引发路网AFC系统灾难性后果。可如果再容忍“七国八制”的延续,我们为后人留下的将是更大的风险与隐患。正是凭借着对事业的高度责任感,以及认真、细致的工作态度,建设、运营和路网管理单位紧紧团结在一起,攻坚克难共渡难关,轨道交通的标准化工作取得了决定性突破,不但有效保证了路网AFC系统运营安全,更有效降低了建设成本,据不完全测算,北京的AFC系统建设整体投资下降了30%左右,获得了经济和管理效益双丰收。

2.3 第三阶段,全面覆盖:攻克终端设备标准化难关,实现整机和关键模块互换。建立检测中心对设备质量实施全面管控

2010年的AFC系统标准化工作还留了一个“尾巴”,即终端设备的标准化。在随后追踪AFC系统运营状况过程中,我们很快发现AFC系统的终端设备问题有了大幅度增长,客观评价2010年5条新城线最好的设备质量也比不上2008年最差的设备质量,反映出四方面突出问题。

一是由于在《规范》中仅定义了逻辑接口,设备底座未统一,导致终端设备的整机逻辑可以互换,但物理上并不能互换。

二是设备制造水平下降。在AFC竞标过程中,集成商为获得投标报价的竞争优势,选择成本更低的代工制造商,虽然终端设备的设计图样没有变化,但制造工艺、原材料质量、生产管理水平都有所下降,导致产品质量问题。

三是终端设备的关键模块仍掌握在外商手里,且不能互换,仍受制与人。

四是缺乏专业的技术检测手段和质量控制体系。通过技术规范的宣贯和技术检测的深入,在近两年开通的线路系统中,应用软件问题得到了有效控制。但终端设备仍依赖于制造商的厂内技术检测,我们自身缺乏对质量的技术控制。尤其是在批量制造前对样机的检测明显不足,导致量产的产品出现质量问题。

通过对上述问题的分析,指挥中心在交通委以及兄弟单位的支持下,启动了以硬件设备标准化和技术检测平台建设为特征的第三阶段标准化工作。通过编制终端设备的技术标准,深入消化国外优秀产品的技术优势;实现终端设备关键模块的互换,提高路网运维集约化程度,同时为国内相关产业发展打破国外技术垄断提前铺垫基础;建立专业检测中心,实施入围检测,控制设计质量;实施样机检测,弥补工程经验不足的短板;实施集成检测,全面提升AFC系统质量。

2011年指挥中心会同建设管理公司开展了《北京市轨道交通联网收费系统终端设备技术规范》的编制工作。在编制过程中指挥中心高度重视技术规范的科学性、合理性和技术适用性,集国内外各系统集成商和设备制造商的合力,在结构、材料、配置、装配、功能、性能等方面提出了详细的技术要求,对钱币处理、票卡处理、门机构等关键模块提出了电气接口和逻辑接口要求,统一了票箱的技术设计。同时为保证技术标准能够在工程项目中落实,开展了技术的实体验证。与此同时,在指挥中心二期工程中建设北京市轨道交通AFC系统检验测试中心,编制了《北京市轨道交通联网收费系统检测规范》和《指标体系》,在质量监督部门以及国家实验室认可委员会(CNAS)的指导和帮助下,建立科学的技术检测手段和完善的质量控制程序,保证检测结果的公正与可信。

3 实施效果

北京AFC系统标准化管理创新实践和工程成果,具有很强的实用性、可推广性和可复制性,对国内轨道交通建设具有突出的示范效应和推广价值,将为我国轨道交通事业的快速发展,特别是对于自主知识产权的形成,提高国内AFC系统相关产业的整体经济效益,提供一套崭新的模式和重要的借鉴意义。

3.1 实现AFC系统集约化建设和同质化管控

《规范》的制定和落实、MLC系统建设以及标准读写器的应用,实现了应用软件的标准化和关键设备单元模块化,为集中管理、集中维护、集中生产创造了条件,通过实现集约化建设,在进一步提升质量的同时,降低系统建设、使用和维护成本。

同时,各线AFC系统的主要功能、用户操作界面以及报表样式和内容基本一致,一方面为系统管理提供了同质化软件工具,另一方面提高了操作员培训的质量和效率,具备了“线路中心集中管控,分线管理方式相同,一站管好站站皆通”的同质化管控条件。

3.2 实现了自主可控的业务集中处理

成功建设并全面应用标准读写器后,原来各集成商分别在各自终端设备实现的票卡业务处理功能、一卡通/一票通认证功能、参数运行模式管理功能、交易/寄存器数据生成等功能进行统一设计、统一开发,封装功能166项,构成全业务标准处理单元。实现了通过修改统一读写器软件,并通过LC统一下发到终端设备上升级,快速满足北京市有关轨道交通业务变化要求。

标准读写器实现了密钥算法和加密数据的统一管理,密钥算法无需向集成商公开,消除安全隐患,保障了 AFC 系统的技术安全和使用安全。

3.3 提升了系统抗风险能力

AFC 系统的全部应用软件实现了国内自主设计研发,关键模块也具备了互换条件,为彻底摆脱对外商的依赖,保证工程造价可控、周期可控、质量可控和风险可控,进一步落实科学发展观奠定了基础。各集成商的终端设备以及关键模块,可以接入其他线路的车站计算机系统,实现了不同厂商生产的设备互换使用,统一读写器作为标准组件,实现了各线地铁业务的集中处理,打破了集成商的局部垄断,系统的抗风险能力得到了有效提升。

3.4 以点带面提升 AFC 系统质量

通过实现应用软件的标准化,关键设备单元的模块化和终端设备的产品化,最终形成 AFC 系统的同质化,有效降低因集成商和供应商的差异导致的短板效应,保证后续路网快速扩张的质量和速度要求。

3.5 为既有线的设备更新做好准备

随着早期标准未覆盖的既有线 AFC 系统逐步进入设备更新周期,标准化管理创新成果,有条件应用到既有线的系统改造过程中,最终彻底实现全路网 AFC 系统的标准化与同质化,确保整体运行质量和运行安全。

3.6 推动北京市 AFC 系统相关产业的发展

北京市在城市轨道交通系统领域有着明显的先发优势,尤其是 AFC 系统的优化工作更是走在了全国各城市前面。随着相关标准的颁布执行,软件标准化、终端设备产品化和核心硬件模块化的落地,以及自主知识产权的形成,北京市有条件建设涵盖软件设计开发、终端设备和关键硬件模块制造、系统检测、运营管理知识输出等全方位的产业链,形成北京市经济发展新兴产业,抓住全国城市轨道交通的快速发展机遇,创造更大的发展空间。

4 标准化工作的几点体会

回顾总结 6 年来指挥中心的标准化工作,我们深刻认识到取得成绩的关键在标准化的意识,主要领导要有自觉意识,通过统一思想,各级干部职工要把意识转化为主动的实践。

4.1 树立向标准化要效益的意识

通过 AFC 系统的标准化,指挥中心将票款清分清算的管控不断向基层延伸,网络化管理扎实有序开展并不断扩展。通过实践证明了紧密围绕中心工作,将标准化工作做细、做实,就能收获良好的效益。

4.2 充分认识到标准化工作长期性和艰巨性

作为基础性管理工作,内外部的各种变化都将对标准化提出新的挑战。指挥中心实践证明了标准化工作"从无到有、从有到优、从优到精"的客观规律,必须树立迎难而上、开拓创新、持续优化的意识,并在实践中不断调整,才能做到长治久安。

4.3 标准化工作要坚持系统化

通过不断摸索,指挥中心的标准化工作已经成为一项系统工程,形成了"谨慎制定标准、全面细致宣贯、示范性工程落地、强化检测予以保障"的标准化管理文化。在联网收费系统标准化工作中,在市政府的支持下,建立了建设和运营协调机制,明确各方职责、管理流程和决策执行机制。建立了宣贯制度和技术检测平台,保证技术标准在新线建设中的落实。开展了统一读写器和多线公用线路控制中心的示范性工程建设,使标准化进一步落到了实处。

4.4 标准化工作要找准机遇,提前筹划

万事开头难,指挥中心任何一项标准化工作无不凝聚着前人的经验与当今的智慧,如果说指挥中心的标准化工作取得了一些成绩,更不如说是我们抓住了机遇。对成网条件下轨道交通运营管理出现的新问题和变化的敏感,使我们能够提前有所准备,抓住标准化工作主线提早研究全面筹划,将挑战变为机遇,这也是指挥中心未来工作中长期坚持并将标准化工作不断推向深入的基本保证。

4.5 标准化工作要加强对风险的识别和管控

AFC 系统的标准都由指挥中心负责管理,同时承担着标准的验证和检测,可以说一旦标准出现问题将直接影响轨道交通的运营安全,指挥中心的管理责任非常重大而且无可推卸。因此标准化工作必须牢固树立风险防控意识,慎重对待每一个流程环节、公式和数据。在任何一项标准颁布前,指挥中心都广泛征求专家和各相关单位的意见,尽可能的开展业务流程演练、技术验证或工程试点,保证标准的科学性和适用性,以高度的责任意识对待标准化管理的每一个细节。

5 结束语

指挥中心自成立以来,立足市政府赋予的 13 项职责,以标准化为抓手,突破业务瓶颈,打开了北京市轨道交通网络化管理局面,走在了全国的前列。随着路

网规模的不断扩大，网络化管理一定会面临新的挑战，指挥中心将视挑战为机遇，在市委、市政府、主管部门和各委办局的领导支持下，推动标准化管理的深入实践，提供政府信任、市民满意的优质管理服务，为轨道交通的安全、快速与便捷再添助力。

参考文献

[1] 赵时旻. 轨道交通自动售检票系统[M]. 上海：同济大学出版社, 2007.

[2] 李春田. 标准化概论[M]. 北京：中国人民大学出版社, 2004.

[3] 城市轨道交通概论[M]. 成都：西南交通大学出版社,2007.

[4] GB/T 20907—2007 城市轨道交通自动售检票系统技术条件[S]. 北京：中国标准出版社,2007.

轨道交通沿线资源开发实施模式研究

北京市基础设施投资有限公司土地开发事业部

摘　要：本文根据轨道交通沿线开发资源与轨道交通的空间关系划分了上盖物业开发、站点周边地下空间开发和站点及沿线周边物业开发三种类型。通过对这三种综合性开发的意义、途径和模式进行具体细致分析，阐述了通过轨道交通沿线资源的综合开发利用，带动城市轨道交通的可持续发展，同时也对整个城市规划宏观上产生积极意义。

关键词：轨道交通；资源开发；上盖；地下空间；模式研究

1 研究背景与意义

城市轨道交通作为城市公共交通系统的重要组成部分，具有运量大、速度快、安全性高、出行便捷、低碳环保和节约用地等特点，同时轨道交通建设带动着城市空间布局的优化与调整，以及引导城市向可持续方向发展，特别是对促进城市土地的节约集约利用，缓解"城市病"，拉动城市经济增长，实现城市经济增长方式转变等方面有着重要意义。

1.1　轨道交通时代——大城市的必然选择

进入21世纪的10年，中国轨道交通进入了一个全面的快速增长时期，具体表现在两个方面：其一是发展速度快，建设规模大。我国城市轨道交通的通车运营里程，从104km到现在的1009km共用了10多年的时间，每年建设100km左右，目前已经有13个城市运营里程总计超过了1600多km，其中上海城市轨道交通的运营里程已经突破440km，北京市更以446km的长度成为世界上地铁运营里程最长的城市。借势新一轮的建设热潮，更多的城市已经或者即将拥有城市轨道交通。轨道交通已经从少数一线中心城市的奢侈品，迅速走向中部甚至西部地区的普及品。在我国大陆的32个省市自治区中，已经批准建设城市轨道交通的市达到28个。城市轨道交通对我国社会、经济影响的空间范围已经从局部、孤立的点转变为成片的、连续的线和面，已经成为越来越多城市居民生活中的重要因素。预计到2015年，我国拥有轨道交通的城市将达到50个。不同形式的轨道交通总里程将达到3640km以上。

1.2 加强沿线资源整合——轨道交通的未来之路

轨道交通对于城市发展的重要性可以概括为一句话——轨道交通的建设、开通相当于是对城市功能格局的重塑。

可以看出,轨道交通奠定了大城市的基本格局和伸展趋势。正是由于轨道交通对轨道沿线区域影响重大,并且具有投资额巨大、不可逆转等特点。因此,在发展轨道交通时应当从城市整体发展的高度出发,对沿线的各类资源进行统筹考虑、统一规划、整体开发。

对于轨道交通沿线资源的整合主要涉及沿线区域的功能规划、重要轨道站点的综合规划与设计、与辐射区域的关系统筹安排、交通方式的组织以及相关物业的开发等。

由于种种原因,目前北京的轨道交通在资源整合及利用方面较国内外其他先进经验存在很大的差距。这种差距不但使轨道交通本身的运转效率有限,更重要的是降低了轨道交通应有的正外部性,使相关城市资源处于低效率运转状态。

1.3 他山之石,可以攻玉

国内外城市发展轨道交通、整合沿线资源的经验,对于发展适宜北京的、有中国特色的轨道交通系统有非常重要的借鉴意义。特别是在政策层面、机构层面、城市规划层面、技术层面的经验,尤其值得学习。我们将通过对其他城市在轨道交通与其他交通方式的无缝换乘、轨道交通站区与周边区域的人性化结合、地下空间的充分利用、上盖物业的开发利用等方面的经验具体分析,给首都轨道交通建设提供参考和借鉴。

2 轨道交通沿线资源开发的综合影响与类型

2.1 资源开发的综合影响分析

轨道沿线资源开发主要指通过统筹规划、统一协调、合理设计,实现轨道交通节点与沿线相关区域的综合规划与一体化开发。通过轨道沿线资源的整合与开发,将给沿线区域的发展带来重要契机,不但能够提高沿线土地的资源利用效率、增强交通换乘系统的人性化,还能节约轨道交通投资甚至反哺轨道交通建设,促进轨道交通可持续发展,更能提升城市发展潜能,进而提高城市的运转效率,重塑城市功能格局。

因此,经过良好规划、综合开发的轨道交通将极大地促进交通条件的改善,消除城市发展的制约因素,促进城市规划的实现和城市功能结构的优化。

2.1.1 提高沿线土地资源利用效率

城市轨道交通的建设可以促进沿线土地的高密度开发。城市轨道交通的建设为人们提供了快速出入市中心的交通方式,从而使居住、工业用地能在空间上分开,使居住用地疏散出市中心区。由此,导致商业和公共设施用地更容易向轨道交通沿线影响区范围内高度集聚。轨道交通沿线影响区内的商业和公共设施用地需求量增加,其土地使用性质将按照交通经济规律进行重新分布,进行土地资源的优化配置。整合轨道交通沿线资源、提高沿线土地利用效率,至少应当包括以下方面内容:

(1)规划中充分考虑轨道交通客流与轨道站点物业的开发的互动。良好的土地利用,可以保证轨道交通正常运营的客流,轨道交通的建设又可合理引导土地利用性质、土地开发强度的重新配置,并形成良好的城市空间结构和用地布局。

(2)还应当加强轨道交通车站站点用地与周边其他用地的结合,充分挖掘轨道交通站点上盖空间、地下空间的综合开发价值。

由此便产生了各种轨道交通车站站点与其他建筑物一体化的构造类型,使具有不同功能的多种空间(地上、地下空间)结合在一起,实现城市有限空间资源的充分利用,并且将各种设施的功能综合协调,发挥出更大的经济效益和社会效益。

2.1.2 建立良好的城市交通换乘系统

城市轨道交通以其高速、高效、大容量、高安全性等优点,成为众多国际化大都市发展的交通大动脉。而以轨道交通为基轴的公共交通体系的公交线网简介、层次清晰,交通导向性明确等优点,便于交通综合花城枢纽的建构,城市公共交通客流的可识别性和空间稳定性都很好。

因此,以轨道交通构建城市公共交通运输主骨架,形成协调轨道交通系统发展、地面公交相补充的公共客运交通体系,可以有效组织大城市客运交通、缓解大城市交通压力,并促进城市结构向积极有效的方向发展。

目前,国内的城市公共交通管理之间相对独立、规划审批上也相互独立,因此在各种交通方式的换乘体系上还存在很多不足。在以后的城市交通体系规划、建设中,应当充分发挥轨道交通的导向作用,综合考虑与其他交通方式的接驳设计,实现交通站点的良好换乘,进而有效整合城市交通资源,缓解城市交通压力。

2.1.3 轨道交通沿线资源的开发，可以节约轨道建设资金，使轨道交通建设可持续发展

轨道交通建设资金需求量巨大、建设资金不足和运营亏损是国内各城市所面临的共性难题。除了拓宽融资渠道、降低运营成本外，为寻求轨道交通可持续发展之路，国内各城市纷纷借鉴香港轨道先进的管理、运营经验，按照港铁“轨道+物业”的发展模式，对轨道交通站点周边的土地、物业资源进行综合开发，探索利用轨道交通的正外部性效益，并将其内部化，这个模式为轨道交通可持续发展提出了新的思路和发展方向。

2.2 资源开发的类型

根据开发资源与轨道交通的空间关系划分，其中上盖物业开发、地下空间开发和沿线周边物业开发，分类较为简单清晰。本报告将针对以上三种物业开发类型进行重点研究。

2.2.1 上盖物业开发

轨道“上盖物业”概念源于香港，是指与轨道出入口、站点或车辆段直接相连、融为一体的建筑物形式。轨道线路一般会穿越城市的中心区和繁华的商业街区，轨道站点与周边的商业和居住区有着紧密的联系，还有很多居住区和商业办公楼与轨道站点紧密结合在一起，成为一个综合的建筑体——上盖物业。轨道交通站点的上盖空间由于和轨道交通站点紧密相连，交通极为便利，具有良好的可达性，相对于其他区域有更好的发展优势和利用价值，因此上盖物业是各个城市重点开发的轨道物业形态。

上盖物业开发又可分为轨道车辆段和站点上盖物业开发。轨道车辆段主要作为轨道车辆的停车、维修、办公等与轨道相关的功能用地，占地面积大，功能单一，建筑密度和容积率低，因此为了提高城市土地利用效率，可以在车辆段上部加建上盖大平台，在大平台上部进行物业开发，从而提高车辆段用地的经济效益和利用效率，同时创造出高附加值的轨道物业产品。

2.2.2 地下空间开发

轨道交通地下空间开发主要是在轨道枢纽站的地下层及地下步行通道的单侧或双侧进行商业开发。城市轨道交通部分的车站位于地下，具有大量稳定的客流，尤其是在一些轨道线路的换乘站，客流的规模和流动性更大，这为站点周边地下空间的开发带来了独特的优势，如南京新街口地铁站等。

2.2.3 站点及沿线周边物业开发

根据国内外相关研究，城市轨道交通站点对周边物业增值的影响半径为站

点周边500~1000m,因此在轨道站点周边约1000m范围内的物业开发,统称为站点周边物业开发。轨道交通站点周边物业价值的提升与城市轨道交通的建设、运营水平有着极大的关系,城市轨道交通企业如能将轨道交通建设与站点周边物业开发通盘考虑、联合开发,在规划中注重轨道交通与周边各类物业的衔接,将更加有效地方便市民出行,大大提升沿线土地价值及周边商业资源价值。香港轨道实践证明,轨道交通与周边物业一体化开发的收益要远远高于单纯出售土地所带来的收益。

轨道交通站点周边物业的发展应当以优化周边土地使用功能为着眼点,形成不同类别特色的居住中心、休闲中心、商业中心、金融中心、政务中心、产业中心等,吸引人流、物流、资金流聚集,既能实现土地资源的节约利用,又能带动周边区域的城市更新改造、产业集聚和城市景观美化,将轨道交通沿线打造成为一条现代化城市走廊,提升城市档次和品味。

3 国内外轨道交通沿线资源开发经验借鉴

3.1 沿线车辆段上盖开发国内外经验借鉴(香港:将军澳车辆段上盖)

3.1.1 项目概况

该项目地处将军澳线的将军澳站,该站所在区域原来属于工业用地,且周边多是垃圾填埋场。经过港铁与香港政府的协商,在规划中调整了该区域的用地规划。结合车辆段上盖和周边用地,打造了一座新城。其地块规划占地面积34.8ha(公顷),总开发建筑面积165.28万m^2,其中商业5万m^2。同时还有中学、小学、托幼、社区会堂等配套设施。小区规划实现后,核心区居住人口将达到5万多人。该车辆段上盖上部设置一座车站,便于小区居民出行,如图1所示。

3.1.2 项目实景

项目实景如图2~图5所示。

3.1.3 成功经验小结

香港政府赋予了港铁公司对沿线土地进行规划、开发的权利,同时也要求港铁公司承担实现政府城市、交通规划的义务。每一项目的投资建设成本也主要由港铁公司自行筹措,因此港铁公司也相当于承担了自负盈亏的市场风险,从而与政府形成了权责明晰的契约关系。

(1)香港政府直接赋予了香港地铁公司沿线站点周边土地的开发权,且可以很低的价格购得土地,这是港铁的最大政策优势。港铁拥有沿线土地及站点周边土地开发权，负责组织开发。其与合作开发商签订合作开发合同，由港铁提供用地，开发商提供资金和开发经验，并负责具体操作，双方按协议的规定分享增值利益。港铁通过合作开发得到的开发利润内部转化为轨道交通的建设投资。

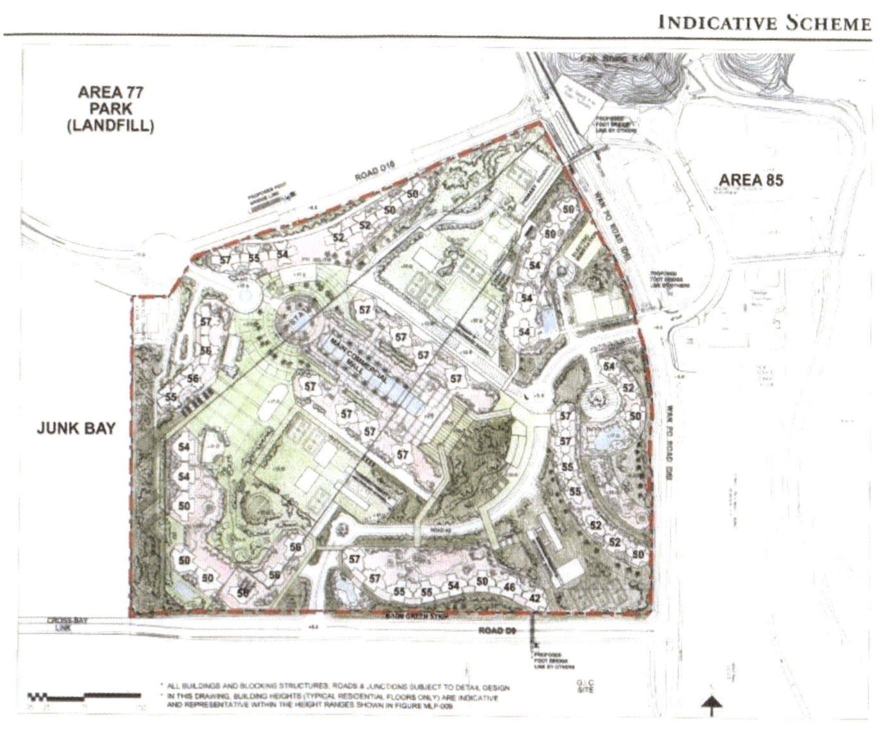

图1　规划总平面图

图2　将军澳车辆段上盖俯瞰

图3　为上盖开发预留的柱子接口

(2)港铁在线路规划时就开始做土地预控，为以后的发展提供土地储备。

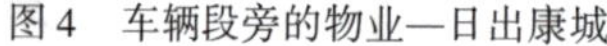
图4 车辆段旁的物业—日出康城

图5 车辆段上的地铁站点

(3)舒适、便捷、以人为本、多种交通无缝衔接的一体化设计是香港地铁的一大亮点。

(4)对房地产市场的把握和开发时序的合理控制也是其成功的关键之一。

(5)专业、完善、周到、细致、便民的物业管理为其项目的后续开发和品牌的建立奠定了坚实基础。

3.2 沿线车站上盖开发国内外经验借鉴(香港青衣站)

3.2.1 项目概况

该项目位于机场线的青衣岛上,距离机场紧一站之遥。由于地铁线路的建设,引导原来的化工、仓储区域变成了繁荣新城。该项目1999年建成,占地面积5.4ha。商业建筑面积4.6万m^2,商铺数量140家。住宅面积25万m^2,住宅数量3500套,总造价37.7亿港币。

通过车站及上盖物业发展与地下空间一体化,使得该项目成为高度复合的城市综合体,多种交通工具和城市空间的无缝连接为居民提供一个高素质的居住环境。

3.2.2 项目实景

项目实景如图6~图16所示。

图6 项目实景

图7 青衣站实景图

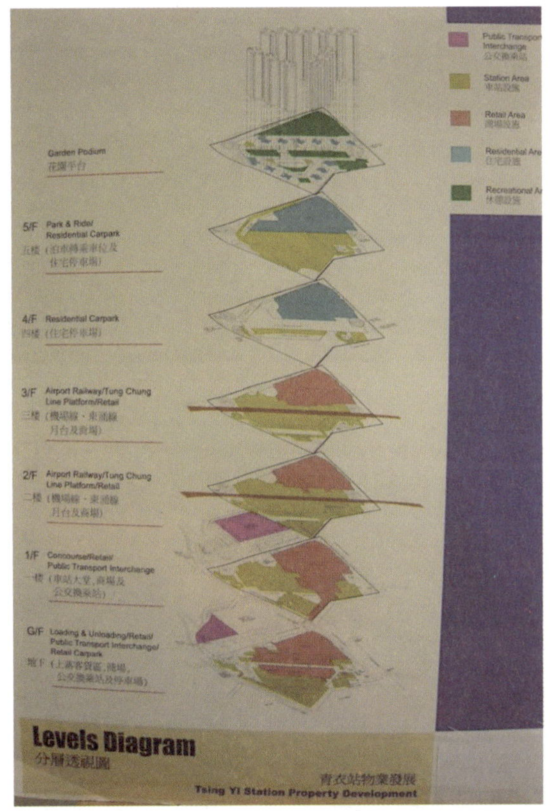

图 8　功能组织及分层物业性质图

图 9　商场内的上盖住户的电梯门厅

图 10　商场二层与公车站的连廊

图 11　与连廊直接相通的公交站点

图 12　多层次的立体交通组织

图 13 上盖平台与楼座间的分隔缝

图 14 商业屋顶的花园类地面设计

图 15 屋顶平台上汽车坡道出入口

图 16 屋顶平台与轨道交通的关系

3.2.3 成功经验小结

该项目的最大特点就是规划时,把公交和轨道交通与商业和居住紧密结合在一起,极大的方便了居民的出行,真正做到了无缝衔接。同时也为轨道交通和商业带来了稳定客流,实现了双赢。

3.3 沿线地下空间开发国内外经验借鉴

3.3.1 南京:新街口

3.3.1.1 项目位置

该项目位于南京中央大街和中山东路、汉中路的交汇处。是南京的商业中心。同时也是地铁 2 号线和 1 号线的换乘站,如图 17 所示。

3.3.1.2 项目实景

南京地铁 1 号线新街口站的地下整体有三层,其中负一层为整体商铺,营业面积为 1898m^2,共计 88 间铺位,共有 16 个出口通向地面及周边各家商场,如图 18 ~ 图 23 所示。

该站转盘处为地铁1号线和2号线换乘的唯一通道,形成了人流大量聚集的地下商业区,并大大提升新街口商圈的商业价值。

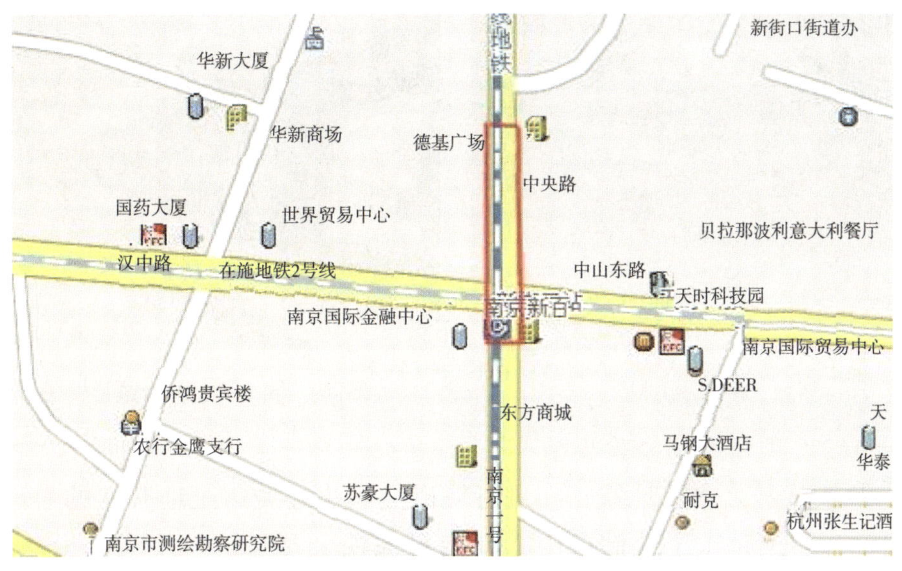

图17　新街口地下空间项目位置图

图18　地下一层与地面的出口

图19　圆形大厅与商业街的接口

图20　地下一商业街

图21　地下一圆形大厅

图22 地下二站厅层

图23 地下三站台层

3.3.1.3 项目成功经验小结

(1)政策优势。南京地铁正在进行轨道交通主导城市土地开发的尝试,其实施主要优势是:南京市土地储备中心在南京地铁公司经济与发展处设立土地储备中心地铁分中心(其与储备分中心是一套人马,两块牌子)。南京地铁房地产开发公司总经理兼任土地储备分中心主任。该分中心拥有一级开发权,可以更好地进行轨道导向的新城土地一级开发。

(2)一级开发实施组织模式。

①南京市储备中心地铁分中心作为土地一级开发主体,负责筹资和组织土地一级开发及轨道交通建设。

②以南京地铁1号线南沿工程为例,目前的融资也已经市场化,42%的资本金由市政府、区政府两级政府补贴,其余的融资则需要由地铁公司通过对地铁沿线土地的市场化运作来实现,以开发利润平衡部分建设资金。

③土地储备的面积须与政府谈判,从能够确保资金平衡的角度确定开发面积。

④征地拆迁及其费用由各区县政府负责。

3.3.2 广州:动漫星城

3.3.2.1 项目概况

动漫星城项目位于中山五路与吉祥路、连新路交汇处,由广州地铁总公司开发建设,转让给广州天源投资有限公司投资运营。项目共有地下三层,建筑面积为3.2万m^2,其中商业面积2万m^2,并设有200个地下车位,如图24所示。

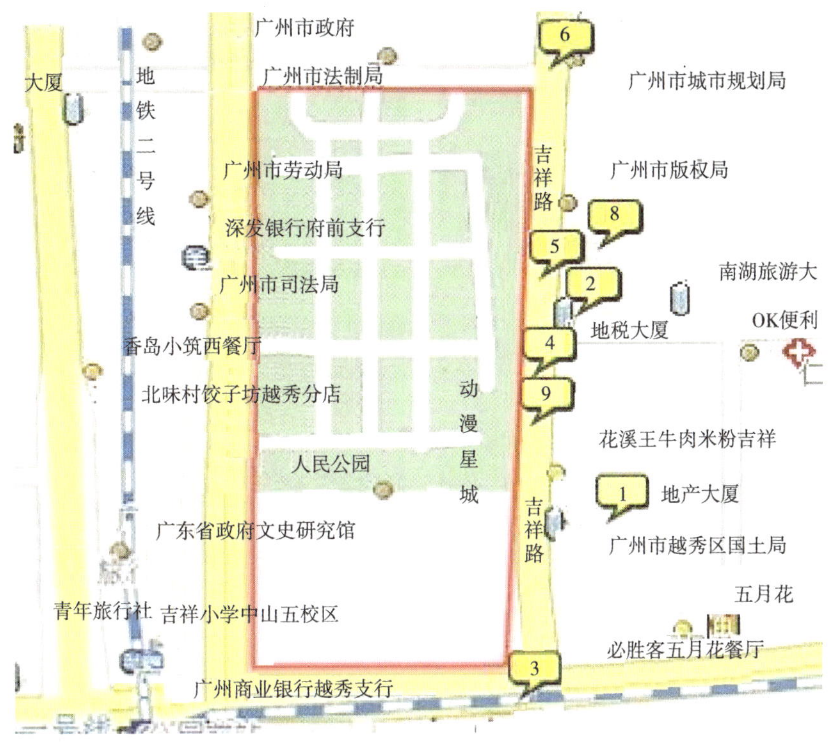

图24　动漫星城项目位置图

3.3.2.2　项目实景

动漫星城项目建设成本(含二次装修)每平方米为1万多元。其中土建成本每平方米为4000多元。本项目的转让费为3亿元左右,如图25～图31所示。

图25　动漫星城项目模型

a)

b)

c)

d)

图 26　动漫星城出入口与地铁 1 号线站厅层关系图组

a)

b)

图 27　动漫星城出入口与地铁 2 号线站厅层关系图组

a)

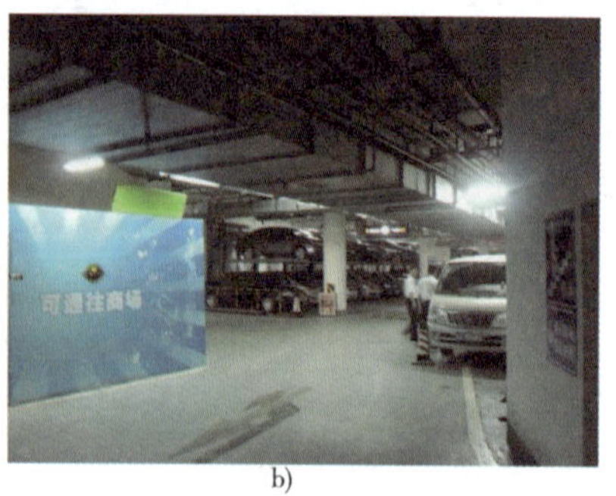

b)

图 28　动漫星城地下车库(地下一层即与地铁 1 号线站厅层同层)

图 29　地下商场立体交通空间

图 30　地下商场出口内部空间

a)

b)

图 31　地下商场出入口外观及其与地面的交通关系图组

3.3.2.3　成功经验小结

(1)地铁公司与政府部门建立了联动机制。

①向市政府申请相关政策支持,通过增开发强度、补偿商业开发面积等手段,做到地铁运营和经营的收支平衡。

②做好各项开发工作的前期准备工作,为政府审批打好基础。

③尽力固化相关审批流程,使轨道建设周边土地资源开发良性发展。

④规划:地铁线路经过区域无城市控规的,地铁公司出资设计,与规划部市沟通协调后,报政府批准。

⑤发改委:市发改委专门设立了轨道交通投资处,负责审核地铁的轨道交通自身投资和周边资源投资。

⑥土地:通过特批的方式,获得部分地下空间的权属证。

(2)投资、建设、管理一体化,内部协调机制完善。

(3)对与轨道相关的各类资源的研究和开发深入、全面,收益丰厚。

3.4 站点及沿线周边地块开发国外经验借鉴——日本:六本木站

3.4.1 项目概况

六本木山新城(Roppongi Hills)位于日本东京都会区的六本木六丁目地区。占地面积11.6ha,总建筑面积73万m^2,总投资:2700亿日元(40亿欧元)。2003年4月25日投入使用。六本木是日本东京都的一个副都心,是日本目前规模最大的都市再开发计划之一,也是东京最具国际色彩的地方,而六本木山城的建造又使该地区成为东京新都会的文化标志。六本木山城是一座集办公、住宅、商业设施、文化设施、酒店、豪华影院和广播中心为一体的建筑综合体,具有居住、工作、游玩、休憩、学习和创造等多项功能。室内室外还不乏艺术作品,以突出文化气息。六本木新城模型如图32所示。

图32 六本木新城模型

森大厦(Mori Tower)为这组建筑群的主体建筑,地上54层,总建筑面积37.9万m^2。大厦内建有商店与写字楼,顶层还设有瞭望台与森美术馆。六本木山城中包含有四座高档公寓,层数分别是6、18、43、43层,合计建筑面积约为15万m^2。

3.4.2 项目设计方案介绍

3.4.2.1 旧城更新方面的经验

项目采用了民间主导的再开发模式:土地所有者之一的森大厦公司,通过长达13年的谈判,从400多个土地所有者手中逐步买下这块地,依照森大厦公司社长森稔的城市更新理念进行再开发。这项工程是继洛克菲勒中心以来私营企业投资开发的最大的城市再发展项目,同时也标志着城市生活方式的一种转变。这一复杂的建筑综合体包含了超过30万m^2的办公面积,200个饭店和商铺,880套公寓,一个电视制作中心,9个立体声宽银幕电影院,可以容纳3000辆小汽车的停车场,一座博物馆,许多的花园、广场和会议厅——几乎集中了一个城市所能提供的所有服务设施。

森大厦株式会社希望创造一个"垂直"的都市,将都市的生活流动线由横向改为竖向,建设一个"垂直"的而不是"水平"的都市,以改变人们的居住与生活行为模式。

3.4.2.2 紧邻型城市理念

东京的特征和问题——平面过密、立体过疏的城市结构。

本项目提出了紧邻型城市的理念,认为东京的城市发展方向,应该是工作、居住、休闲、娱乐就近化的多功能紧邻型的城市建设。在城市中实现以步代车的生活,改造平面过密、立体过疏的城市结构,推进高密度、好环境的多功能型城市建设,重建具有魅力的城市。

3.4.2.3 交通体系设计

六本木新城在规划时就考虑到将地铁交通系统与都市公共交通系统相结合,并建立了良好的区内交通体系。

到达六本木新城主要可以经地铁日比谷线到"六本木站"、经地铁大江户线到"六本木站"或"麻布十番站"及经地铁南北线到"麻布十番站"。此外,都营公共汽车有4条路线、港区社区公共汽车有2条路线通往六本木新城。当然,人们也可以自行开车前来,这里有12处停车场,共计停车位2762个,24h营业。

开车前来购物的顾客可以直接将车停在不同楼层的停车场,方便、迅速地进入自己喜欢的空间,或搭乘高速电梯与电动手扶梯到达各楼层。此外,这里还设置了50辆摩托车与332辆自行车的停放处,以及出租车乘车处与租车服务处,为人们提供了多样化的交通选择。六本木新城设有摩托车与自行车停车位置,其中自行车免费。地铁直接连通六本木新城B1层。

3.4.2.4 大型综合体的空间设计

美国JERDE建筑事务所负责六本木购物中心及公共空间设计,JERDE在购物中心设计中非常注重将项目设计为旅游目的地,立面变化丰富,不断让顾客产生好奇心,延长顾客的停留时间,很多游客停留一天还没有单调的感觉,实践证明JERDE的设计思想是成熟的。

露天广场舞台上设置圆形顶棚,具有强烈的聚集导向作用。通过舞台活动,让顾客参与互动,空中庭院绿化空间,也是让顾客可以参与的公共空间。

3.4.2.5 突出生态理念

六本木山新城的生态策略包括:通过工作与居住就近化的紧邻型街区建设,使移动能源得以减少;促进占地的统合化和建筑高度的利用,提高公共绿地面积,减小热岛效应。

屋顶种植了稻谷、百合花和菜蔬植物,在四个居住楼顶设置了带有绿草坡和少许灌木环绕的英式花园,如图33所示。

3.4.3 成功经验小结

(1)适合当地国情的开发模式和理念。

(2)创新的城市规划设计和实施。

(3)完善、便捷的交通组织。

(4)生态环保、可持续发展。

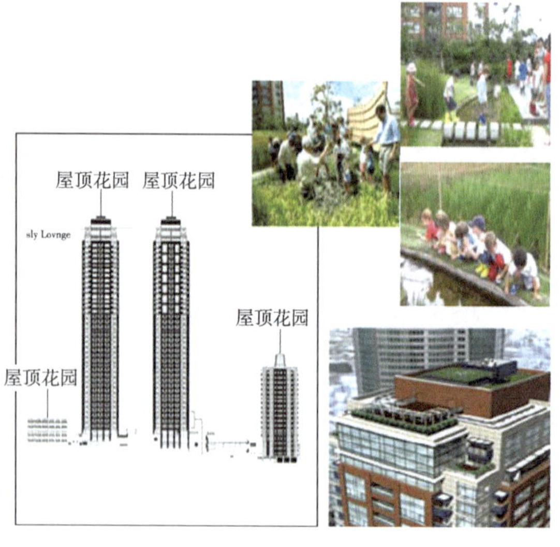

图 33 露天广场的地铁出入口标识

3.5 沿线区域开发国外经验借鉴——日本:多摩新城

3.5.1 项目概况

多摩新城是20世纪60年代为了缓和东京都的住宅紧张状况而开发建设的。位于东京都西部,距离都心40km,通过小田急多摩线和京王线两条地铁线与东京都相连,30min可到达东京都。地势为丘陵,总面积约为30km^2,规划人口31万人,有21个住区,如图34所示。

图 34 多磨新城影像图

3.5.2 项目设计方案介绍

(1)多摩新城的总体规划由政府部门编制,轨道和房地产开发却是由公共部门和私营企业共同实施,如图35所示。

①核心区,整体建立在二层类地面上,直接对接地铁站点,引导人流。

②核心区与周边居住区之间,通过公交系统建立便捷联系。

③在与周边区域的交通串联上,更多的是鼓励公共汽车、步行或自行车换乘到轨道交通的方式,而不设小汽车停车换乘设施。

项目实景如图36～图40所示。

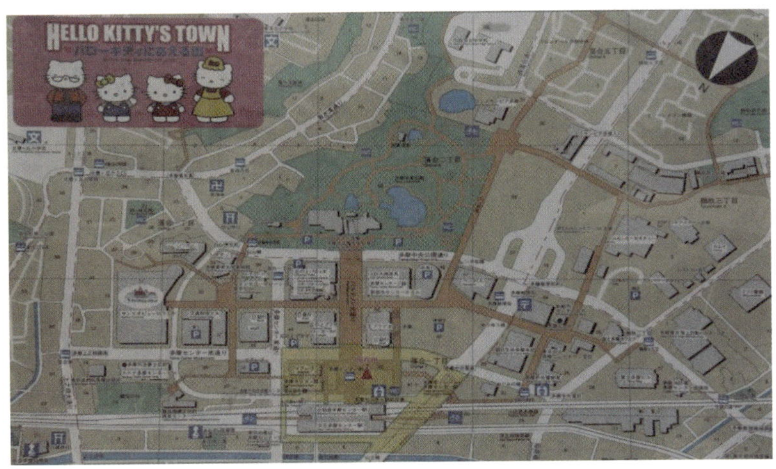

图 35 城市规划图

图 36 连接地铁、公交和城市建筑的平台

图 37 类地面的平台

图 38 平台与地面的接口

图39 地面公交

图40 地面停车场

(2)在规划结构上,多摩新城规划中继承了美国式的“规划单元开发”方法,并且让轨道交通车站处在城镇中心和购物广场的包围之中。新城的21个区域都各自以一所初中为中心,并另拥有两所小学。

区域功能上,多摩新城已有17万人口和3.5万个工作岗位,规划目标是36万人口和13万个工作岗位,是一个居住就业更为平衡的新城。

(3)设立了主题商业街——HELLO KITTY'S TOWN,吸引了大量客流,促进了城市经济发展,如图41、图42所示。

(4)完善了各种城市功能配套设施,带动了新城发展。修建了中央公园,美化了城市环境,如图43所示。

图41 HELLO KITTY主题商业街

图42 商业配套设施

图 43 城市中央公园

3.5.3 成功经验小结

(1)多摩新城作为轨道交通引导新城镇开发的典型案例,其成功实施得益于有两方面因素:

多摩田园都市的成功经验给日本政府、企业提供了很好的借鉴。日本私营铁路公司东急集团在多摩田园都市的开发中,利用土地重新调整的方法聚集土地,并通过协商,取得了土地拥有者(合伙公司)的信任,获得了土地开发权和整个项目的规划权。经过土地重整和开发,新城发展取得了巨大成功,城市面貌焕然一新。这种新城规划和发展的模式被称为"东急模式",东急集团也因在多摩田园都市的规划和建设上取得的杰出成就而获得了日本建筑学位和建筑部颁发的奖项。

(2)组织模式。多摩新城是由东京都市区政府、国家住房城市发展公司和一些私营企业共同开发的,于 1965 年启动。这些郊区新城的规划建设都是在新城镇轨道建设计划下实施的,在该计划下,地方和国家政府分别提供最高达 18% 的轨道建设成本,补贴供给达到 36%,剩余的成本则主要由受益者分摊(包括公共交通乘客、铁路公司和私营开发商)。

(3)因地制宜,采用立体人车分流道路系统。

(4)树立鲜明的新城形象——HELLO KITTY'S TOWN。

(5)功能复合的核心区:建立以商业为主导的大综合体完善新城配套,增强新城魅力,带动整个新城发展。

4 不同沿线资源开发类型实施模式与操作方案分析

4.1 车辆段上盖、车站上盖:一级半开发模式

4.1.1 一级半开发模式

由轨道交通投资主体作为一级半开发实施主体,结合轨道交通建设,在一级

开发原有建设的基础上,增加部分二级建筑设施,如车辆段上盖、地下空间、步行系统等,并以此作为二级土地出让的标准的开发模式。通过对轨道交通与周边土地开发项目的策划、规划、建设时序、品质、成本全过程把握和控制,以达到轨道交通与周边土地开发项目一体化开发的社会效益、环境效益、经济效益高度统一。

具体案例有:九号线郭公庄车辆段、十号线五路停车场、八号线平西府车辆段、九号线六里桥站上盖开发;南锣鼓巷站织补项目等。

4.1.2 轨道交通投资主体参与模式

(1)市土地储备中心作为投资主体,委托京投公司(建管公司)代为建设部分为开发预留的相关设施。达到上市条件后上市交易。

(2)轨道交通投资主体(京投公司)负责投资建设,可出让部分上盖平台、地下车库、步行交通系统部分等由轨道交通投资主体投资并委托轨道交通建设公司代为建设,但界面、成本严格分开,达到上市条件后交由国土部门上市交易。

4.1.3 一级开发操作阶段

4.1.3.1 策划、规划

(1)策划阶段:对综合开发业态的定位。地铁站点建设与地下车库、车辆段上盖平台及其上部建筑的综合策划、规划工作在轨道线路定线的前期即同步、统一进行。轨道交通投资主体委托相关专业设计、咨询公司,商定规划方案、物业类型、市场定位及各类资源的整合利用方案。

(2)规划设计阶段:对原控规的调整;对一体化方案的深化。由京投公司根据策划成果提出新的规划理念,与市规划委员会协商后报市政府批准。

4.1.3.2 轨道交通综合开发的建设内容

(1)轨道交通设施及站点。

(2)为开发服务的上盖平台预留结构。

(3)车库及交通设施。

(4)减振降噪措施。

(5)市政道路及管线。

4.1.3.3 成本分摊

(1)由市审计局、市国土局共同组织审计单位,按照有无对比法的原则,对轨道交通自身建设的成本和为了开发而增加的各项成本进行综合审计,再进行成本切分。征地拆迁相关费用按照轨道与开发的建筑规模比例进行分摊,开发部分计入一级开发成本。

(2)其他相关成本依据施工图样的界面划分,明确轨道交通自身和一级开发内容各自的建设范围,按照市场接受水平、建设规模和投资额综合考虑成本分摊办法。

4.1.3.4 验收

(1)一级开发验收;

(2)工程验收。

4.1.4 二级出让

(1)把已建设完成的地下空间或上盖平台作为整个开发地块的一部分与地块整体上市出让。

(2)二级招牌挂设计条件:除按照政府相关规划文件要求外,还应把上盖平台上部建筑的功能、平面布局、柱网等设计接口条件一并纳入招标条件。

4.1.5 收益问题

一级开发收益:

(1)土地出让后,轨道交通投资主体只收益相关投入成本和成本8%~12%的利润。土地增值收益由市、区两级政府获得。

(2)获得的相关收益先进入到市财政,通过市财政再转移到轨道交通投资主体账户。

4.2 地下空间:一级开发代建模式

4.2.1 地下商业空间的开发实施模式

(1)轨道交通投资主体作为轨道交通的投资主体,借助轨道交通站点建设,可同时负责筹资和组织与站点空间相连的城市公共区域地下商业空间的建设。

(2)由轨道交通投资主体与地铁站点统一规划、统一实施,但又与地铁站点严格分开,各自独立。

(3)征地拆迁及其建设费用由轨道交通投资主体负责,部分征地拆迁费用可与轨道交通设施按照合理方式进行分摊,其建设成本则需单独核算。

4.2.2 轨道交通投资主体参与模式

由于地铁站点周边地下空间开发利用与站点的紧密联系,为更好的结合站点建设,进行同步规划和建设,从而节省诸如拆迁安置、管线改易、临时占地、地下通道建设等重复性开发成本。根据国家及北京市现行政策,建议对于具备开发利用条件的地铁站点周边和交通枢纽站地下空间开发由市政府直接授权轨道交通投资主体——京投公司随地铁统一进行建设。其是天然最佳的实施主体。资金来源可根据不同的站点及使用性质由政府投资或自筹资金。对于不和地铁站点直接相通的经营性地下空间开发利用,可市场公开选择投资主体。

4.2.3 实施操作阶段

4.2.3.1 土地获取方式

对于不同类型地地下空间开发项目,可采取不同的土地取得方式。

(1)对于纳入轨道线路建设的站点项目的周边公共土地地下空间,由于地铁建设的时效性(计划时间内建设完成)和与地铁站点建设协调配合的复杂性,结合国内其他城市经验,建议对于此类项目须由市政府授权京投公司为开发建设主体。报市政府批准后,由国土局按非经营性用地划拨给京投公司,经营性用地按协议出让方式出让给京投公司。具体形式可以政府批文或会议纪要的形式统一明确。投资方式可为由政府投资或京投公司自筹资金建设。

(2)对于与站点相邻的单独地下空间开发项目,除由市政府明确由京投公司为主体的外,京投公司对有开发意向的项目,可在土地二级市场上凭借与地铁站点相连等自身优势从公开市场通过招、拍、挂取得土地,进行地下空间开发利用,自筹资金建设。

(3)对于结合交通枢纽的地下综合开发体,除市政府明确进行市场公开出让的外,由京投公司为主体进行交通枢纽综合体建设的,对于地下空间经营性用地交纳相应土地出让金后,则京投公司随地上建筑物一同取得相应权属。

4.2.3.2 立项方式

(1)对于纳入线路建设的站点项目,其附带的站点地下空间的开发以地铁配套项目或市政基础设施配套的名义进行项目核准。

(2)对于与站点相邻的单独地下空间开发项目,按独立项目建设进行项目核准。

(3)对于结合交通枢纽的地下综合体开发,与交通枢纽一起项目核准。

对于上述由京投公司为主体的项目,可以由政府投资,也可以为京投公司自筹资金进行投资。

4.2.3.3 项目权属

项目竣工验收后,办理相应权属登记。对于上述由京投公司为主体的项目,若有政府公共财政投资,则形成的物业可由政府进行公开出让,也可由政府委托京投公司代为运营管理。如果由京投公司自筹资金完成建设,则物业为京投公司所有。

4.2.3.4 资金来源

以京投公司为主体的项目,也可引入部分其他社会资金。利益分配可根据投资额或其他方式。具体到各项目上,京投公司可按照项目体量、业态定位、开发周期、土地性质等不同特点,选择不同的合作模式来融资解决资金问题。如共同投资、股权转让、在建工程转让等。

4.2.3.5 实施建设

与轨道交通密切相关地下空间的工程建设可由投资主体直接委托建管公司代为建设。

4.2.4 土地出让

(1)城市道路下的地下商业空间采取代建方式,与轨道交通站点同步实施。建成后不出让,可由投资主体自行持有,出租经营。

(2)城市广场下的地下商业空间采取挂牌出让方式,建成后上市交易,补交商业空间的土地出让金,获得地下空间土地权属证。(广州动漫星城模式)

4.2.5 收益问题

(1)如果出让,则土地出让收益直接进入市财政账户,再划拨到地铁基金账户(包括资本金)。周期比较长。

(2)不出让,则地下商铺的租赁、广告、信息通信等均是投资主体的收益。

4.3 站点及沿线周边地块:一体化一级开发模式

4.3.1 一体化实施模式

轨道交通投资主借助轨道交通建设的时机,同时对近邻站点地块结合站点进行一体化设计和实施,借以影响该地块的二级开发建设。以此实现轨道交通对城市发展的影响。

4.3.2 轨道交通投资主体参与模式

(1)轨道交通投资主体由市政府直接授权或由土地储备中心委托,直接带资进行土地一级开发。

(2)由市、区两级土储中心作为主体,与轨道交通站点相连部分可委托轨道交通建设公司代为建设,但界面、成本严格分开。

4.3.3 操作方案

4.3.3.1 策划、规划

(1)地块筛选与预控:在进行线网规划时,可先行对沿线站点进行筛选,确定开发位置和范围。

(2)策划阶段:地铁站点建设与周边土地的综合策划、规划工作在轨道线路定线的前期即同步、统一进行。轨道交通投资主体委托相关专业设计、咨询公司,商定规划方案、物业类型、市场定位及各类资源的整合利用方案。

(3)规划设计阶段:与轨道交通建设不可分部分全部设计、实施。其余可出让土地按照一级开发程序执行。

4.3.3.2 成本分摊

(1)由于轨道交通自身建设的成本已由国家发改委审核认定,增加的地下空间、步行系统等成本不能计入地铁建设成本,而是计入一级开发成本中。

(2)征地拆迁工作可与地方政府合作,投资主体负责出资,相关费用计入一级开发成本。

(3)其他相关成本依据施工图样的界面划分,明确轨道交通自身和一级开发内容各自的建设范围,按照市场接受水平、建设规模和投资额综合考虑成本分摊办法。

4.3.3.3 一级开发收益

(1)土地出让后,轨道交通投资主体只收益相关投入成本和成本8%的利润。土地增值收益由市、区两级政府获得。

(2)获得的相关收益先进入到市财政,通过市财政再转移到轨道交通投资主体账户。

4.3.4 二级出让

所整理土地通过土地市场公开出让。

5 结论与建议

5.1 结论

随着北京市轨道交通建设的大面积展开,对于有效整合轨道交通沿线资源、提升城市发展品质有着迫切的需求。因此,本课题中也将根据北京的实际情况,提出相应的努力方向和解决建议。

(1)必须发挥京投公司能动性和主导性。

由京投公司作为主体,对轨道交通沿线土地进行一体化设计、建设和管理,才可实现轨道建设和城市发展的双赢局面。

(2)策划、规划先行,统筹安排相关建设、管理。

对每一条线路、每一个重要节点的实现,都应当经过科学的流程,以协调策划、规划、建设、管理各个环节间的关系,保证轨道交通沿线区域的发展品质。

(3)经典案例借鉴,细节设计人性化。

在轨道交通沿线资源(地下空间、上盖空间等)的综合利用上,通过课题中精选典型案例的研究分析,也得到了很好的总结。在轨道交通与其他交通方式的无缝换乘、轨道交通站区与周边区域的人性化结合、地下空间的充分利用、上盖物业的开发利用等方面得到了很好的经验借鉴。

总之,本课题总结出了一些对于未来北京轨道发展建设有指导意义的有益思想和方法,希望借此进一步提高轨道交通的和城市发展的水平,提高各类城市资源利用效率,并促进北京的可持续发展与社会的和谐发展。

5.2 建议

5.2.1 政策建议

(1)现阶段采取一事一议的专批策略,同时积极推动相关法律、法规的制定。

目前北京市现行的规划、土地、计划等各项政策对于以轨道交通投资主体为主导,通过轨道交通建设引导城市发展的开发方式尚存在许多空白、矛盾和限制。现阶段只有采取一事一议,政府专项审批的方式推动建设进展。需要政府制定针对轨道交通与周边土地资源开发的相应法律、法规,推动以轨道交通建设带动城市发展的模式。

(2)确立以京投公司为主体的一级半开发模式。

5.2.2 操作建议

5.2.2.1 建立有效的组织体系

轨道交通站点的土地一级开发涉及市发改委、规划、国土、建设、财政和审计等行政主管部门及各区县和土地方。因此,要建立有效的组织体制,充分协调各方利益,以实现土地开发的顺利进行。由于轨道交通沿线土地一级开发的复杂性,为加快进程,使轨道交通按既定计划开工建设。

5.2.2.2 加强站点周边相应范围内的土地及其他相关资源的预控

(1)对沿线土地预先进行预控。在没有建立预先收购机制的情况下,开发商往往会在站点建设前,将周边的土地通过各种渠道先于获得,以至于科学的一体规划无法实施,出现周边土地盲目开发。因此,应积极协调相关政府部门预对沿线一定范围内土地冻结。

(2)挖掘、整合沿线各类其他可利用资源。

5.2.2.3 确定以京投公司为主的参与模式

只有京投公司成为一级半开发的主体,才能真正实现轨道交通沿线土地开发与轨道交通的一体化设计,同时也减少了中间环节、提高了城市开发效率。

5.2.2.4 统一策划先行、参与规划优化

(1)统一规划的目的是为了相互协调发展。统一规划要从规划、投资、客流

和收益等方面进行定量的和全面的分析和统筹考虑。

(2)对原规划进行优化,以适应轨道交通建设对城市发展带来的影响。切实做好土地使用空间布局与轨道、公交线网及场站的衔接,高强度综合使用轨道交通节点的城市用地。合理开发使用节点的地上和地下空间。

(3)对沿线土地及各类资源进行分项及综合策划,统筹开发。通过策划、规划的创新和深入设计,对站点及上盖物业等资源统一开发,以达到优化区域功能布局,综合利用地上地下空间,提升区域的交通条件、服务功能和环境品质、建立以轨道交通为核心的TOD发展模式,促进轨道交通车站及沿线周边土地资源的综合开发利用的目的。

5.2.2.5 风险控制

轨道交通的投资、建设、运营和管理等方面都存在一些事先无法预测的因素。应适当对政策风险、市场风险和资金风险加以分析和防范,降低不确定性和风险。

参考文献

[1] 徐里格,许莉俊. 紧密结合轨道交通的城市开发建设探索与实践[J]. 四川建材, 2006(5):65-67.

[2] 朱炫. 轨道交通捆绑式开发的新模式[J]. 都市快轨交通. 2006. (2): 8-11.

[3] 陆莹,王国富. 轨道交通融资思路——周边土地的捆绑式开发[J]. 铁路工程造价管理. 2004(2):17-19.

[4] 秦云,董丕灵,俞明健. 城市轨道交通线路规划与城市空间综合开发利用的思考[J]. 城市轨道交通研究,2006(3):9.

[5] 黄妍. 浅议城市轨道交通综合开发的途径和前景[J]. 铁道勘测与设计,2007(2):58.

[6] 胡世东. 城市轨道交通土地综合开发[J]. 铁路工程造价管理,2004(1):9.

[7] 董晓艳,孙佳乐. 城市轨道交通建设与综合开发的探讨[J]. 地下工程与隧道,2002(3):44.

[8] 周建非. 香港地铁建设物业开发模式简介[J]. 地下工程与隧道,2003(3):43.

[9] 龚永谊. 城市轨道交通建设中土地效益开发模式探讨[J]. 城市轨道交通研究,2006(8):11.

[10] 韩英姿. 交通型地下空间与周边物业开发结合方式研究[J]. 城市轨道交通研究,2007(8).

轨道交通车辆段上盖综合利用

北京市基础设施投资有限公司土地开发事业部

摘　要：以轨道交通车辆段用地的综合利用为切入点，京投公司不断探索“轨道＋土地”的综合利用模式，通过开发模式、规划理念、投资途径的精细设计，创新补充了轨道交通资金筹措的途径，实现了资源开发与轨道交通投资相融合。

关键词：轨道交通车辆段；综合利用；建设资金筹措；二级开发

0 引言

值京投公司创立10年之际，北京市轨道交通正鲲鹏展翅、快速腾飞，京投公司籍“一体两翼”之舟乘风破浪、稳实前行，资源开发之翼挥洒热情、凝聚希望也跟随着北京市轨道交通的发展而悄然成长。

按照“十二五”规划纲要，北京市轨道交通到2015年末运营总里程预计超过660km，不断扩大的建设资金缺口成为亟待解决的问题，因此在以往单独依靠市财政拨款建设轨道交通模式上，研究新的轨道交通专项资金来源和管理分配机制就显得十分必要。

京投公司自成立之日起即在不断探索“轨道＋土地”的综合利用模式，开发与轨道交通投融资相结合，开展了地铁4号、5号、9号、10号线轨道交通沿线土地利用，地铁大兴线“轨道＋土地”等以土地增值收益反哺轨道交通模式的探索。而在实际操作中，则以轨道交通车辆段用地的综合利用为切入点，迈出了具有开创性的关键一步。

1 轨道交通车辆段上盖综合利用的背景

1.1　轨道交通建设投资规模量大，资金筹措困难

目前，北京市轨道交通建设资金的筹资方式主要为：由市财政提供部分资本金，京投公司通过银行贷款、发债等市场化融资方式筹集其余资金，后期由市

财政每年安排资金还本付息。而随着北京市轨道交通的快速发展,建设投资需求和运营补贴费用不断增高,预计到2015年,市财政每年用于轨道交通建设及还本付息的投入将达到300~500亿元。京投公司作为北京市轨道交通建设的投融资单位,有必要未雨绸缪,拓宽融资渠道,探索轨道交通发展的补充盈利模式。

1.2 轨道交通投资的外部性未能充分显化

轨道交通作为一种投资巨大的城市公共产品,其强大的引导力对城市空间发展格局会产生重大影响,具有明显的正外部性。第二次世界大战后,国外即提出了公共交通为导向发展的TOD城市发展模式。近年来,我国也在轨道交通快速发展后,努力探索TOD模式在中国的应用。轨道交通的引入无疑将推动城市格局、产业发展的变革,而京投公司作为投资主体,有使命将这一巨额城市公共投资的效应发挥到最好,使轨道交通的特性得以发扬。以轨道交通建设投资带动区域发展的理念正深入人心,而在轨道交通投资最集中的车辆段进行综合利用则最具备可实施性。

1.3 轨道交通车辆段建设的环境问题

按照轨道交通车辆段的工艺布局,车辆段可分为车辆综合基地、车辆段和停车场3个等级,其用地一般设于轨道线路两端,主要功能为地铁车辆的夜间停放及期间维修,占地巨大,通常一个地铁车辆段或停车场占地面积为20~30ha(公顷)。

根据轨道交通建设的相关规范,通常一条轨道交通线路可设一个车辆段,当线路长度超过20km时,则需设一个车辆段及一个停车场。随着北京市轨道交通的快速发展和运营里程数的迅猛增长,需要建设的车辆段和停车场的数量也必将越来越多。在城市建设用地日趋稀缺与匮乏的情况下,车辆段用地如果单纯用作市政设施建设而不进行综合利用,则将造成城市土地资源的浪费。同时,由于车辆段自身工艺要求和体量的原因,巨大的厂房式建筑及铁路股道不但阻断了城市区域交通布局规划,且产生的噪声及振动还不同程度地破坏了紧邻车辆段周边区域的环境。

轨道交通车辆段用地具有占地面积大、功能单一、建筑密度和容积率低等特点,以往由于建设水平较低,存在占有资源量大而产出低的问题。因此,对车辆段用地进行综合利用,在车辆段上盖进行开发,提升城市土地的经济效益和利用效率,是构建资源节约型社会和促进城市可持续发展的必然选择。

2 轨道交通车辆段上盖综合利用的准备与研究

2.1 本轮车辆段上盖综合利用开发的提出

城市轨道交通空间作为城市空间的重要组成部分，蕴含着丰富的自然资源、社会资源和人文资源，并具有无可比拟的区位优势和便利的交通可达性。如果能对轨道交通空间资源进行整合利用，大力发展轨道交通物业，并将轨道交通物业的经济收益投入到轨道交通建设和运营上，那么就可以实现城市轨道交通投资、建设、运营、开发的良性循环。

为支持后奥运期经济的发展，2007 年北京市政府提出了“保四争六”轨道交通建设方针，9 号线、10 号线二期、8 号线二期等一批线路建设相继启动。京投公司着眼未来，率先在车辆段规划设计前期阶段提出车辆段的综合开发利用。由市规划委牵头、京投公司承办，开展了 9 号线郭公庄、10 号线二期五路、8 号线二期平西府 3 个车辆段的一体化国际方案征集工作。经过历时近一年的方案征集、方案深化工作后，三个项目的综合利用规划设计方案最终通过了北京市政府审定，为后续实施操作奠定了基础。

2.2 车辆段上盖综合利用的基础及课题研究准备

2.2.1 车辆段上盖综合利用的历史基础

20 世纪 90 年代，北京市引入香港地铁的物业开发经验，曾在地铁复八线的四惠车辆段进行了车辆段上盖综合利用的尝试，引入的初衷即是以土地创造价值来弥补轨道交通运营亏损。但遗憾的是，受制于外部因素的干扰，车辆段开发模式屡遭变更，最终由于建设水平不够、建设节奏缓慢等原因，上盖开发最终成为经济适用房项目，不但未能实现弥补轨道交通亏损的目标，反以靠政府补贴平衡账目而告终。

但值得欣慰的是，车辆段上盖综合利用的建设方式仍然获得了成功，尽管在环境及交通组织方面尚存欠缺，但作为内地首个车辆段综合利用的先例，四惠车辆段上盖建设示范效应不容置疑，也为京投公司本轮车辆段上盖综合利用实践奠定了基础。

2.2.2 本轮车辆段上盖综合利用开发的提出及课题研究

为使这一宏伟蓝图最终得以实现，2008 年京投公司开展了“轨道交通沿线资源开发实施模式”的课题研究，详细从开发模式、实施路径、实施步骤、管理流程、难点突破等方面进行了深入剖析，针对车辆段上盖综合利用项目提出了“一级半”的开发模式，为后续实施工作在操作细节、投资控制等方面做好了充足准备。

同时,就整个开发过程多次与各相关政府部门研讨,在立项审批、规划设计、土地成本分摊、工程时序、上市等环节寻求各部门的建议和支持,制定出与车辆段综合利用相适应的政策和操作程序,为以后的工作指明了道路。

另一方面,京投公司开展了可开发利用车辆段的资源筛查工作,梳理出到2015年,北京市轨道交通网络中车辆段及停车场用地总量预计将达到800ha。如果能对这些车辆段的上盖进行综合开发利用,相当于在满足现有市政基础设施建设用地的基础上,又增加了数百公顷的城市建设用地。

2.2.3 北京市车辆段上盖综合利用创新成果目标的设定

京投公司通过研究轨道交通上盖综合利用的基础条件及政策配套情况,结合公司长远战略构架制定了上盖综合利用的目标:一是探索以资源开发收益反哺轨道交通建设投资的路径,并将该路径中政府管理方式与审批机制制度化、常态化;二是上盖的综合利用为区域城市空间发展带来活力,改善城市环境,提供无缝换乘衔接,方便乘客和周边市民,提升轨道交通建设品质;三是以上盖开发为契机,大力拓展上盖二级开发,打造轨道交通物业发展链,开拓公司新的利润增长点,创新盈利模式,实现规模化发展。

3 车辆段上盖综合利用的模式创新

车辆段上盖综合利用创新模式的内涵是指在车辆段用地上部加建混凝土结构"再造"一块土地,在该块土地上建造综合体进行物业开发,实现车辆段用地在空间上的分层开发与利用。从而赋予车辆段用地"二次生命",以创造出全新的空间利用模式,并以此为依托重新构架政府轨道交通公益事业的投资体系及收益模式,即车辆段上盖综合利用的创新立足于两个着眼:创新开发利用模式与创新收益分配模式。

京投公司通过郭公庄、五路、平西府等车辆段及车站上盖项目的综合利用开发,实现统一规划、统一建设、统一投资、重构投资收益,实现了土地资源集约高效利用,带来的土地增值收益,节省了轨道交通建设资金,实现了轨道交通建设资金的良性循环。同时,实现了各种交通工具的无缝换乘,方便了市民出行,提高生活质量。在资源利用工作中,采取了以下创新性举措,取得了一定成果。

3.1 开发模式创新

结合我国一级与二级房地产开发分离、二级开发权必须通过"招拍挂"拿地的政策及现行北京市土地一级开发管理办法,京投公司放开思路,积极与国土、发展改革委、规划等部门探求,采用了全新的"一级半"开发模式。

传统的一级开发则只包含征地、拆迁的内容,而车辆段上盖综合利用实质是在大型轨道车辆停车场的上部通过建造混凝土盖"造地"的方式进行一级开发。在统一规划、统一实施、统一投资的运作思路指导下,京投公司负责整体的策划及上下部的统一规划设计,之后进行土地征用及地铁车辆段的土建结构施工,车辆段上盖的工程与地铁设施同步建设,确保为二级开发预留的设计条件能够落实。就具体实施操作细节而言,具有以下特点。

3.1.1 统一投资

通过市国土部门的授权,京投公司获得综合利用投资一级开发权后开展各项前期工作。包括征地、拆迁、规划设计、土建工程、市政设施等各项投入均由京投公司负责统一投资,在项目达到入市标准后,按照北京市土地出让相关政策办理土地入市交易工作。

3.1.2 界面清晰

考虑到车辆段综合利用工作的特殊性,开发设施预留工程与轨道工程建设需同步设计、同步实施,但由于公益及开发部分的管理目标并不一致,因此必须做到开发与地铁界面清晰。项目实施之初就把设计及工程分为了 A、B 两部分,A 部分为可经营性综合利用设施;B 部分为轨道交通专属的各种设施。在方案稳定后,组织相关单位研究确定综合利用中设计及工程的界面划分原则,为后期的成本切分、权属界定及运营管理范围奠定基础。

3.1.3 成本可分

项目总成本包括分摊地铁的征地拆迁费用、土建工程费用、市政设施及环评措施、财务费用、税费及管理费用等。由于车辆段的征地拆迁费用是由轨道交通建设资金一次性投入,车辆段综合利用则把征地拆迁费用按照一定的比例由地铁与开发共同分摊;土建工程费用参考未开发车辆段造价进行切分,多出部分由开发分摊;为开发服务的各项前期费用和市政费用由开发承担。上述相关投入由审计部门和发展改革部门审核认定后,按照发展改革部门确定的比例计取企业的利润。

3.1.4 土地性质明确

在上市规划条件中,明确上盖区的用地属性为经营性的 F 类混合用地,同时通过规划导则及规划指导建设意见明确上盖区平面的出让范围,标注了不同区域的竖向绝对高程,使得出让的空间关系清晰明确,为二级开发的土地证的办理扫清了障碍,也使得后期轨道运营与开发建设管理的界面清晰。

"一级半"的开发模式打破了传统意义上土地一级开发仅为"征地拆迁 + 市政建设"的基本内容。在一级开发的前期阶段对项目的规划条件进行深入设计和研究,实施过程中从地下到空中甚至到地块外部的各种预留工程设施或条件都落实到位。"一级半"的开发模式是对现有土地一级开发管理的延伸和局部创新。

3.2 规划设计理念创新

在TOD规划理念基础上创新了"TOD + 复合空间发展"规划理念,如图1、图2所示。

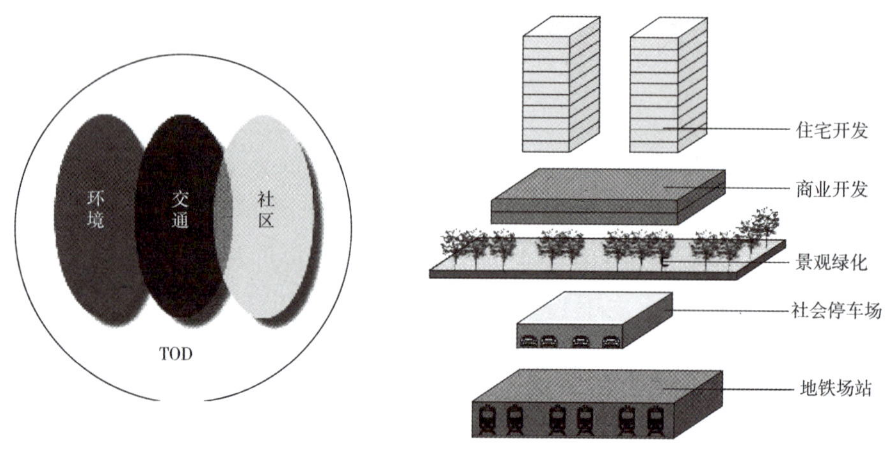

图1 TOD城市发展模式

图2 复合空间发展策略

结合车辆段综合利用是对现有土地的立体再利用,京投公司在深入研究TOD规划理念的基础上,探索建设集轨道交通停车场、居住、办公商业、城市绿化广场及各种交通方式换乘功能为一体的综合枢纽场站,提出通过"TOD + 复合空间发展"规划理念,实现轨道交通、地面公交、出租车、自行车、步行等多种交通方式的相互衔接,将整体规划与城市周边环境融为一体。

车辆段上盖进行综合利用后,其功能已经发生了巨大转变,对外更多地呈现出综合商业、居住区的特征。京投公司在组织规划设计过程中并非仅局限于综合体本身,而是将规划研究范围扩大到区域站点1km范围内,对区域土地进行整体布局、规划整合,突出引入轨道交通后的土地利用调整,与各区政府合力为地方后续发展提供引擎动力,以实现轨道交通投资带动区域发展的目标。

3.3 技术创新

车辆段上盖综合利用工程具有特殊的复杂性,通常其最大的特点是融地铁、轨道交通综合体、物业(住宅、商业等)于一体,其工程特殊性决定了设计工作需采用独到的见解考虑问题,京投公司在设计工作中紧紧围绕空间立体化的规划理念开展了建筑景观"三立体"的创新设计手法。

3.3.1 创建交通核,交通立体化

为方便车辆段盖上开发区行人与地面的联络,设计了多个无障碍垂直交通核,交通核中设有电梯和步梯,保证了行人方便、快捷的上下平台。

3.3.2 市政管线立体化

车辆段盖上设置了两条为盖上开发专用的小市政管沟,小市政管沟位于小汽车库上,专为盖上物业开发专用,便于施工安装,又方便维修管理,同时增大了小汽车库的使用面积,更重要的是保证了对下面的运营库的安全运营。

3.3.3 环境立体化

在车辆段的开发中采用了一种新的自然光引进系统——管道式阳光采集器,比原来单纯的天窗式采光系统均匀度提高了50%,占用屋顶面积量仅为天窗式采光系统的三分之一,采用这样的系统后,一方面节约了电力能源,一方面又使车辆段即使在为上盖开发进行了大面积实体覆盖后仍然能有效地获得自然采光,提高了在车辆段综合体内不同功能空间的品质。

在工程处理中尽量对细节进行周密地考虑,如超限审查、减振降噪、消防设计、采光通风、屋顶园林、大屋面排水等。同时在实施过程中,在工程细节管理上,也进行了综合考虑,例如在雨季到来前及时遮盖住了上盖建筑预留的孔洞,保护了下部地铁设施免遭雨水影响,保证地铁运营安全。

3.4 管理创新

京投公司始终坚持以北京市的轨道交通建设筹融资为己任,努力拓展多种筹资渠道,包括开展了PPP、BT等多种融资建设方式,而地铁车辆段上盖综合利用的创新与实践正是京投公司紧紧围绕这一核心主题的一次创新,可为轨道交通建设消化大量建设成本,这也是京投公司开展资源开发业务之本。

3.4.1 依托政府提前布局收益实现途径,创新收益模式

轨道交通车辆段开发项目是在原有基础设施用地上的"再造",技术上需要采用统一规划、统一设计、统一实施的建设理念,但同时又需要为政府性投资与开发投资间划定较为清晰的工作界面。为此,我们在各相关部门的指导与帮助下,为车辆段上盖开发这类特殊一级开发项目的成本核定创新了工作方法与机制,制定了成本切分的基本原则,重新构建了轨道交通的投资构成。

收益模式方面:鉴于车辆段“造地”的建安成本有限,远低于一般项目(区域适中)的征地拆迁费用水平,车辆段上盖综合利用项目成本往往与市场水平之间有较多空间。为利用好这一空间,京投公司积极探索减少轨道交通投资的土地补偿机制,提出采用市场评估法确定车辆段土地成本再出售给二级开发商的土地交易方式。即在比照项目区域土地楼面成交价格后,按规模核算车辆段综合体用地的总价值,扣除“造地”成本(一般在10亿元左右),剩余的空间用于冲抵轨道交通原已经投入的征地拆迁费及建设费用。以五路车辆段为例,最终政府核定总价值为30亿元,扣除“造地”成本10亿元及其他必要的融资及管理费用,则可用于冲抵的轨道交通投入费用在15亿元左右。

工作机制方面:由市发展改革委牵头,根据项目投资情况及所需要解决的问题制定各项目成本分摊的基本原则及大致比例,并结合市场,按照市场评估法确定开发补偿费后先行入市交易,待成本回收后,再会同市国土局、市审计局、市财政局等部门结合项目审计结果最终确定各组成细项,完成一级开发成本核定及轨道交通投资分摊工作。

3.4.2 采用“顺势而为”的管理策略

车辆段综合利用是从内涵上挖掘城市土地利用潜能的新型土地开发模式,是对既有开发模式从体系上的突破。在研究创立模式之初,就预想到可能会引起与现行体制及政策的不匹配,我们将“顺势而为”的管理策略确定为实际操作的基本原则,主要体现在以下两方面:

一是在与现行审批机制的衔接上,在与政府部门沟通过程中,我们在设计车辆段综合利用的操作及审批流程中规避“政策突破”这样的高难度动作,而定位于审批机制的细化上。例如:将“一级半”模式嫁接到现行土地一级开发管理办法上,使之仅通过现行管理流程的局部变化即能达成最终的目标。

二是在实施中,制定了让路于轨道交通建设与运营的基本策略,“轨道交通功能优先”是车辆段综合利用开发需要保证的前提。针对项目与轨道交通运营区域直接关联、建设运营安全压力大的现实要求,京投公司积极协调轨道交通建设管理及运营单位,综合考虑业态选择、开发范围、结构布局、流线接驳和客流组织等因素,构建了管理互动模式,首先保证了轨道交通建设的需要,在此基础上利用先进的建筑布局及新型技术构造高品质的城市综合体。

通过“顺势而为”管理策略的制定,在模式开创之初以“中庸之道”为车辆段综合利用这种创新型复杂而庞杂的土地利用模式减少了阻力,使之避免因受到过多冲击和质疑而夭折。

3.4.3 重理念，抓投资，放实施

北京市的轨道交通建设及运营体制目前采用“三分开”的形式，即按照市政府的分工，京投公司负责轨道交通投融资，北京市轨道交通建设管理公司负责建设实施。车辆段综合利用项目的实施亦遵循了此种既有模式，由京投公司出资委托轨道交通建设管理公司负责车辆段公益部分及开发部分的统一实施，京投公司负责整体理念的策划、规划设计方案的落实、整体建设投资的控制，轨道交通建设管理公司负责组织施工管理及建设质量，收取一定的建设管理费。通过这种分工合作，减少了实施过程中的协调难度，也为车辆段建设功能的统一性及轨道交通按时通车运营提供了保障条件。

京投公司的核心团队力量则得以抓住重点，抓住初始理念及投资控制，大胆创新，仔细设计后续投资回收及收益回归路径，赢得整体项目实施的成功。

4 轨道交通车辆段上盖综合利用的实践

4.1 郭公庄车辆段

九号线郭公庄车辆段综合利用项目（图3）总用地面积23.32ha。地上规划开发总建筑面积约54.9万m^2。其中住宅42.02万m^2；商业1.84万m^2；酒店办公6万m^2；设备兼停车2.25万m^2，其他配套用房1.79万m^2；地铁车辆段地上建筑面积8.25万m^2。

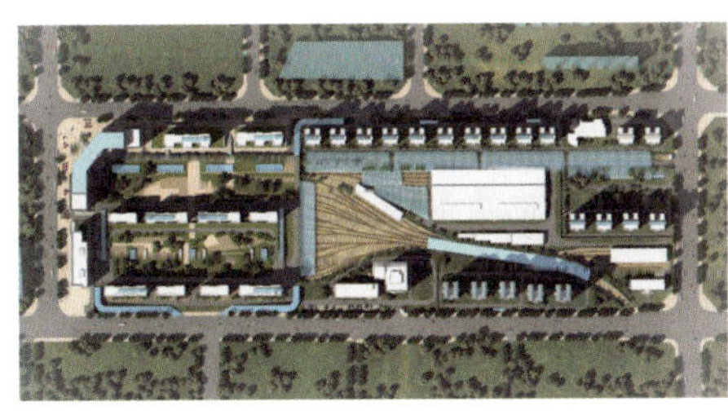

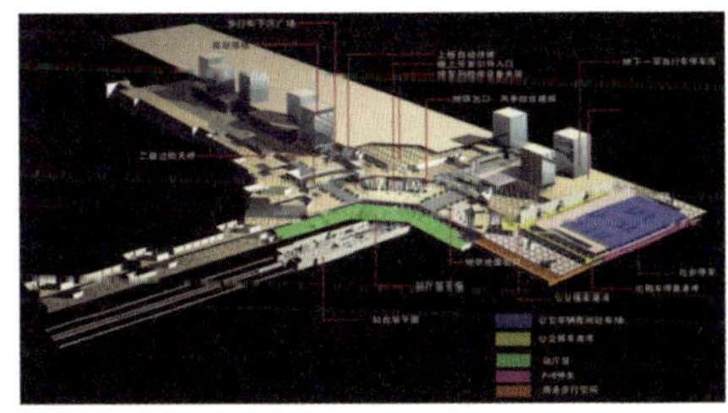

图3 郭公庄车辆段综合利用项目总平面图和剖视图

该项目完成于2011年9月，是北京市第一个通过土地公开市场交易的车辆段综合利用项目。该项目吸取和总结了地铁1号线四惠车辆段的上盖开发经验，在实施模式、出让方式、规划设计和工程技术等方面都有了较大的进步。

郭公庄车辆段综合利用项目的一级开发综合成本约为31.5亿元，该项目通过公开招标的方式完成了土地出让交易，最终成交价格为33.5亿元。

4.2 五路停车场

项目总用地面积约22.36ha，开发总建筑面积32.99万m^2，其中住宅约9.6

万 m^2,小汽车库 5.38 万 m^2,商业办公 17.8 万 m^2,其他配套 0.21 万 m^2,建筑控高 60m。规划为集轨道交通停车场、居住、商业为一体兼顾各种交通换乘方式的市政公用综合体,如图 4 ~ 图 6 所示。

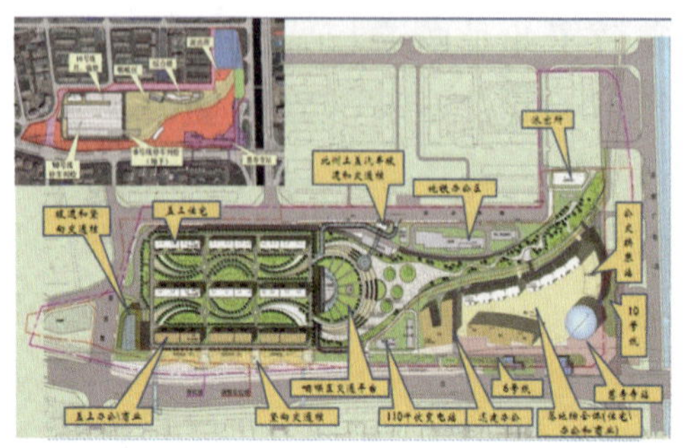

图 4 五路项目综合利用规划总平面图和鸟瞰图

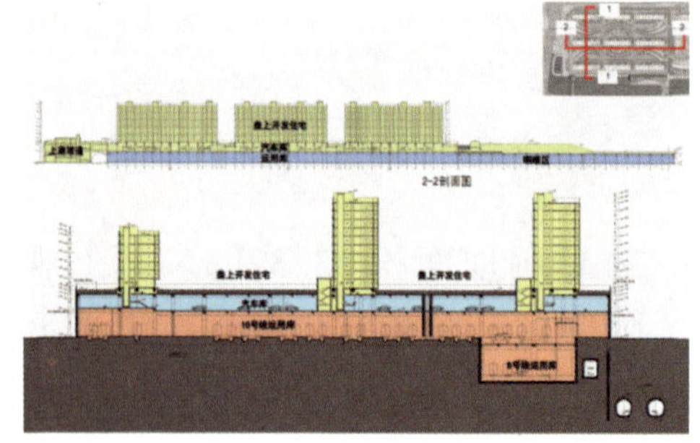

图 5 五路项目综合利用剖面示意图

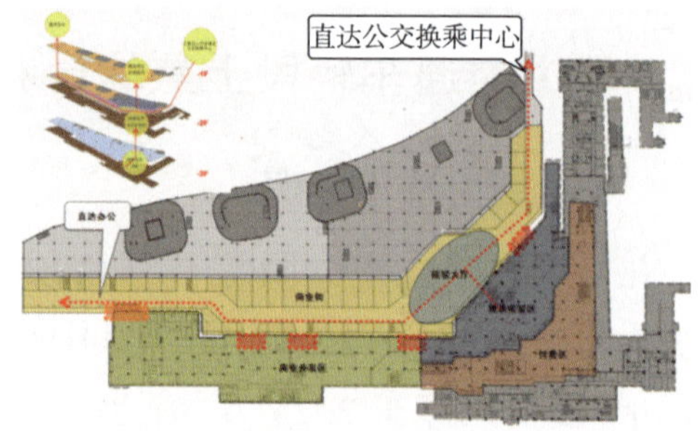

图 6 开发建筑与车站的交通接驳示意图

五路车辆段在总体规划设计和投资模式方面进行了大胆创新,开发理念和设计水平又跃升了一级台阶,基本实现了车辆段、地铁车站与周边用地的一体化设计和无缝连接,同时也梳理出在现行体制下车辆段上盖综合利用工作完整、可操作的流程。

五路车辆段于 2012 年底实现土地交易,总成交价为 46.5 亿元,安排保障性住房 2 万 m^2。

4.3 平西府车辆段

八号线平西府车辆段总用地面积约 28.8ha,开发总建筑面积 51.71 万 m^2,其中住宅约 46 万 m^2,办公商业 4 万 m^2,其他配套 1.71 万 m^2,建筑控高 80m。规划内容包含轨道交通车辆段、居住、商业、教育配套、停车楼、公交站、地铁站综合体等多种复合功能,如图 7、图 8 所示。

平西府车辆段于 2012 年底实现土地交易,总成交价为 47 亿元,安排保障性住房 7 万 m^2。

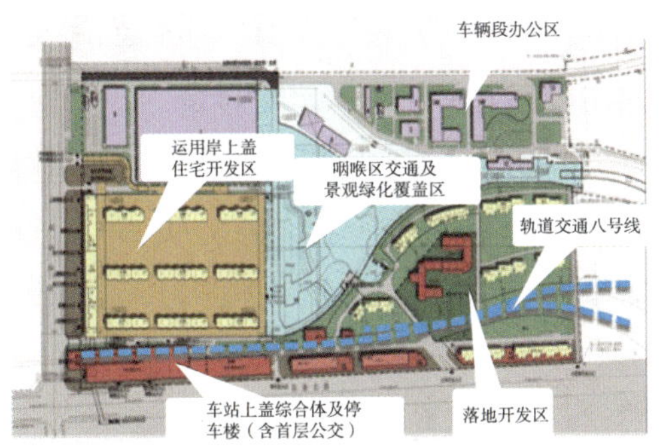

图7　平西府项目综合利用规划总平面图和鸟瞰图

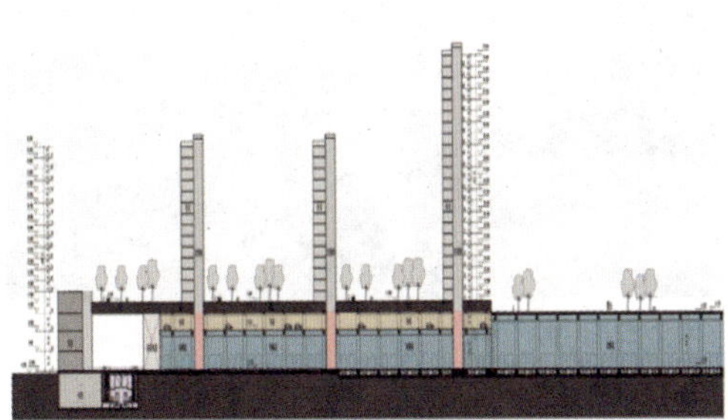

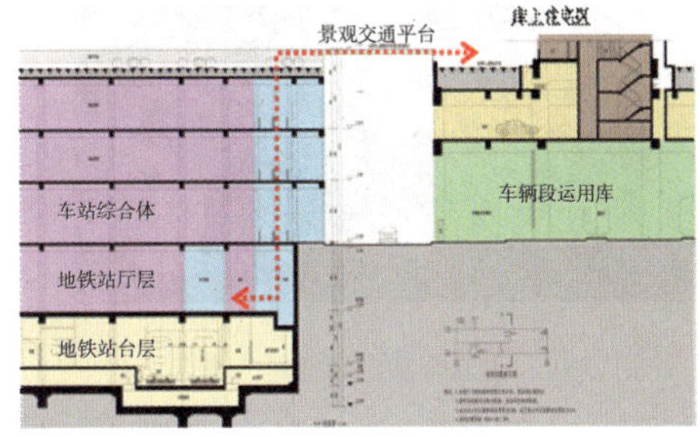

图8　平西府车辆段综合利用剖面图

5 轨道交通车辆段上盖综合利用的成效

北京市现有的郭公庄、平西府和五路车辆段上盖综合开发利用项目，其开发符合国家集约节约利用土地资源的要求，一定程度上减少了北京市轨道交通建设资金的压力，增加了政府的土地出让收益和财政收入，产生了较好的社会效益和经济效益。

5.1　社会效益广泛

5.1.1　带动区域城市形态及经济变革

车辆段上盖集轨道交通、换乘枢纽、车辆维修、商业、居住、办公于一体，无疑是城市中最复杂的大型综合体之一，其集聚效应是其他类型的建筑所无法比拟的。因此，它会对城市产生巨大的影响，甚至包括城市规划、区域经济形态、产业发展定位等更为宏观层面的影响。

5.1.2　集约利用土地重塑城市功能格局，优化城市环境

车辆段是轨道交通建设中非常重要的组成部分，其建设投资及用地规模均十分巨大，若庞然大物般横梗于城市街区间，且与城市周边关系处理不当，极有可能成为城市的疮疤，造成城市肌理及文脉的割裂，对城市的可持续发展造成负面影响。

车辆段上盖开发通过一体化规划、一体化实施等工作集中对轨道沿线的土地进行了土地使用性质、土地开发强度、城市用地空间形态的调整,使土地资源得到了优化配置,提高了沿线土地资源利用效率。同时,通过车辆段上盖开发可以明显软化城市界面,使车辆段通过交通、环境、建筑形象的改变而有机自然地融于城市环境中,实现了各种交通工具的无缝换乘,方便了市民出行,提高生活质量,如图9、图10所示。

图9 未综合利用车辆段实景

图10 综合利用后效果图

5.1.3 创立更加便捷的城市轨道交通衔接体系,实现客流与衔接的双赢

车辆段一般位于线路末端,位于城乡结合部或是郊区,完全有条件以轨道交通为中心进行大范围高强度的开发,可为轨道运营创造更多的客流,提高轨道交通的使用效益。同时,上盖开发通过地铁车站出入口与周边各建筑物的无缝连接,地铁车站出入口多点化、立体化建构,对提高轨道交通疏导能力、提高地铁运营安全性、提升周边居民及旅客的乘车便利性提供支持,为建立更加便捷的城市轨道交通衔接体系奠定了基础。

5.1.4 推进轨道交通技术创新

车辆段上盖综合利用是建立于地铁维修基地的上部开发,为减少车辆维修及运营所带来的振动、噪声影响,在项目实施过程中进行了多项技术创新及评价方法的创新。例如:减振沟的研发、类比降噪评价体系等,这些工作有效地推动了新材料、新技术的应用与发展。若运作得当,完全具备条件将有关减振降噪措施所需要的新型建筑材料及施工技术推广、发展成新型高科技产业。

5.2 经济效益巨大

轨道交通车辆段原本完全是一项政府投入巨大的公益性设施,而京投公司发挥“坚实、质朴、开拓、承载”的企业文化精神,前瞻性地探索以轨道交通资源反哺轨道交通建设,在轨道交通车辆段综合利用项目上通过“造地”再投入,从根本上改变了城市空间形象,创造出巨大的价值空间。

一是通过创造的价值空间冲抵轨道交通已投入的征地拆迁及建设成本约27亿元,减少了各线路的轨道交通实际投资,有效地缓解了基础设施投资压力。

二是项目投入产出比率高,资金使用效率高(图11)。

车辆段上盖综合利用不同于一般房地产开发项目,土地"再造"的投入远低于一般土地征地拆迁费,且不受制于拆迁进度影响,开发工程随轨道交通项目投资按建设工期实施完成后即可快速入市交易回收资金及收益,资金使用效率较一般项目大幅度提高。

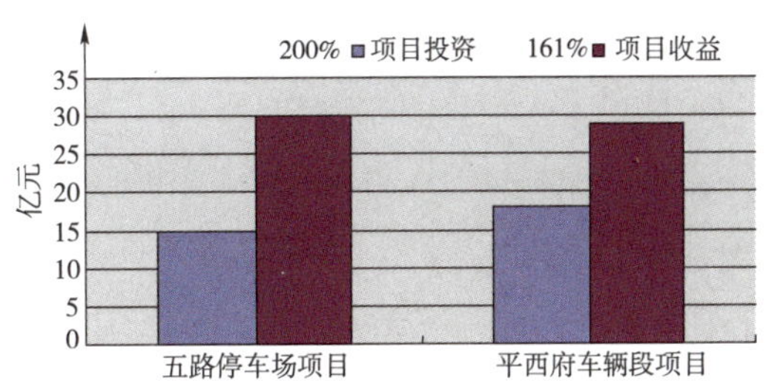

图11　项目投入产出比率示意图

5.3　为二级开发获取土地资源打造平台

车辆段上盖开发与轨道交通建设密不可分,且在一级开发实施阶段已将符合本公司规划开发设想的一体化开发理念纳入到车辆段建设中去,是为京投公司及合作伙伴量身定造,在土地"招拍挂"市场中,京投公司及合作伙具有其他竞争者无法比拟的优势。郭公庄、五路、平西府三个车辆段上盖综合利用项目均为京投公司及合作伙伴取得二级开发权,可在未来为京投公司带来大量的收入来源。将一级开发资源转化为二级开发资源,并将其中有价值的部分作为自持物业进行开发,车辆段上盖的综合利用将为京投公司最终形成轨道物业地产开发产业链助力。

6 结语

轨道沿线资源开发是京投公司战略发展的重要组成部分,而车辆段上盖综合利用——基础设施用地再利用模式的创新与实践,作为京投公司利润回收的重头戏,开创了以轨道交通资源反哺轨道交通建设的先河,形成了京投公司的核心竞争力。同时,通过已实践的几个车辆段上盖综合利用项目固化了操作实施流程及细节,固化了资金回收及收益模式,在新的轨道交通线路建设中具有可复制性及规模效应,对于北京市轨道交通可持续发展具有重要意义。

城市轨道交通地下空间资源的集约化综合利用

北京京投轨道交通资产经营管理有限公司

摘　要:为推动城市化进程,提升城市品质,实现城市轨道交通可持续发展,京投公司依托自身资源优势,对沿线地下空间资源进行集约化综合利用。文章从项目前期策划、运营组织协调、设计建设标准、政府沟通协调、商业谈判及经营模式等方面介绍了京投公司开拓地下空间的成功经验,并阐明了集约利用地下空间的社会及经济意义。

关键词:城市轨道交通;地下空间;集约化利用

1 城市轨道交通地下空间资源的集约化综合利用背景

1.1　依托城市轨道交通加快城市化进程的需要

随着我国经济的高速增长,城市化进程的不断加快,城市摊大饼式发展、空间拥挤、交通拥堵等问题越演越烈。发展轨道交通,可有效缓解城市问题。首先,为有效引导城市空间形态调整,促进城市发展轴的形成,带动城市中心区和副中心区的发展,发展轨道交通势在必行。其次,由于城市中心功能过渡聚集,建筑布局集中,规划地面空间容量趋于饱和,发展地下空间已经成为一种趋势。目前,以地下轨道交通为基础,建立系统化、现代化的地下空间体系已成为各大城市的立体开发思路。再次,为缓解交通拥堵,建设部等发布《关于优先发展城市公共交通的意见》,以进一步加大对公共交通的政策扶持力度。城市轨道交通因其快速、准时而备受市民青睐,具备条件的各大城市都积极发展以轨道交通为骨干的公共交通体系。因此,随着城市化进程的不断加快,我国已经进入城市轨道交通的建设高峰时期。在轨道交通建设时,车站普遍采用明挖和盖挖的施工工法,在车站主体结构完成后,需要回填基坑或恢复地面。传统的土方回填方法需要购买、运输、填充大量土方,工程造价较高。为降低工程造价,提高施工便利性,新型施工方法以构筑结构空间的形式代替土方回填。新型施工方法的应用,在为地铁节省建设资金的同时,在站点附近构筑了大量地下空间。轨道交通地下空间通常位于靠近地面的负一层，可与地铁无缝衔接，客流较集中，商业价值显著。轨道交通地下空间的形成拓展了土地资源的可利用空间。根据其自然及经济属性对其开发利用是对土地资源的二次优化配置。同时，集约利用城市轨道交通地下空间资源，有利于缓解城市空间及拥堵等问题，引导城市空间形态调整、带动城市立体开发、发展城市公共交通、促进轨道交通沿线区域综合发展。因此，为缓解城市问题，加快推进城市化进程，亟待开展城市轨道交通地下空间资源的利用工作。

1.2 依托城市轨道交通提升城市化品质的需要

城市轨道交通的目标乘客普遍年龄在20～35岁，学历水平普遍较高，收入普遍位于城市中等水平。乘客消费需求的层次和水平越来越高。除了基本的位移需求，乘客更注重出行的便利性和舒适度，单纯的低票价政策对于吸引其选择轨道交通出行的作用锐减。因此，城市轨道交通在为乘客提供传统的位移服务的同时，还需要为乘客提供能够提升体验的增值服务，以此提高轨道交通的吸引力。以轨道交通站点为核心，以轨道交通地下空间为平台，打造地铁便民综合体，可提高目标乘客进出地铁的便捷性，可为地铁乘客和周边居民提供方便、快捷的个性化服务，提高轨道交通的吸引力，减少无效出行。因此，亟待开展城市轨道交通地下空间资源的利用工作，满足乘客多元化服务需求，体现人文交通理念，提升城市化品质。

1.3 实现城市轨道交通可持续发展的需要

随着城市规模的不断扩大和人口的不断增长，城市轨道交通的建设方兴未艾。至2011年底，中国内地运营线路长度1714km，在建线路长度2000km，规划线路长度13000km。城市轨道交通的造价昂贵，建设投资额大，企业还本付息压力大。而轨道交通属于准公共产品，票价较低，运营业务收入很难满足建设投资及后期运营的资金需求。世界上除少数国家和地区外，城市轨道交通的建设大多离不开政府的财政投入，运营也需要政府提供补贴，地方政府财政负担较重。城市轨道交通地下空间资源的开发是轨道交通企业实现自我发展的有效途径，开发收益可用于轨道交通的建设和运营，从而逐渐降低对财政的依赖度，相对提升财政资源的保障能力。因此，亟待开发城市轨道交通地下空间资源，将一部分由于轨道交通发展带来的巨大外部经济效益加以转化，反哺轨道交通建设发展，从而减轻政府财政负担，实现轨道交通发展的良性循环。

从2009年开始，京投公司借鉴国内外轨道交通企业的成功经验，以地铁配套服务设施的公益性为政策突破口，克服地下空间开发面临的规划性质、法律法规依据不足及工程自身特殊性等方面的困难，开展轨道交通地下空间开发工作。

以北京地铁4号线动物园站地下空间为切入点，逐步摸索出一条符合北京实际情况的轨道交通地下空间开发的实现路径。

2 城市轨道交通地下空间资源的集约化综合利用内涵和主要做法

京投公司秉承“服务社会树品牌，管好资产要效益”的方针，坚持“地铁运营安全优先、便民利民为主导”的原则，通过研究轨道交通地下空间特点，统筹地下空间的综合开发利用并明确利用的目标和方式，在保障经营安全的前提下明确商业设计及建设标准，与相关部门沟通使综合开发利用理念得到认同并获得行政许可，协调运营单位构建交通管理互动模式，采取竞争性谈判招商和委托运营等商业运作手段，实现地下空间资源的集约化开发利用，实现政府、企业、市民等多方共赢。主要做法如下。

2.1 研究轨道交通地下空间特点，统筹开发利用，明确综合利用目标和方式

为更合理的利用地下空间资源、提高利用质量、减少土地资源的浪费，京投公司从研究轨道交通地下空间的优势和劣势入手，本着将地下空间资源与地铁同步规划、设计和建设的原则，统筹考虑地下空间的综合开发利用。对北京市轨道交通全网络近14万多m^2的地下空间资源的情况进行梳理，根据线网建设进度，积极推进各线路地下空间的开发工作。结合公司计划，依据各站点地下空间自身特点及周边资源情况，确定各站点开发时序及开发利用方式。

2.1.1 分析轨道交通地下空间特点

城市轨道交通地下空间具备以下特点：①形成上，伴随轨道交通建设形成。②位置上，通常位于地铁车站靠近地面的负一层或区间上方，与地铁车站连通。与车站相连，但在结构上与车站相互独立。③客流上，与地铁互动性强。地铁能够聚集大量客流，推动地下商业空间的良性运作。同时，地下商业空间可为地铁乘客提供便利，增加疏散空间，促进地铁发展。④安全上，轨道交通地下空间与轨道交通车站运营区直接关联，客流量巨大，客流流线存在交叉，运营安全压力较大。同时，轨道交通地下空间的开发利用也存在一些制约因素：①性质上，城市轨道交通地下空间不能单独立项，往往以地铁配套设施名义与规划性质为交通设施的地铁全线或某个地铁车站同步报批，因此在开发用途上存在诸多限制。②法律上，国内轨道交通地下空间的开发缺乏相关法律法规依据，报批报建流程尚不完善。③工程特殊性上，轨道交通地下空间工程在实施难度、造价、安全等方面的要求比一般工程高。

2.1.2　地下空间与地铁同步实施，统筹规划

针对以上特点，地下空间资源的集约化利用应与地铁同步规划、设计和建设，统筹考虑地铁与地下商业之间的关系，从而实现地铁与商业的最佳互动。在轨道交通实施过程中统筹考虑地下空间的经营开发，有利于及早明确利用方式，有利于工程的实施，有利于降低工程造价，有利于保障客流流线的流畅性。若未统筹考虑，轻则使项目整改难度增加、造价成本提高、后期经营无法顺利开展，重则导致项目无法开展，造成土地资源的浪费。京投公司通过实践，积极探索一种具备建设及经营合法性、可复制并可在全国大规模推广的经营模式。

2.1.3　统筹安排开发时序

站在轨道交通全网角度上，根据轨道交通建设时序的安排按线别开展地下空间的开发工作。截至 2012 年上半年，北京市已探明地下空间储量达 14 万多 m^2，共 25 个站点(图 1)。北京已运营线路中，4 号线动物园站地下空间已经正式营业，西四站、公益西桥站地下空间已进入商业运作和工程实施阶段。此外，京投公司对 6 号线、9 号线、10 号线二期、14 号线和海淀山后线等多条在建及规划线路进行前期调研，探寻资源开发利用的解决方案。

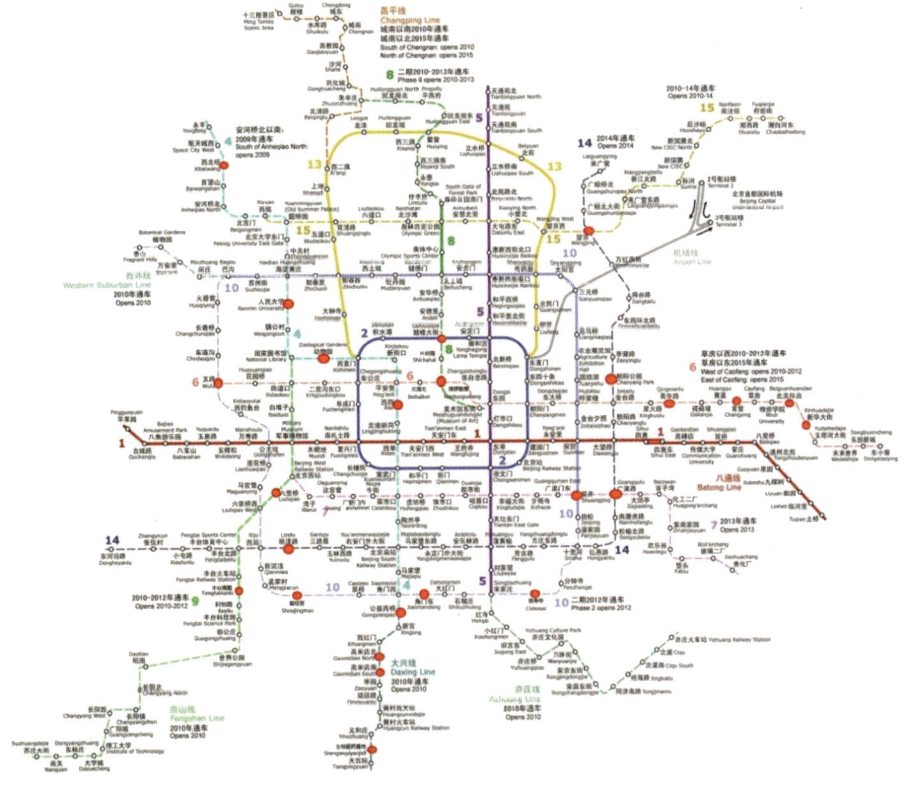

图 1　北京轨道交通地下空间资源分布图

针对不同线别的线路,京投公司在地铁初步设计方案阶段,就对整条线路的地下空间资源进行评估,研究轨道交通地下空间不同站点的特点,选择具有开发价值的站点进行开发。以北京地铁四号线为例,沿线形成的地下空间共有四处,面积近2万㎡,位于人民大学站、动物园站、西四站和公益西桥站,全部位于北京四环以内,周边分别为学校、动物园批发市场、旅游景点和居民区,具有较高的开发价值。因此,拟对这四处地下空间进行开发。

在开发过程中,结合地下空间的硬件及软件条件,优先开发具有战略意义的地下空间。四个站中,北京地铁动物园站地下空间位于市中心、换乘客流量巨大、周边商业氛围强、审批手续办理难度大、具有很强的社会影响力,因此将其作为北京首个地下空间来实施。人民大学站地下空间由于体量较大、硬件设施条件较欠缺,需要在具备一定硬件条件和商业经营经验的基础上开发利用。因此,将人民大学站地下空间作为继公益西桥站、西四站地下空间之后的4号线第四个地下空间来开发。

2.1.4 结合各站点特点,明确综合利用目标和方式

京投公司根据具体站点的地下空间面积大小、周边业态等明确各站点综合利用的目标和方式。对于面积小于1万㎡的轨道交通地下空间,应与周边充分配套,重点提供餐饮等便利性服务。对于面积1万~3万m^2及以上的轨道交通地下空间,可以以自身为主题进行业态规划。以北京地铁四号线动物园站地下空间为例,该地下空间建筑面积为3874m^2,如作为地铁配套服务设施,不但可增加车站的疏散空间与疏散能力,方便乘客出行,还可提高地铁服务水平,实现多方共赢。因此,京投公司将地下空间综合利用的目标定位于为地铁乘客和周边市民提供便民服务。业态构成上,形成以满足出行需求的以即时消费品类(如饮料、报刊、即食食品类)为主,以应急性消费品类、季节性消费品类(如冷饮类)、服务类(如自助银行等)为辅的组合。

2.2 明确商业设计及建设标准,保障地下空间的商业经营安全

为利用有限的地下空间资源,获得更多经济和社会效益。在地铁设计中,需要充分考虑地下空间的构建,为其预留良好的开发条件。此外,为保证地下空间集约利用的安全性,在设计中要保证地铁与商业空间的相对独立性。为提升地下空间集约利用的品质,在设计中要兼顾轨道交通配套设施性质和商业设计要求。为进一步提升地下空间资源的集约利用化投入,在工程实施中,要严把关设计及施工单位资质,控制工程投资。

2.2.1 预留开发利用条件

对于介入较早的站点,考虑到地铁地下空间经营的风险性,京投公司选择与

有实力的合作方合作，将招商工作前置到初步设计方案阶段，委托设计院按照初步招商的结果，做好出入口、机电设备接口、水、电等的预留。对于介入较晚的站点，在设计和建设阶段尽可能预留防火报警系统（FAS）、环境与设备监控系统（BAS）、通风空调系统、给排水及消防系统等各专业系统的接口条件，从而减少后期投资、减小后期施工难度。

2.2.2 保证地下空间的相对独立性

城市轨道交通地下空间的土建结构与地铁结构同期完成，并需满足消防、安全等方面的要求。城市轨道交通地下空间为混凝土框架结构，通过出入口等与车站站厅层相连通，为保障地铁运营安全，与地铁车站和区间结构是分开管理的。以北京地铁四号线动物园站地下空间为例，通过对未来高峰客流的预测，地下空间出入口通道宽度能同时满足高峰时段地铁客流和配套设施客流的需求。因此，地下空间与轨道交通站台站厅层可以完全独立。

2.2.3 注重安全和人性化服务的设计需求

地下空间既要满足轨道交通配套设施的相关规范要求，也要满足商业建筑的规范要求。为实现轨道交通和商业建筑的合理、有效结合，京投公司在设计和施工过程中，提出“以轨道交通的高标准满足安全需要，以商业建筑的机电设备设施标准满足舒适、人性化服务需要”的地铁商业建设标准，在地下空间便民利民的原则下，最大程度保障地下空间的商业经营安全。在设计过程中，京投公司通过与地下空间合作单位、设计单位和施工单位多次研究讨论，制定出既满足规范要求又提升商场档次的地铁商业建设标准，并以此为依据，实现地下空间安全和人性化服务设计。

2.2.4 开展地下空间综合利用工程的设计和施工

轨道交通地下空间建设工程一般包括机电工程、消防工程、外电源工程及装修工程等几个专业系统。外电源和消防工程是地下空间项目的重点难点，京投公司通过比选，选择专业咨询机构进行咨询和委托。通过与消防咨询公司合作，确定消防手续的办理程序及费用，并委托消防评估。通过与外电源咨询公司合作，确定外接电源的报装程序，确定外接电源设计及路由，并委托其设计和施工。对于机电工程设计单位，由于原地铁车站设计单位对地下空间的前期情况比较了解。为避免后期引入的其他单位对前期情况不明而产生一些问题，京投公司继续与原地铁车站设计单位合作开展地下空间项目的设计工作。京投公司采用公开招投标形式选取施工单位和监理单位，选取有相应资质、地铁施工经验丰富的工程总承包施工单位。

2.2.5 严控工程投资

轨道交通地下空间是以构筑结构空间的形式代替传统的土方回填,节约了轨道交通工程投资。土建结构作为轨道交通主体的一部分同时设计、同时建设、同时验收,并取得建筑合法性和工程质量保证,从而减少后期地下空间开发的土建成本,可谓一举两得。从地下空间土建结构施工成本上,仅北京地铁四号线动物园站地下空间就节省投资2000万元以上。另外,在轨道交通设计和建设阶段,注重预留地下空间各专业系统的接口,大大降低了后期工程建设成本和实施难度。在地下空间各个专业系统的工程实施中,京投公司也采取多方协调和资源整合等手段,严控工程投资。以北京地铁四号线动物园站外电源工程为例,该项目采用直接从动物园站内接电的供电方案,节约投资600多万元。

2.3 与相关部门沟通,使综合开发利用理念得到认同并获得行政许可

在实现地下空间资源集约利用的过程中,离不开政府的大力支持。但地下空间资源开发在政府行政报批方面尚无现成案例可供参考。2009年以前,北京地铁建设形式单一,与之配套的地下空间开发几乎为空白,轨道交通地下空间资源开发进展缓慢、长时期停滞,大量地下空间资源得不到有效利用。因此,如何取得政府各主管部门的理解和支持,认同地下空间资源开发利国利民的理念,进而推动各项工作的顺利开展,是轨道交通地下空间资源开发工作的重点。京投公司以地下空间的便民服务特性为突破口,积极与政府相关委办局沟通,使相关部门认同地下空间资源开发利用的理念给予理解和支持。项目先后取得规划、交通、消防等部门的大力支持和行政许可,并形成工作流程,为后续地下空间的开发奠定良好基础。

2.3.1 推动地下空间规划工作

因轨道交通地下空间规划手续包含在地铁全线或某个地铁车站中。因此,地下空间的规划性质为交通设施,但这些地下空间又不是作为交通设施功能设计的,只能视为轨道交通的配套设施,在开发利用用途上存在诸多限制。因此,在地下空间开发前期,京投公司向市规划主管部门请示报告地下空间资源开发利用的情况,并取得理解和支持。

2.3.2 推动交通评估工作

轨道交通车站作为重要的交通枢纽,不但自身要承担轨道交通客流的组织和疏散功能,同时还要兼顾周边公交客流的分配。而轨道交通地下空间作为轨道交通车站的附属结构,通常位于车站的站厅层或是负一层。因此,对地下空间的开发利用必须充分考虑开发利用后客流对周边交通情况尤其是对车站的交通

组织影响。在地下空间开发前期,京投公司向轨道交通运营主管部门请示报告地下空间资源开发利用情况,并按照要求开展了交通影响评估及交通组织方案制定等工作,并获得批复。

2.3.3 推动消防审批工作

轨道交通地下空间因其毗邻轨道交通车站且通常位于地下的特点,在开发利用过程中,对消防设计、建审批复、消防施工及验收的要求非常严格,消防审批手续办理难度较大。京投公司委托北京市消防研究所进行专项研究,制定了多个消防系统解决方案,经消防专家组论证后,地下空间满足消防要求,顺利取得了地下空间的消防审批。

2.4 协调运营单位,综合考虑多种因素,构建交通管理互动模式

为提高地下空间资源集约化利用的安全性,京投公司与地铁运营单位充分协商,构建起交通管理互动模式。通过制定客流组织方案、突发事件应急预案、签订安全管理协议、完善管理制度等,从制度层面保障轨道交通运营安全。

2.4.1 制定客流组织方案

针对轨道交通地下空间与轨道交通运营区域直接关联、人流流线接驳交叉、车站客流量巨大、运营安全压力大等特点,京投公司积极协调轨道交通运营单位,在业态选择和内部动线设计、业态布局和制定客流组织方案时,坚持优先保障轨道交通的运营安全。

(1)在业态选择方面,京投公司严格限制或禁止可能导致诱增客流的娱乐类、批发类业态,并控制促销活动,根据自动售检票系统(AFC, Automatic Fare Collection)数据显示,地下空间便民设施投入使用以来,没有给地铁带来新增或诱增客流。

(2)在商业布局方面,按照轨道交通消防安全等规范的要求,进行合理的规划布局,使地下空间内部舒适、宽敞、安全,为乘客提供良好的购物、休息和休闲的环境,既保证了轨道交通运营安全,又保证了地下空间的相对独立性。

(3)在制定客流组织方案方面,京投公司多次研讨地下空间与车站配合的客流组织方案。特别是针对如地铁四号线动物园站一样客流大、频繁限流的地下空间,不断细化和完善大客流组织方案、建立与车站的联动机制,保障轨道交通运营安全。

2.4.2 制定突发事件地下空间与轨道交通车站配合的应急预案

为加强地下空间与轨道交通车站的配合,确保运营安全、确保站区乘客及员工与地下空间顾客及员工的人身和财产安全。加强突发事件应急管理、落实安

全防范措施,并对可能出现的各类突发事件做出快速反应和应对。京投公司多次组织现场会议,根据车站客流和地下空间特点,组织制定地下空间与地铁车站配合的大客流组织方案和突发事件应急预案,并定期针对车站大客流组织方案和突发事件进行培训和演练。

2.4.3 签订地下空间与轨道交通车站的安全管理三方协议

为加强车站与地下空间的运营管理,维护车站运营秩序,确保地铁运营安全和乘客人身安全,京投公司多次组织与轨道交通运营单位、地下空间委托经营单位之间的会议,签订地下空间与地铁车站的安全管理三方协议。

2.4.4 完善地下空间管理制度,规范地下空间经营行为

京投公司与合作单位共同完善地下空间各项管理制度,如《安全生产管理制度》、《商场管理人员手册》和《商户手册》等,规范地下空间安全生产管理及对安保、消防、后勤、保洁等的管理,规范商户的营业人员行为,制定违规法则、租户守则,签订安全消防责任书等。

2.5 通过竞争性谈判招商,采用委托运营方式,实现便民利民

经营上,为提高地下空间资源集约化利用效率,降低经营风险。京投公司本着便民利民的宗旨,通过竞争性谈判招商,采取委托经营方式,在合作过程中注重合作的细节,充分规避地下空间经营中存在的风险。

2.5.1 开展竞争性谈判招商

在合作单位的选择上,由于地下空间项目在手续上不同于一般商业项目,从法律程序上不具备公开招标的条件,且公开招标是一次性报价,业主方收益风险较大。此外,考虑到邀请招标也存在一次性报价带来的收益风险问题。因此,京投公司采用竞争性谈判的办法选取合作单位。

2.5.2 采用委托运营方式

城市轨道交通地下空间可采用模式有自主经营、委托运营及合资三种。

(1)从收益角度分析,采取自主经营模式收益最高,但考虑到轨道交通地下剩余空间较高的前期投入,北京市轨道交通地下空间的经营管理尚处于摸索阶段,缺乏自主经营模式下的行业经验和专业人才,在手续办理、前期策划、自主招商、后期管理上的风险因素较多。因此,暂不采用自主经营模式。

(2)从投资角度分析,采取委托运营和合资的模式可降低轨道交通业主单位的投入,借助合作方的力量完成部分或全部投资,或借助合资方的力量减少资金投入。但合资模式下,企业需承担一定经营风险,因此在开发先期地下空间时,暂不采用合作模式。

(3)从风险角度分析,对前期手续不全、规划设计和设施尚不完善的地下空间开发项目采用委托运营模式可最大限度的转嫁前期开发风险和投入。与有实力的委托方共同投资、合作开发,可更快推进地下空间前期手续办理,使地下空间开发项目具备招商经营的条件,同时可借助专业成熟的商业经营管理公司建立一个稳定的市场环境,培育自身经营团队,减少后期管理成本,在成长期中实现收益的最大化。

(4)从后期管理角度分析,采取委托运营模式可有效缓解轨道交通业主单位的管理压力。同时,委托单位作为专业公司,可对项目进行统一规划、管理和招商,可保障整体商业的管理质量和形象。

鉴于以上分析,京投公司采取务实、规范、灵活的策略稳步推动项目发展,采用委托运营的方式经营该类资产,与委托单位按照合同约定,分担前期策划、投资和后期管理等工作。借助委托单位力量完善各种手续,降低企业前期投资,转移后期经营中存在的各方面风险,缓解企业管理压力。

2.5.3 注重地下空间合作单位的选择和双方合同细节

以北京地铁四号线动物园站地下空间为例,由于项目为委托经营,因此合作单位的选择和双方签署的合同对项目的成功开业和后续的管理至关重要。自2010年1月—7月,京投公司与意向合作单位进行7轮谈判,2010年7月确定合作单位,并签订合同。谈判过程艰难但是成果丰硕。京投公司在谈判过程中引入充分竞争,并运用谈判技巧,既使公司经济利益最大化,又在最大程度上在很多细节方面注重落实公司地下空间项目的战略目标,注意规避风险,保证了项目的安全有序。

(1)为确保北京城市形象,京投公司要求合作单位引入知名品牌,且不得引入影响地铁形象的业态和品牌。截至2012年中旬,北京市轨道交通地下空间引入包括肯德基、水研社、娇兰佳人、屈臣氏、GOODY水吧、骆驼、中国银行、宝马服饰、吉普、广发自助银行、物美便利店、上海来伊粉等几十个国内知名品牌(图2)。

(2)装修要有一定的档次,要有一定的投入,装修风格与选材应与相应的地铁车站保持一致,且装修方案须报京投公司审核。

(3)在合作单位规划商业业态和布局时,京投公司根据定位要求,提出意见和建议。

(4)为规避合作单位出现卷款出逃等的商业风险,京投公司在谈判和合同中也有相关规定:①租期届满后,装修归京投公司所有;②要求合作单位自行经营地下空间,如确需将地下空间整体转租给第三方,应保证该第三方只可自行整体经营,不得再次转租,整体转租地下空间的转租对象及其经营内容需得到京投公司批准,同时经营单位需承担全部管理责任;③要求经营单位预收第三方租金时间最长不得超过3年;④通过合作单位签订履约保证金、开业筹备专项资金等条款,保证合作单位的开业筹备和经营管理的投入。

图2 地下空间入驻品牌(部分)

启用后的地下空间如图3所示。

图3 启用后的地下空间

3 城市轨道交通地下空间资源的集约化综合利用效果

3.1 实现了地下空间资源的集约化利用,具有普遍推广价值

经过京投公司的不懈努力,在轨道交通建设过程中不断形成的地下空间资源得到有效利用,实现了对轨道交通优势资源的有效控制、妥善维护和资源潜力的充分挖掘。首先,轨道交通地下空间的形成,节省了回填土方的土地资源和工

程造价，就是对土地资源的集约化利用。其次，京投公司通过资源的统筹规划利用，在设计和施工过程中兼顾安全和商业利用，注重维护与政府各部门、运营单位和合作方之间的关系，在有限的轨道交通地下空间内，集中投入人力、物力和财力，将轨道交通地下空间开发出来，实现了对有限的土地资源的合理利用，取得更多的经济和社会效益。

在北京市轨道交通地下空间的集约化综合利用的实践过程中，京投公司探索出了一套具备建设及经营合法性、可复制并可在全国大规模推广的模式。形成了包括地下空间资源开发中构建轨道交通地下空间的方法、推动政府相关部门政策创新并形成了审批工作流程、商业运作、地下空间建设标准研究和工程实施等在内的经验。截至 2012 年中旬，京投公司已将工作成果运用于轨道交通 4 号线和其他已建、在建或规划线路的地下空间资源开发工作中。北京市轨道交通地下空间资源集约利用过程中形成的经验，在轨道交通行业中具有很强的推广价值，成果对其他城市开展地下空间业务的借鉴性较强。

3.2 以公益推动了城市化进程和政策创新，社会效益显著

轨道交通地下空间的开发，体现了集约利用土地资源和人文交通的理念，推动了政府政策创新，达成了乘客、企业、政府之间的共赢。首先，轨道交通地下空间的资源开发可以完善轨道交通基础设施功能，有效引导城市空间形态调整，有效开发城市立体空间，缓解城市交通拥堵，实现土地资源的集约化利用，带动沿线经济发展，并为社会提供直接就业机会。其次，轨道交通地下空间资源的开发，从提升轨道交通服务品质的角度，促进市民出行观念的转变，推动公共交通事业的发展。一方面，为车站客流增加了缓冲地带和出入口，提高了乘客和周边市民进出地铁的便捷性。另一方面，为乘客提供位移服务以外的便利服务，满足乘客及周边市民的消费需求，部分解决了车站站务人员吃饭难问题，并为乘客提供休息、娱乐的空间。再次，京投公司地下空间资源的集约化利用使政府对地下空间的利用有了新的认识，各级政府加大了对地下空间相关业务的扶持力度。2009 年，北京市副市长指出“地下空间是城市特别是特大城市十分宝贵的重要资源，结合地铁工程是开发城市地下工程的最为有效的手段，建议重视北京地铁地下空间的综合利用”。在北京地铁四号线动物园站地下空间成功实施后，北京市规划委于 2012 年签发了《地铁 6 号线、8 号线南锣鼓巷等站织补项目地下空间方案审查意见的函》，原则同意京投公司申报的地下建筑面积约 18 万㎡的地铁 6 号线、8 号线鼓楼大街站、南锣鼓巷站、东四站织补项目地下空间方案。此外，中央高层领导高度重视城市轨道交通地下空间资源的集约化综合利用，并出台政策

推动。2012 年 10 月 10 日,国务院总理温家宝主持召开的国务院常务会议中将加强公共交通用地综合开发确定为优先发展公共交通的重点任务,并提出“对新建公共交通设施用地的地上、地下空间,按照市场化原则实施土地综合开发,收益用于公共交通基础设施建设和弥补运营亏损。”

3.3 取得一定的经济效益,有效反哺了轨道交通建设和运营

地下空间资源开发项目的成功运作,创新了京投公司的盈利模式,盘活了国有资产,为企业开拓了新的利润增长点,收益可有效反哺轨道交通的建设和运营。京投公司本着企业“服务社会树品牌、管好资产要效益”的经营理念,积极探索地下空间开发运作模式。京投公司通过竞争性谈判招商,选择合理的经营模式和合适的合作伙伴,结合适当的谈判技巧,取得了良好的经济效益。从投资收益指标看,北京地铁四号线动物园站地下空间启用后 4 年内收回投资,平均年均创收 1048 万元,年均净利润 850 万元,年均投入产出率(每百元实施费用获取的净利润)为 324 元(图 4)。预计到 2015 年,随着其他线路上不同站点的地下空间资源的开发利用,年收益将过亿元。

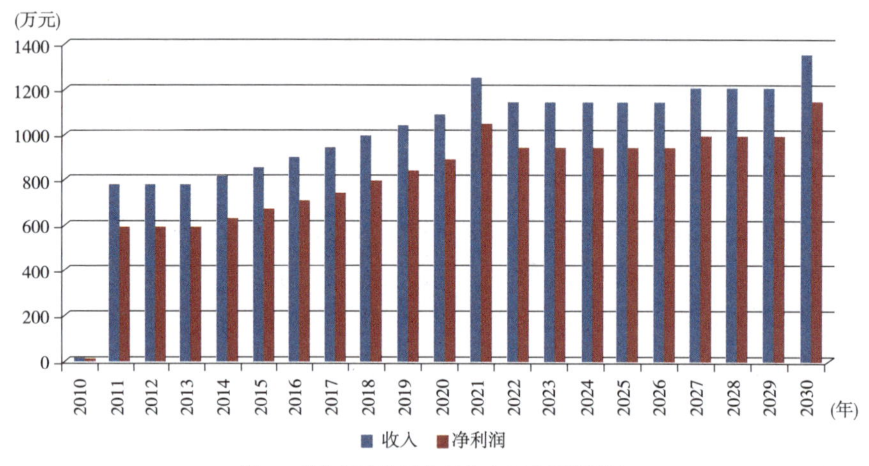

图 4 动物园站地下空间收入和净利润图示

轨道交通地下空间的集约化利用,将部分由于轨道交通带来的沿线土地增值、城市发展加速、居民社会经济福利大幅提升等外部正效益有效转移给轨道交通企业。产生的利润部分缓解了轨道交通准公共性质所带来的持续亏损、经营难以维持、轨道交通发展难以为继等问题。维护了城市轨道交通的高质量运营服务,开辟了轨道交通建设资金来源,激励了企业主动依托资源创造更多价值,促进了轨道交通运营的可持续性发展。轨道交通地下空间的经营管理在有效管理轨道交通资产的同时,为轨道交通企业带来盈利并利于进一步融资,从而减轻政府财政负担,推动轨道交通事业的可持续发展。

创立国内第一只轨道交通产业投资基金

北京市基础设施投资有限公司投资管理部

摘　要：为培育和发展轨道交通装备制造等战略性新兴产业，提高公司投资收益，京投公司于2011年与相关单位共同设立北京轨道交通产业投资基金，揭开了京投公司产业投资的新篇章。

通过组建基金的方式，京投公司可以在开展轨道交通路网建设投融资工作的同时，推进轨道交通上下游相关产业及战略新兴产业的投资，以产业提升反哺和保障路网建设的轨道交通行业投资和发展新格局。这样一种着眼长远、统筹全局的基础设施行业整体纵向一体化的投资发展模式，是全国轨道交通领域的第一个。

采取基金这一创新性投资模式，在实现较好投资收益的同时，有利于汇聚社会各界力量，集资金、市场、政策、土地等资源优势于一体，扶持北京市轨道交通装备制造等战略性新兴产业的发展，提高北京市轨道交通行业的自主创新能力，促进技术攻坚、科技转化和产业落地，为北京市轨道交通建设、运行维护和更新改造保驾护航，社会效益显著。

关键词：战略布局；轨道交通产业投资；创新；基石基金

1 项目背景

1.1　国内城市轨道交通行业发展环境

在国内宏观经济方面，总体状况呈良好态势。这意味着中国经济保持了比较平稳较快的发展，避免了可能出现的过热的苗头，也避免了大家担心的二次探底。中国经济增速在回落的同时，正在向正常轨道过渡和演进。国内经济的快速发展，我国城市化程度的持续加深，城市交通资源紧缺，这些都引发对城市轨道交通需求的增长。另外，由于城市轨道交通特有的行业优势，缓解城市交通的同时，节能环保，能够满足低碳经济目标，且安全性高，更是受到各大城市交通规划的青睐。

在产业规划和指导方面，在《城市公共交通“十二五”发展规划纲要（征求意见稿)》指出,“十二五”期间,我国城市公共交通运力总量将继续保持快速增长态势,尤其是轨道交通运量将大幅增长;此外,在《关于进一步推进城市轨道交通装备制造业健康发展的若干意见》中,充分阐述促进城市轨道交通装备制造业健康发展的重要意义的基础上,提出了促进城市轨道交通装备制造业健康发展的指导思想、基本原则、发展目标、主要任务和主要措施。国家为防止盲目投资新建轨道车辆生产企业,解决招投标工作中的不规范行为、招标过程中歧视国内产品等问题,提出了一系列规范性政策,对轨道交通领域的国内企业而言迎来较好的政策机遇期,使其有机会打破德国西门子集团、加拿大庞巴迪公司、法国阿尔斯通和阿尔卡特、美国西屋电气、日本三菱等大型跨国公司的垄断局面。

从我国目前城市轨道交通的发展现状和政策趋势上可以看出,我国城市轨道区域性显著,主要集中在华北和华南地区的一、二线重点城市;城市轨道形式和融资模式多样化趋势明显,国产化水平不断提高,国产城轨车辆不断涌现,自主创新能力显著增强。从高价全进口,到中方集成,又到自主研发出核心系统,目前,地铁车辆已具备从国产化到自主化的转型,在技术、质量与国际水平看齐的基础上,成本下了降近50%。

就2010年以来的世界形势来说,世界各经济体都在经历金融危机后的恢复,自2011年我国“十二五”的开篇之年开始,无疑又开启了我国新一轮的投资热潮,这为轨道交通在新时期的发展提供了良好的契机。也为京投公司在轨道交通领域内揭开产业投资新篇章提供了良好的历史机遇。

1.2 创立国内第一只轨道交通产业投资基金构想的提出

为贯彻落实公司“一体两翼”的发展战略,进一步拓展公司在轨道交通领域的产业投资,增强公司盈利能力,在公司领导部署下,投资管理部对轨道交通相关产业领域及项目进行了长期跟踪和调研,并对投资方式等进行了深入研究。

2010年4月,京投公司作为理事长单位牵头组建了“北京轨道交通产业技术创新战略联盟”,为进一步开展轨道交通产业投资提供了有利的平台和条件。

经过长期调查研究,并与联盟内有关单位多次进行沟通探讨,各单位一致认为,随着城市化进程的加快,我国政府不断增加轨道交通的投资,目前我国已经成为世界上最大的轨道交通市场,相关的装备制造和技术服务等行业也进入了快速发展时期。如果能够通过成立基金的方式,吸引各方资金、资源优势,共同重点投资于该领域,可全方位分享行业快速发展成果,依托行业中丰富的项目资源和广阔的应用平台,实现较好的投资收益。

在多轮沟通、比较、选择后,京投公司与中科金集团和北京富丰集团达成合作意向，拟共同筹划发起轨道交通产业投资基金。中科金集团是由中关村管委会和海淀区政府共同出资设立的金融集团公司，具有项目资源优势、投资机构整合优势，及较强的专业能力和经验；富丰集团是中关村科技园区丰台园管委会的下属企业，具有土地和政策优惠等资源。合作各方在各自领域优势互补，在产业、市场、资金、政策等方面可实现强强联合，可为基金未来发展提供有力的支持。

在此背景下，经请示京投公司领导并履行相关审批程序，京投公司正式启动与中科金集团、富丰集团等单位合作，共同组建轨道交通产业投资基金的项目。

2 项目必要性分析

2.1 有利于吸引社会各方资金，培育和发展轨道交通装备制造等战略性新兴产业，推动北京市相关行业发展，加快实现轨道交通关键技术、设备国产化

2.1.1 有利于响应政府号召，培育和发展轨道交通装备制造等战略性新兴产业

2010年9月，国务院常务会议审议通过了《国务院关于加快培育和发展战略性新兴产业的决定》，会议指出，要加快培育和发展包括节能环保、新一代信息技术、生物、高端装备制造、新能源、新材料、新能源汽车等领域的战略性新兴产业，并使之成为国民经济的先导产业和支柱产业。在《北京市国有经济十二五发展规划》中也提到要积极培育战略性新兴产业，以关键技术研发和装备研制带动重点领域突破，运用风险投资、产业基金等方式，引导其他资本进入符合首都特色、具有良好发展潜力的产业，着力带动和支持战略性新兴产业的发展。

此次发起设立的“轨道交通产业基金”（以工商核准名称为准，以下简称“基金”）以国务院和北京市政策精神为指导，吸引社会各方资金，主要投资于轨道交通装备制造和节能环保等战略性新兴产业，关注和扶持具有技术先进性和快速成长性的优质企业，通过资金、资源等多方面的支持，提高其自主创新能力和产业带动能力，进而推动整个产业的持续发展。

2.1.2 有利于推动北京市相关行业发展，加快实现轨道交通关键技术、设备国产化

近年来，北京市轨道交通快速发展，根据“十二五”规划，到2015年北京市将形成“三环、四横、五纵、七放射”的线网格局，运营线路将达到19条、560km。根据正在开展的2020年建设规划的编制，截至2020年，北京市的城市轨道交通里程将达到1000km。轨道交通线路建设的快速推进，对相关领域的技术提升和装备制造等都提出了更高的要求。基金重点投资于轨道交通装备制造和技术服务

等相关产业，通过扶持有潜力的企业和项目，提高北京市轨道交通行业的自主创新能力，促进技术攻坚、科技转化和产业落地，推动行业关键技术和设备的国产化，为未来的运行维护和更新改造保驾护航。

2.2 通过基金运作，进行模式创新，是对京投公司目前开展的直接投资方式的一种重要补充，有助于降低投资风险，提高投资收益

根据京投公司战略发展规划，十二五期间，公司要进一步做大做强股权投资板块，在战略性投资并高比例持有部分大型基础设施产业项目的同时，也要充分利用自身资源优势，多元化参与具有高成长性的轨道交通装备制造和创新型技术服务企业，在推动企业实力和价值提升的同时实现较好投资收益。结合公司股权投资业务板块的发展，拟采用两级投资平台的架构，即公司本部重点开展战略性股权投资和资本运作，基金重点开展对高成长、高回报的中小型企业的参股投资，一方面可实现较好投资收益，另一方面可有效响应市场投资需求，缩短决策链条，实现公司投资管理的专业化和精细化，提高投资效率。

①基金的运作方式较为灵活，有其独立的投资管理模式，有助于缩短投资决策流程，及时响应投资需求，提高投资效率。

②通过基金参股轨道交通领域的优质企业，是实现资本与市场、技术、管理相结合的一种有效方式，有助于吸引各种资源，促进被投资企业集各方资源优势快速成长，从而提高投资效益。

③有助于分散和降低投资风险。一方面，通过基金专门进行独立投资运作，以多个项目整体平衡投资回报，有助于降低京投公司直接投资单个项目的风险；另一方面，通过基金引入其他投资人，共同投资、风险共担，有利于分散投资风险。

3 项目可行性分析

3.1 轨道交通行业发展迅速，市场前景广阔，基金收益可期

自“十一五”开始，城市化进程的加快使得我国的城市轨道交通也进入快速发展时期。随着多个城市交通状况的恶化，公共交通特别是轨道交通建设已得到各级政府重视。根据现有规划，“十二五”期间全国各城市公共交通平均出行分担率要比“十一五”末明显提高。我国政府不断增加轨道交通投资，1995—2008 年的 12 年间，我国建有轨道交通的城市从 2 个增加到 10 个，投资以每年 100 多亿元的速度在推进。据统计，到 2009 年 11 月，北京、上海、广州等 19 个城市共有 57 条、1400km 线路同时在建；到 2010 年 12 月，已有 36 个城市制定了城市轨道交通规划，全国已有 29 个城市的轨道交通近期建设规划获得国务院批复，

城市轨道数量达到55条、1500km;到2015年前后,全国将建设87条线路、总里程2400多km,总投资9886亿元;2020年规划线路长度达到3000~3500km,2050年全国城市轨道交通线路总长将超过4500km,目前我国已经成为世界上最大的轨道交通市场。

“十二五”期间,国家将城市轨道交通作为城市基础设施建设领域的投资重点,在深化北京、上海、广州等轨道交通基础完善城市的运营网络、优化枢纽的同时,更将大力发展省会城市和其他符合轨道交通建设的城市,形成基本的轨道交通框架。轨道交通建设热潮也带动了我国轨道交通设备制造业的快速发展。近年来通过引进技术和消化吸收以及再创新,我国轨道交通设备制造企业普遍掌握了城轨的设计、制造、工艺等关键技术和配套技术,产品的可靠性、安全性已经在一定程度上得到国内用户的认可,并开始走向国际市场。

随着城市轨道交通的网络化扩展,相关的装备制造和技术服务等行业也进入了快速发展时期。以2010年全国的统计数字为例进行计算,全国城市轨道交通配属车辆超6000辆,以目前平均每辆车600万元左右计算,车辆投资将达到360亿元。按照国家发展规划,实现轨道交通设备国产化显得尤为重要,国务院已明确提出,城市轨道交通项目、轨道车辆和机电设备的平均国产化率要确保不低于70%。在这样的宏观形势和发展政策带动下,我国轨道交通装备制造等行业面临着无限商机,发展前景十分广阔。

当前和今后一个时期,我国轨道交通将处于发展的黄金时期。大规模轨道交通建设持续推进。基金重点投资于轨道交通领域,可全方位分享行业快速发展成果,依托行业中丰富的项目资源和广阔的应用平台,实现较好投资收益。

3.2 发起人各有优势,可实现强强联合

基金由京投公司、北京中关村科技创业金融服务集团有限公司(以下简称“中科金集团”)、北京富丰集团(以下简称“富丰集团”)、北京鼎汉电气科技有限公司(以下简称“鼎汉电气”)共同筹划发起,以上各方在各自领域都具有一定的资源优势,可实现强强联合,为基金的未来发展提供有力的支持。

京投公司作为北京轨道交通的业主单位,主要承担着轨道交通等基础设施项目的投融资和资本运营任务,业务已延伸到轨道交通沿线土地一级和二级开发、高速铁路投资、城中村改造、信息基础设施建设等相关领域。截至2010年9月,京投公司注册资本485.13亿元,净资产763.60亿元,总资产1728.71亿元,成为首都第二家资产规模过千亿元大关的国有企业。在投资基金方面,京投公司具备很强的资金优势、市场资源优势和产业整合能力。

中科金集团是由中关村管委会和海淀区政府共同出资设立的金融集团公司,旨在为北京市高科技企业提供优质的金融服务。目前中科金集团拥有五家子公司,分别从事投资、担保、小额贷款业务等,可以为高科技企业提供股权、债权等全方位的融资服务,并与很多知名金融机构拥有业务关系。同时,作为在中关村国家自主创新示范区的金融服务平台,中科金集团还担负着支持高科技企业发展、引导社会资金进入示范区的责任。在投资基金方面,中科金集团具有项目资源优势、投资机构整合优势、政府资源整合优势,及较强的专业能力和经验。

富丰集团是中关村科技园区丰台园管委会的下属企业。丰台园目前已形成以电子信息、生物医药、先进制造、新材料、新能源为核心的高新技术产业,以工程服务、轨道交通和航天军工为代表的特色产业,已初步形成创新活跃、要素集中、经济发达、区域和谐的总部经济区,正在北京南城战略中发挥着越来越重要的地位。丰台园可为基金提供办公场地和政策优惠等资源。

鼎汉电气是北京市人民政府、科学技术部以及中国科学院认定的“中关村科技园区创新性试点企业”(2008 年 4 月),北京市科学技术委员会、北京市财政局、北京市国家税务局和北京市地方税务局联合认定的“高新技术企业”(2008 年 12 月)。公司铁路智能信号电源产品被北京市科委、北京市发改委、北京市中关村科技园区等 5 家单位联合认定为“北京市自主创新产品”。旗下上市公司北京鼎汉技术股份有限公司(股票代码:300011),荣获“2012 年中小上市公司治理 50 强”第三名。

4 基石基金及基金管理公司的设计和组建

基石基金及基金管理公司的设计如图 1 所示。

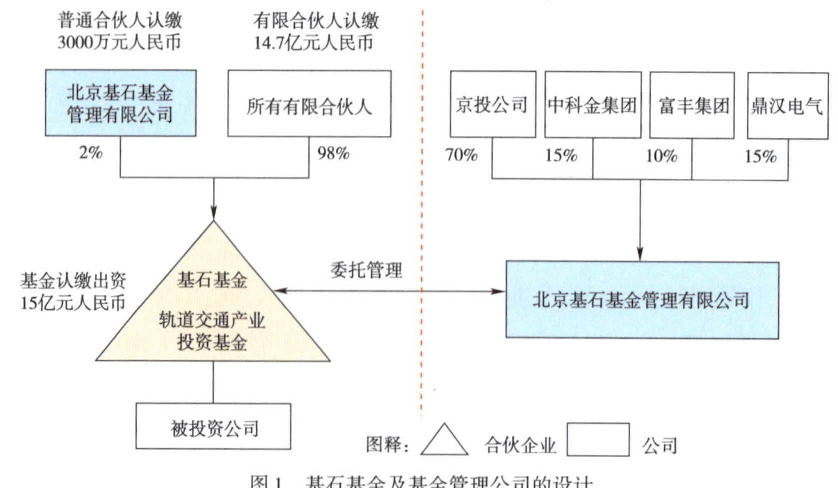

图 1 基石基金及基金管理公司的设计

4.1 轨道交通产业投资基金设立方案

(1)基金名称:北京基石创业投资基金(简称“基石基金”)。

(2)组织形式:有限合伙企业。

(3)投资人:京投公司、中科金集团、富丰集团等单位发起,吸引北京市大中型国有企业、相关产业机构、金融机构、中关村高新技术企业等加入。

(4)基金规模:15 亿元人民币,首期募集资金不低于 5 亿元。

(5)存续期限:8 年,其中 3 年为投资期,4 年为退出期,1 年用于清算和未尽事宜。经全体合伙人同意可再顺延 2 年。

(6)投资重点:轨道交通装备制造业及节能环保等产业,重点投资处于快速成长期的优质企业。

4.2 基金管理公司设立方案

由京投公司控股成立一家基金管理公司作为基金管理人。该基金管理公司实体化运作,作为普通合伙人对外代表基金,对内管理基金事务,对基金的债务承担无限责任。

(1)公司名称:北京基石基金管理有限公司(简称“基金管理公司”)。

(2)注册地:北京丰台区。

(3)注册资本:3000 万元。

(4)股权结构:由京投公司、中科金集团和富丰集团共同出资成立,其中京投公司出资 2100 万元(持股 70%)、中科金集团出资 450 万元(持股 15%)、富丰集团出资 300 万元(持股 10%)、鼎汉电气出资 150 万(持股 5%)均为现金出资。

4.3 基金的组建情况

(1)首先由京投公司控股成立北京基石基金管理有限公司作为基金管理人。该公司实体化运作,京投公司在董事会中占多数,由京投公司提名董事长和总经理。

该公司注册资本 3000 万元,由京投公司、中科金集团、富丰集团和鼎汉电气共同出资成立,其中京投公司持股 70%,中科金集团、富丰集团、鼎汉电气分别持股 15%、10% 和 5%。

该公司设股东会、董事会、监事会。董事会由 5 人组成,京投公司提名 3 人,其中董事长由京投公司提名的董事担任;监事会 5 人,京投公司提名 1 人。基金管理公司总经理由京投公司提名,纳入京投公司外派人员管理体系,由基金管理公司董事会聘任或者解聘。

(2)发起组建北京轨道交通产业投资基金,吸引北京市大中型国有企业、相关产业机构、金融机构、中关村高新技术企业等加入,投资重点为轨道交通装备制造业及节能环保等产业,特别是处于快速成长期的优质企业。基金采取有限合伙企业形式,总规模为15亿元人民币,首期认缴规模不低于5亿元,其中除京投公司外的其他投资人认缴不低于1亿元。年内募集到账资金不低于1亿元,并力争完成项目投资2000万元。

5 基石基金的运行情况

基石基金自成立以来,就明确了以制度完善为保证,以团队建设为基础,以业务开拓为核心的整体工作思路,从投资业务和内部管理两方面制定计划并展开针对性工作。

5.1 在公司经营方面

加强财务预算及费用控制,合理安排费用支出,于2012年实现管理公司盈利。

5.2 投资业务开展方面

核心关注轨道交通和节能环保,兼顾先进制造等领域,围绕未上市成长性企业进行股权投资,一般对单个企业投资2000万~1亿元,对单一企业的投资通常在3~5年的投资周期,如图2所示。

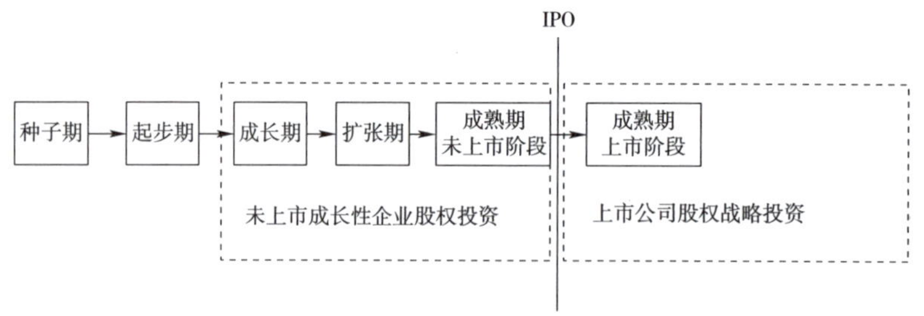

图2 基石基金的投资业务

受中国经济大环境的影响,2012年度制造业等传统行业均产生明显的下滑态势,企业经营业绩普遍受到影响,增长放缓甚至转为亏损,二级市场市盈率持续走低。在此情况下,基石基金主动放缓了投资节奏,严控项目质量,以求最好的投资时机或投资条件,尽量降低投资风险。在大环境的限制下,仍旧取得了不俗的投资业绩。

截至目前,基金共完成投资项目6个,投资金额已超过2亿元,其中部分项目增值明显。项目池累计储备项目336个,保持跟踪项目115个,现有8个重点项目着力推进。

5.3 在内部管理方面

基石基金自成立以来，紧紧围绕业务流程梳理，人才团队建设和公司文化提炼三项重点工作开展公司内部管理工作，重点完成以下工作：

（1）继续补充、细化公司管理制度体系，完善各项业务流程，提高工作质量。在公司原有规章制度的基础上，根据工作实际开展情况，制定了标准的工作业务流程和文件模板，明确了各项业务流程中责任部门（人员）、相关部门（人员）及各级审批部门（人员）的工作责任、审批权限，指导员工按标准程序开展工作，提高工作效率和质量。同时，针对各项业务的开展，及时补充制定相关管理细则，先后出台了《项目管理办法》《外派董、监事管理办法》《项目投资奖励管理实施细则》以及相关的投后管理及项目奖励实施具体操作规定，保证各项工作有章可循。

（2）积极推行公司绩效考评机制，严格考评标准，不断完善细化考评管理工作。从 2012 年开始，公司正式推行员工绩效考评工作，根据每个员工的具体岗位职责及公司的业务目标，制定了各岗位工作任务书，落实考评指标，明确工作任务，同时根据绩效考评内容制定了统一的考评打分标准，按季度进行业绩考评，奖优罚劣。同时根据公司激励规定和实际项目开展情况，细化了项目奖励规定，将项目奖励和绩效考评结合起来，既突出了对项目主要人员的业绩奖励，又体现了对员工全年工作综合评价的肯定，激发了全体员工的工作热情和协作精神。

（3）加强团队建设工作，优化员工构成，增强团队凝聚力与战斗力。基石基金自成立以来，逐渐组成了一支具有综合职业背景并熟悉金融市场的专业投资管理团队，专业背景包括经济、金融、财务、数学、软件工程、计算机、外语、传媒、法律、其他工科等，职业背景包括 VC/PE 投资机构、券商、会计师事务所、政府机构、轨道交通、上市公司、大型企业等，如图 3 所示。

同时，“以物尽其才，人尽其用，培养有操守有战斗力的队伍”为宗旨，通过多种途径提升团队的战斗力。在公司内外部，通过各种手段培养磨练团队，旨在打造一支有理论基础、有实操能力，有专业素养，在行业把握、企业管理、财务、法律等领域均有所长的整齐的团队。

（4）坚持以投资业务为核心，全面提供业务支持，保障投资工作顺利进行。继续在公司全员范围内倡导以投资业务为核心，为开展业务提供全面的支持，同时鼓励公司后台管理人员积极参与业务活动。公司法务、财务人员积极参与投资业务工作，在项目前期调研、尽职调查以及投后管理工作中发挥了重要作用，为投资业务的开展提供了一定的法律、财务支持,在工作中表现了较强的协作精神,很好地配合了业务工作。同时积极推进内部资源共享平台的建设,针对资源共享要求及公司实际情况,设立了专人进行公司信息平台建设工作,设计多种方案,经反复推敲,初步搭建了信息共享模型,力争通过技术手段实现公司信息的统一管理、分级查阅等功能,实现信息共享。

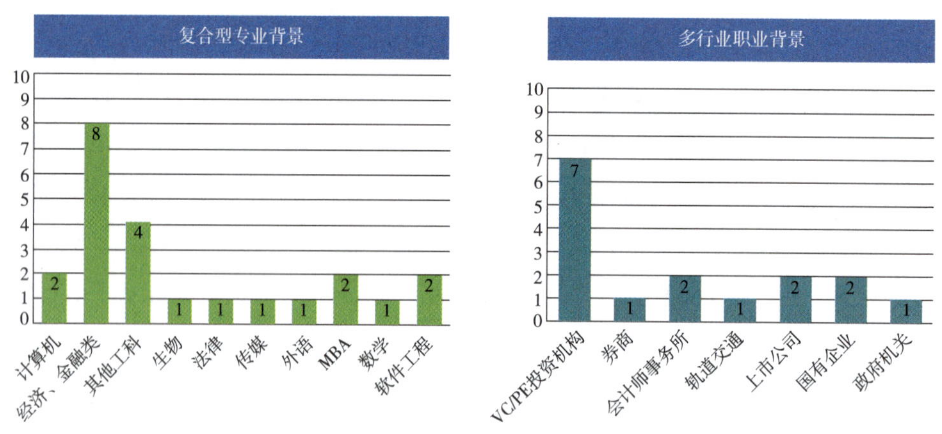

图 3 基石基金专业投资管理团队

(5)加强外部联系,营造良好的经营环境,争取各级机构的支持。公司继续保持和各合伙人、股东单位以及相关主管部门的良好关系,积极扩大行业影响力。除积极参加行业内峰会、继续担任各类创业投资大赛评委、成为清科会员等途径外,还接受了《财商》、《投资界》等媒体专访报导,申请加入了西安创投联盟、中国 PE 二级市场发展联盟等机构,积极创造各种条件扩大对外联络,营造良好的外部环境,争取各级机构的支持,通过口碑传播树立基金在业内的良好形象。

(6)努力探索企业文化建设,创造健康向上的企业文化。公司通过树典型、表彰优秀员工,潜移默化中彰显公司主流文化。无论是在日常的业务工作中,还是在组织的各类交流活动中,公司始终在提示、在倡导员工对企业价值的认同,提倡实干、进取、专业、高效的企业精神,营造积极向上和谐的工作氛围,让每一位员工自觉做一个有良好操守的专业的投资人。

此外,2012 年,公司还重点开展了结构调整工作。为适应国家对 PE 监管政策的变化和满足基金已投资公司上市需要,解决基金实际运作中面临的一些操作难题,公司根据新的形势和政策法规的要求,对基金的组织架构进行了适当调整。通过研究已有案例,参考国有背景私募股权投资基金的实践经验,综合考虑基金目前的股权结构,经与法律顾问反复沟通论证,于年中初步拟定基金结构调整方案,最终在各位股东和投资人的支持下,按照程序一步步推进。截至 2012 年底，我们完成了北京基石创业投资管理中心（有限合伙）的设立工作并确定了中心基本管理结构和管理制度，引入了基金新 LP 京投银泰股份有限公司，为在2013 年初完成新的有限合伙协议的签署及办理工商变更登记等工作做好了准备。

总之，2012 年公司针对形势的变化和暴露的问题，不断调整思路，改进工作，在投资业务拓展和内部管理方面取得了一定的成效。随着组织架构的重新调整，2013 年北京基石创业投资管理中心将成为基金新的管理机构，但基石基金的管理团队、管理结构不会发生实质变化。中心将在原有的管理体制上进一步提升管理水平，继续坚持以人为本的管理理念，发扬光大企业文化精神，实现“基石基金”品牌价值的不断提升和规模的不断扩大，取得优良的投资业绩。

6 组建基石基金的创新

作为轨道交通领域的产业基金，其设立蕴含着较多的闪光点，主要体现在促进北京市轨道交通产业发展、完善公司投资管理模式及先进投资形式方面。

（1）从北京市轨道交通产业发展角度来说，京投公司作为北京市轨道交通建设的投融资主体，通过组建基金的方式，可以在开展轨道交通路网建设投融资工作的同时，推进轨道交通上下游相关产业的投资，从而突破过去路网建设与产业投资各自为战、衔接不畅、集中度低的发展模式，调动各方资源，促进产业集聚和发展并取得良好投资收益，实现以路网建设带动产业发展、以产业提升反哺和保障路网建设的轨道交通行业投资和发展新格局。这样一种着眼长远、统筹全局的基础设施行业整体纵向一体化的投资发展模式，是全国轨道交通领域的第一个，也是北京市基础设施领域的第一个。

（2）从公司的投资管理模式这一角度来说，采取基金这一创新性投资模式是对京投公司直接股权投资模式的一种重要补充。通过成立基金，可实现两级投资平台的架构，即公司本部重点开展战略性股权投资和资本运作，基金重点开展对高成长、高回报的中小型企业的参股投资，一方面可实现较好投资收益，另一方面可有效响应市场投资需求，缩短决策链条，实现公司投资管理的专业化和精细化，提高投资效率。

（3）从基金这一投资模式的自身特点来说，其创新性主要体现在：

①基金的运作方式较为灵活，有其独立的投资管理模式，有助于缩短投资决策流程，及时响应投资需求，提高投资效率。

②通过基金参股轨道交通领域的优质企业，是实现资本与市场、技术、管理

相结合的一种有效方式,有助于吸引各种资源,促进被投资企业集各方资源优势快速成长,从而提高投资效益。

③有助于分散和降低投资风险。一方面,通过基金专门进行独立投资运作,以多个项目整体平衡投资回报,有助于降低京投公司直接投资单个项目的风险;另一方面,通过基金引入其他投资人,共同投资、风险共担,有利于分散投资风险。

7 创新带来的经济及社会效益

(1)有利于吸引社会各方资金,培育和发展轨道交通装备制造等战略性新兴产业,推动北京市相关行业发展,加快实现轨道交通关键技术、设备国产化,社会效益显著。

①有利于响应政府号召,培育和发展轨道交通装备制造等战略性新兴产业。

加快培育和发展战略性新兴产业是我国新时期经济社会发展的重大战略任务,也是北京市国有经济"十二五"发展规划的重要组成部分。此次发起设立的轨道交通产业基金以国务院和北京市政策精神为指导,吸引社会各方资金,主要投资于轨道交通装备制造和节能环保等战略性新兴产业,关注和扶持具有技术先进性和快速成长性的优质企业,通过资金、资源等多方面的支持,提高其自主创新能力和产业带动能力,进而推动整个产业的持续发展。

②有利于推动北京市相关行业发展,加快实现轨道交通关键技术、设备国产化。

近年来,北京市轨道交通快速发展,对相关领域的技术提升和装备制造等都提出了更高的要求。基金重点投资于轨道交通装备制造和技术服务等相关产业,通过扶持有潜力的企业和项目,提高北京市轨道交通行业的自主创新能力,促进技术攻坚、科技转化和产业落地,推动行业关键技术和设备的国产化,为未来的运行维护和更新改造保驾护航。

(2)通过基金运作,进行模式创新,是全国轨道交通领域第一个,也是北京市基础设施领域第一个,有助于降低投资风险,提高投资收益。

通过组建基金的方式,京投公司可以在开展轨道交通路网建设投融资工作的同时,推进轨道交通上下游相关产业的投资,有利于调动各方资源,促进产业集聚和发展并取得良好投资收益,实现以路网建设带动产业发展、以产业提升反哺和保障路网建设的轨道交通行业投资和发展新格局。这样一种着眼长远、统筹全局的基础设施行业整体纵向一体化的投资发展模式,是全国轨道交通领域的第一个,也是北京市基础设施领域的第一个。

轨道交通行业发展带来的市场空间巨大,轨道交通装备制造和信息服务等领域投资回报较高,通过设立基金投资于该领域,可有效提高投资效率,取得较好投资收益。若按基金的年化收益率不低于15%计算,京投公司出资4亿元左右,整体收益回报约4.41亿元,投资回报率110.25%,经济效益突出。由此,可显著提高京投公司整体利润水平,反哺轨道交通投融资业务,增强轨道交通投融资保障能力。

参考文献

[1]《城市公共交通"十二五"发展规划纲要(征求意见稿)》,交通运输部道路运输司,2010.7.

[2]《关于进一步推进城市轨道交通装备制造业健康发展的若干意见》,国家发改委.[2010]2866号文.

[3]《国务院关于加快培育和发展战略性新兴产业的决定》,国发[2010]32号文.

[4]《北京市国有经济"十二五"发展规划》,北京市国资委,2011.8.

城市轨道交通建设期装备业务投资价值分析研究(节选)

北京市基础设施投资有限公司投资管理部

摘　要:本次研究基于供应链视角,以轨道交通建设期为核心,以产业价值链为纽带,刻画轨道交通相关装备产业结构图以及各级供应商的业务关系,梳理轨道交通产业链的构成及其价值分布,并结合其市场容量、竞争程度、盈利水平、投资风险、未来发展等因素,分析和甄别其投资价值。

关键词:轨道交通;装备;投资价值

1 研究意义与范围

1.1　研究意义

北京市基础设施投资有限公司(以下简称"京投公司"或"公司")作为北京市国有资产监督管理委员会出资成立的国有独资公司,承担北京市轨道交通等基础设施项目的投融资和资本运营任务,为北京市轨道交通事业发展做出了突出贡献。按照公司"十二五"期间"一体两翼"的战略发展格局,"以轨道交通相关产业为重点的股权投资"作为其中"一翼"拟做大做强。通过此项研究,将有利于公司完善轨道交通产业投资链,为"一体两翼"战略的落地提供有效支撑。

1.2　研究范围

本次研究范围为城市轨道交通建设期装备业务可投资价值分析。将基于北京市轨道交通业主单位的视角,依据价值链理论,梳理轨道交通产业链的构成。而后通过比较研究建设阶段细分行业的市场结构、市场容量、竞争状况、利润空间、投资风险以及未来发展趋势进行分析,为公司的投资决策提供引导和依据。

2 城市轨道交通产业发展概况

2.1　我国轨道交通产业的主要特点

城市轨道交通是城市公共交通的一个重要组成部分,包括地下铁道(地铁)、轻轨、城市铁路(含市郊铁路)、独轨及新交通系统等多种模式。城市轨道交通作为基础性产业,其建设投资规模大、工程复杂,涉及车辆运营、通信控制、运营管理等多个方面,设计行业众多。其中轨道交通装备制造业是技术密集型行业,涉及机械、电气、计算机等技术领域,与工业基础有密切联系。

2.2 城市轨道交通产业的整体发展

截至2012年底,全国已有15个城市开通运营64条轨道交通线路,总长已达到1849km。依据国家发改委《2010—2020年城市轨道交通发展规划》,到2015年,全国共有34个城市规划建设141条轨道交通线路,总里程4382km,总投资规模超过2万亿元;到2020年,全国将有近50个城市发展城市轨道交通,总里程将超过7000km,总投资预计将达5万亿元以上。由此,未来5~8年,随着城市化进程的加速,我国城市轨道交通建设迎来高速发展期。同时,相比于我国一级城市的轨道交通的规划已基本完成,二、三级城市在轨道交通建设运营方面的需求增加较为明显。

截至2012年底,北京市轨道交通已开通16条线路,总里程442km,累计总投资2600亿元。到2016年,北京市轨道交通运营里程将达到664km以上,新增投资超过1400亿元。到2020年,通车里程将达到1000km以上,还将新增投资1050亿元。

3 轨道交通相关产业链的构成及投资价值甄别要素

3.1 轨道交通相关产业链构成

按照城市轨道交通相关产业链中行业受益的顺序可将其划分为工程设计、工程建设、运营管理三个阶段。轨道交通产业链的结构分布如图1所示。

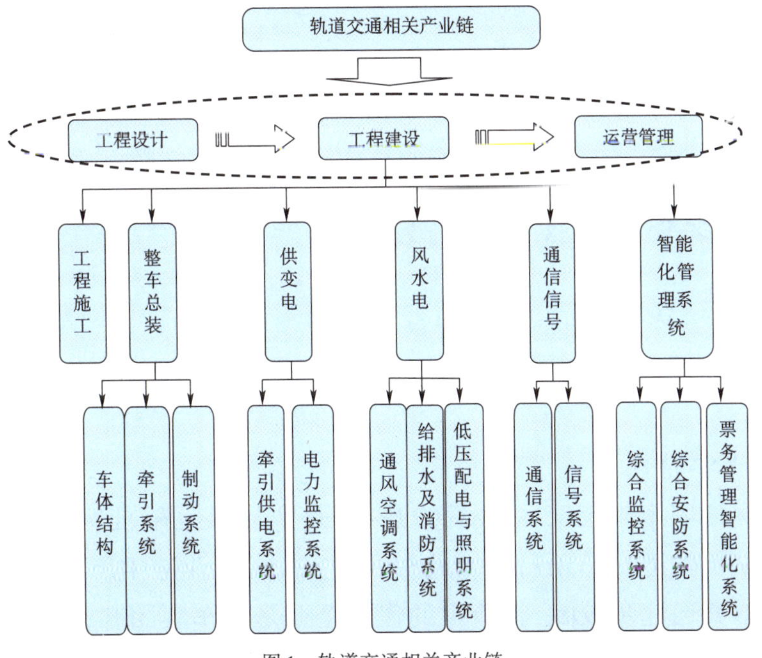

图1 轨道交通相关产业链

3.2 轨道交通建设阶段的投资分布

城市轨道交通的建设是一个庞大的系统工程,其中涉及的系统及设备众多,从成本构成来看主要包括以下几方面。在总投资中所占份额最高的是工程施工投资,平均达45%~65%;其次是整车总装项目投资,其在总投资中占比为10%~20%;再次为供变电、通信信号、智能化管理系统、运营维护、风水电类项目的份额均在3%~8%。

工程施工所占的投资比重最大,但从装备研究的角度来看,工程施工涉及的装备众多,但其更多的为施工单位自行采购,因此本次研究对于工程施工的装备部分暂不列入研究范围。

3.3 可投资领域甄别要素

3.3.1 重要性因素

通过行业投资所占比例、产业链中重要度等指标,评价行业是否为整个产业链的关键环节及不可或缺的领域和行业。

3.3.2 盈利性因素

盈利能力分析主要围绕相关行业的财务状况和未来行业的成长能力展开分析。本部分的研究主要依据行业内上市公司的财务报表数据与行业平均水平进行比较分析,以运用定量方法甄别产业链中具有较高利润空间的业务领域和投资机会。

3.3.3 易进入性因素

易进入性主要评价行业是否容易接受投资,即行业的竞争度和进入壁垒状况。

4 建设期装备业务投资价值分析

4.1 整车总装行业价值分析

整车总装在城市轨道交通相关产业中具有不可替代的地位,是产业链中必不可少的环节。

4.1.1 基本情况

车辆是保证城市轨道交通运营的基本,是实现其运输能力的载体。整车总装的投入占城市轨道交通项目投入的15%左右,在产业链中所占地位十分重要。我国城市轨道交通起步较晚,行业中的代表企业是南车集团和北车集团。

在我国装备制造业振兴规划和实施细则中,针对轨道交通提出以北京、上海、广州、深圳等17个城市近70条线路工程项目为依托,重点实施城市轨道交通车辆、信号系统、制动系统、主辅逆变器等机电设备自主化的政策。轨道交通总装行业将加大自主研发力度,增加自主知识产权产品的使用,预计2015年前后整车投资额在1000亿~2000亿元。

4.1.2 整车总装主要子行业分析

从采购成本、用途和安全性能三个方面区分,整车总装分为了A、B、C三类部件。其中A类部件是整车的关键部件,投入较大,具有高附加值。本次重点关注车体结构、牵引系统和制动系统。

4.1.2.1 车体结构行业分析

车体结构行业处于南车集团和北车集团的双寡头垄断状态。南车集团的南京浦镇车辆厂、青岛四方、株州机车和北车的大连机车、长春客车厂、唐山轨道都是我国轨道交通车辆生产方面的领头者,具有丰富的生产经验和技术设备,其中尤以南车集团的青岛四方和北车的长春客车厂为主。为了自身的发展与利益,两大集团逐渐抛开了最初南北分治的格局,竞争状况日趋激烈。

从盈利水平来看,车体结构的利润水平相对较低。从南车集团北车集团公布的数据来看,毛利率在10%左右。但随着各大城市轨道交通的兴建,今后我国整车行业车体结构市场容量加大,行业有较好的盈利前景。

4.1.2.2 牵引系统行业分析

我国城市轨道交通项目的牵引系统几乎全部来自进口,主要的供应商有西门子、庞巴迪和阿尔斯通,牵引系统市场处于垄断竞争的状态。各供应商间所提供的产品具有较大的可替代性,技术相对成熟,在我国都占有较大的市场份额,竞争激烈。为改变这一局面,国内企业努力开展相关研究开发工作。目前南车时代电气已经取得了完全拥有自主知识产权的牵引系统,除极少数通用基础零部件进行全球化国际采购外,关键部件完全实现国内自主集成提供,能使项目的国产化率高达89%左右。随着国内企业对车辆牵引系统的不断研发,我国城市轨道车辆牵引系统的市场结构也将发生改变。

以南车时代为代表,其电气与牵引设备相关产业收入在总收入中所占比例呈逐年上升趋势。标示行业的发展前景良好,发展态势强劲。随着我国轨道交通建设的进一步加快,2015年前后,牵引行业的投资额为100亿~200亿元,行业收入将有更大的提升空间,行业盈利状况良好。

4.1.2.3 制动系统行业分析

我国城市轨道车辆的制动系统多由国外提供,其市场处于垄断状态,居于垄断地位的是德国克诺尔集团,在中国城市轨道制动市场占有率达90%。除德国克诺尔集团外,南车南京浦镇车辆有限公司、南车戚墅堰机车车辆工艺研究所有限公司等投资组建了海泰制动,先后承接了部分业务。但整个来看国内企业仍主要处于研究阶段,所占市场份额较少。

制动系统是高技术行业,其市场的进入壁垒高,市场的潜在竞争者少;且出于列车运行稳定性和安全性考虑,更注重供应商的经验和以往产品的应用情况,这就使得克诺尔集团在我国制动系统市场上有着极大的竞争力。但随着我国更多企业对制动系统的研究开发,若在不久的将来能推出拥有自主知识产权的高质量产品,该市场的竞争格局可能会有所改变。

从克诺尔集团财务情况来看,我国制动系统行业的收入呈现增长趋势,发展稳定,利润空间比较理想。我国的城市轨道交通正处于飞速发展时期,对制动系统的需求也将进一步扩大,2015年前后我国对制动系统的投资额为100亿~200亿元。制动系统市场的盈利状况将十分可观。

4.1.3 整车总装行业投资结论

车体结构是车辆上各部件与系统相互合作的基础,市场容量较大,车体结构市场内企业良好的经营状况以及该行业所处的关键位置表明其有一定的可投资价值。

牵引系统主要负责车辆的正常运行与发动,处于一个垄断竞争的状态,市场容量和利润空间较大,具有很大的投资价值。

制动系统属于整车中的关键系统。行业的利润空间比较理想,有一定的投资价值。

4.2 供变电行业可投资业务的价值分析

供变电系统为轨道交通运行提供能源保障,是轨道交通产业链中的支撑性行业和基础性行业。供变电系统主要包括牵引供电系统和电力监控系统两个子系统。

4.2.1 基本情况

智能化、低能耗是轨道交通供变电行业的发展趋势。在国家发改委出台的“当前优先发展的高技术产业化重点领域指南”中明确指出要重点扶持轨道交通牵引供电系统设备行业的发展。中国的城市轨道交通建设的发展拉动了轨道交通供变电相关设备的需求,促进了供变电设备制造业及其市场的发展。城市轨道交通中,供变电系统费用占总投资的4%~8%,是城市轨道交通机电设备中除车辆以外的最大辅助设备系统。按照“十二五”期间轨道交通建设总投资1.27

万亿元的预期估算,“十二五”期间的轨道交通供变电的市场可达到500亿~1000亿元的市场规模。

4.2.2 供变电行业主要子行业分析

4.2.2.1 牵引供电系统行业

牵引供电系统是为列车提供牵引动力。主要由牵引变电所、接触网以及杂散电流防护系统组成。

牵引变压器及整流器市场方面,由于轨道交通牵引供电系统的特殊性,要求牵引供电设备有较高的稳定性、可靠性和安全性,因此对于供应商的产品与轨道交通其他系统的兼容性、备品备件供应的充足性和售后服务的及时性有很高的要求。目前形成了以北京华泰卧龙变压器厂和顺特电气(原顺德特种变压器)占据市场主导地位的双寡头垄断的市场格局,两家厂商占有轨道交通牵引变压器约80%的市场份额。主要企业的毛利率水平均保持在20%左右。2010—2015年,城市轨道交通牵引整流变压器市场总容量为25.2亿元,年均4.2亿元。

直流开关柜是轨道交通牵引供电的关键设备。近年来,瑞士赛雪龙公司与中国大全集团、德国西门子与西门子中国加工中心、英国BB公司与上海电气成套厂分别开始合作生产配套的开关柜。其中,大全赛雪龙市场占有率一度高居直流开关柜市场的70%左右。但开关柜内的关键设备如直流快速断流器、直流电动隔离开关、危及综合保护装置等仍需从国外企业进口。国内企业位于产业链的低利润环节。

牵引网设备方面,接触轨是供电系统的关键设备。目前,英国的BW公司和德国的西门子是主要的复合轨制造公司,两家公司分别在天津和南京建立了合资或独资制造厂,实现完全的中国制造。同时,我国钢铝复合轨产业也逐步发展起来。其中宝鸡器材厂生产的钢铝复合轨已应用于广州地铁4号线和首都机场线工程之中。

4.2.2.2 电力监控系统行业

电力监控系统主要对轨道交通变电所实施实时监控、并完成变电所事故分析处理和维护维修调度管理的系统。由于系统要求高可靠性、高安全性和高稳定性,电力监控系统的系统软件(如操作系统软件和应用软件)一般采用国内外标准的、通用的、兼容性强的工业控制软件。国内已经涌现出一批无论是在硬件设备还是系统集成应用方面都比较有实力的公司,如电力科学研究院、南瑞集团、和利时公司、清华紫光等。

作为电力监控系统行业代表,和利时公司和南瑞集团的相关收入逐年递增,毛利率水平则均维持在25%左右。盈利能力较为明显。

4.2.3 供变电行业投资性结论

轨道交通供变电系统行业在轨道交通相关产业中处于基础性、支撑性的行业,市场空间较大。其中,牵引变压器行业市场壁垒较高,行业利润空间较大,可投资性较强。直流开关柜行业技术壁垒较高,形成垄断的市场格局。但我国企业主要是一些加工装配型企业,处于产业链的末端,可获得利润相对较少。电力监控行业对于软硬件的兼容性要求较高,市场竞争比较激烈,行业的利润空间较大。

4.3 风水电行业价值分析

轨道交通风水电系统是通风空调系统、给排水及消防系统和低压配电与照明系统的总称,是轨道交通安全及环控系统的重要组成部分。

4.3.1 基本情况

通风空调是保证轨道交通设备能够正常运转不可或缺的设备。根据使用场所不同可分为车站通风空调系统、区间隧道通风系统和车站设备管理用房通风空调系统。

给水系统的主要任务是满足地下铁道消防及生产、生活用水。排水系统的主要任务是及时排除生产废水、生活污水、隧道结构渗漏水、事故消防废水及敞开式出入口和风亭部分的雨水等,以满足轨道交通安全运营的需要。

轨道交通低压配电与照明系统提供轨道交通供电网络中全方位的服务功能,其主要设备为配电变压器和低压开关柜。

4.3.2 风水电行业分析

4.3.2.1 通风空调行业分析

给排水系统及低压配电系统设备技术壁垒较低,生产厂家众多,且企业规模较小,竞争过于激烈,利润空间不大。根据《2011 年中国轨道交通空调行业调研分析报告》,由于存在着技术壁垒和强大的配套黏性,轨道交通空调市场相对较为封闭,中国总共不超过 10 家厂商生产此类空调。前五强的市场总份额超过90%,分别是石家庄国祥、广州中车、上海法维莱、江苏新誉以及无锡金鑫美莱克。因此,我国轨道交通空调行业属于寡头垄断市场,由于技术的限制,该行业进入壁垒较大,产品的可替代性弱。

4.3.2.2 给排水及消防行业分析

对于给排水及消防行业市场,国内水泵生产厂家很多,各类性能规格基本齐备,质量可靠,完全可以满足轨道交通工程的需要;车站污水处理属于常规工艺,技术成熟,国内产品也完全能够满足污水处理使用需要。并且,给排水及消防系统设备的专业化程度较低、差异化较小,国内已有非常成熟的工艺,约有3000家大大小小阀门生产厂,其中温州600家、郑州近200多家、上海150多家、辽宁250家,江苏、福建各200余家。尽管良莠不齐,但产品品种已达3000多种型号近3万种规格。

给排水及消防行业的市场竞争较为激烈、产品差异性小、可替代性强,属于自由竞争状况。

4.3.2.3 低压配电及照明行业分析

截至2009年,变压器行业产能已经严重过剩,年产能高达30亿kV·A,远大于需求量。产能过剩直接导致了常规电力变压器产品的利润日益下滑,由20世纪80年代约20%的利润,下降到了8%左右甚至是2%~3%。我国低压开关柜行业是一个市场发展相对成熟的行业,需求相对稳定。随着智能电网、基础设施的建设实施、制造业的投资以及新能源行业的发展,未来几年前景广阔,预计其市场规模将达到330亿元。虽然配电变压器市场容量较大,但是由于技术壁垒较低,生产厂家众多,且企业规模小,行业集中度低,市场争夺仍很激烈,产能过剩、无序竞争等问题也已经出现。

4.3.3 风水电行业投资性结论

通风空调系统属于寡头垄断市场,市场利润较高,是风水电系统最具投资价值的领域。

给排水及消防系统竞争激烈,价格受市场供求影响,利润调节空间较小,可投资价值小。

低压配电与照明系统行业竞争激烈,甚至出现了产能过剩的局面。利润空间较小。

4.4 通信信号行业价值分析

通信信号系统设备是现代城市轨道交通的重要组成和功能枢纽。分为通信系统和信号系统两个部分,其中通信系统是保证轨道交通列车运行安全、准点、高密度和高效率的关键系统设备,是轨道交通运输生产及作业人员的信息沟通工具。信号系统以其关系列车行车安全的作用处于列车运行中的重要环节,是实现行车指挥、列车运行现代化和提高运输效率的关键系统设备。

4.4.1 通信信号行业基本情况

在我国装备制造业振兴规划和实施细则中,针对轨道交通提出以北京、上海、广州、深圳等17个城市近70条线路工程项目为依托,重点实施城市轨道交通车辆、信号系统、制动系统、主辅逆变器等机电设备自主化。其中通信信号行业在轨道交通产业链中处于神经中枢的重要环节,关系轨道交通运营安全性、自动化等关键性能,此部分的投资占轨道交通项目工程总投资的4% ~8%。据国家发改委基础产业司分析,2011—2015年,地铁建设投资总额为8000亿~10000亿元,将在通信信号行业的投资额为400亿~500亿元。专家预测,截至2020年,我国城市轨道交通累计营业里程将达到7395km。未来30年,将是我国城市轨道交通建设快速发展的黄金时期。

4.4.1.1 通信系统

轨道交通通信系统是城市轨道交通运营生产和管理的基础,是指挥列车运行、进行运营管理、公务联络和传递各种信息的重要手段,是保证列车安全、快速、高效运行的不可缺少的综合系统。在轨道交通项目建设总投资额中所占比例为2%左右。

一般对通信系统的分类,因其分类依据不同而有所不同。从设备上,通信系统由终端、传输、交换设备三大要素构成。其中涉及的主要软件产品有轨道交通车地实时双向通信系统、列车定位系统、开放传输网络,相关的零配件包括有线传输设备、无线通信设备等。

4.4.1.2 信号系统

城市轨道交通信号系统作为轨道交通最基础的控制系统,不仅影响着轨道交通的行车速度及列车运行间隔,而且影响着列车运行的通过能力及输送能力。一般信号系统在轨道交通项目总投资额中所占比例为3%,技术要求性较高,不仅是安全行车的重要保证,也是衡量城市轨道交通先进程度的一个重要方面。

在整个轨道交通运作中,城市轨道交通信号系统是实现行车指挥、列车运行监控和管理所需技术措施及配套装备的集合。将信号系统所包含的系统设备分类汇总起来如图2所示(以北京地铁4号线信号系统为例)。

列车运行控制系统简称ATC系统,该系统主要由3部分组成:列车超速防护系统ATP、列车自动驾驶系统ATO和列车自动监控系统ATS。其中列车自动控制系统下的ATP是确保列车实现列车间隔保护、超速防护的系统,ATO是轨道交通列车自动运行的关键系统,是未来技术发展的核心环节,ATS是列车自动监控系统,给行车调度人员显示出全线列车运行状态。三个子系统通过信息交换网络构成闭环系统,实现地面控制与车上控制结合、现地控制与中央控制结合,形成以安全设备为基础,集行车指挥、运行调整以及列车驾驶自动化等功能为一体的列车自动控制系统。

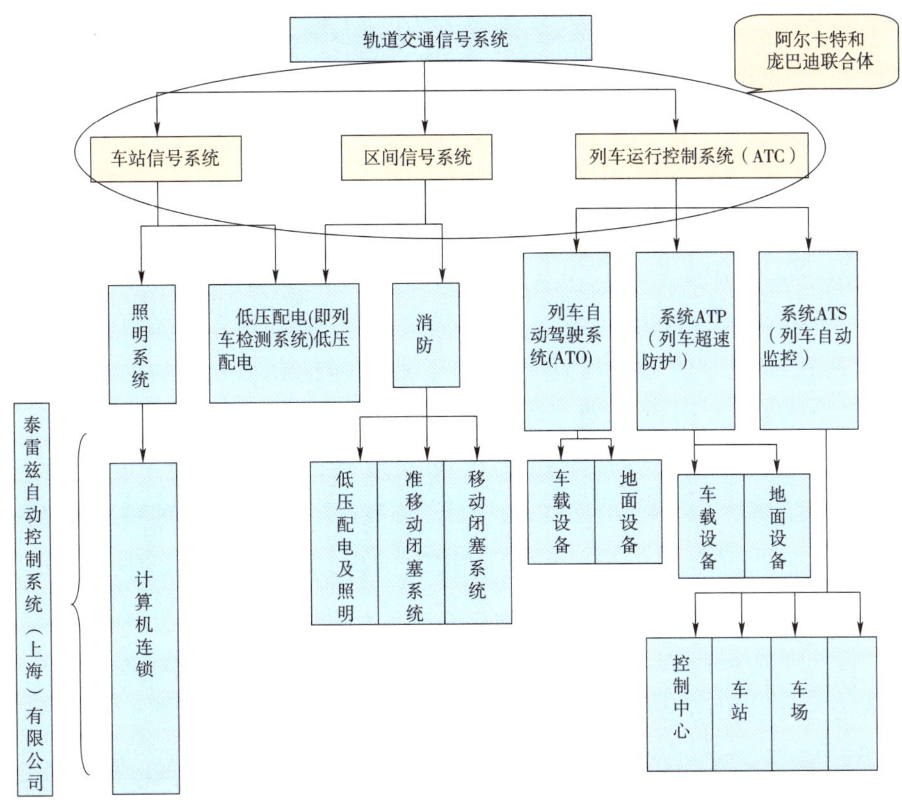

图2 轨道交通信号系统

4.4.2 通信信号行业分析

4.4.2.1 通信系统

从已建成的城市轨道交通线路中可以看出,我国轨道交通通信系统的国产化率能够达到60%以上。这说明我国企业在轨道交通通信系统的供应上还是占有较大市场份额的。

从城市轨道交通建设项目的参与程度来看,国内从事城市轨道交通通信系统行业的企业主要有华为技术有限公司、中兴通信股份有限公司、深圳市远望谷信息技术股份有限公司等。这几家公司分别基于通信系统的各子系统的不同功能来提供相关的设备,从而在不同设备功能领域占有一定的市场份额。

通过对未来行业市场和轨道交通通信行业主要供应商的财务状况分析,可以看出通信市场发展潜力还是比较大的。但是由于我国企业在轨道交通中的市场份额还不是很大,所以对我国通信企业来说,提高研发能力,拓展轨道交通的市场份额,对提升企业利润空间将有很大的促进作用。

4.4.2.2 信号系统

现阶段城市轨道项目轨道车辆和机电设备,国产化政策要求平均国产化率确保不低于70%,其中对信号系统国产化的目标要求为:采用CBTC技术时的,国产化率达到55%;采用其他技术时国产化率达到60%。并且外资法人不能单独参与项目投标。按照轨道交通信号系统每千米平均造价约1200万元计,2010—2020年,信号系统的市场容量约为536.8亿元。但由于合作的国外公司掌握着系统核心的软件和服务部分等利润率最高的环节,2010年之前的的轨道交通信号系统都采用同外资公司合作方式实施。平均估计,在一条地铁的平均2亿元的信号系统建设合同中,至少有30%是支付给外方作为软件及服务费用。综上,我国在轨道交通信号系统业务中的毛利仅能达到20%左右。

作为安全产品,信号系统对系统厂商的业绩资质要求十分严格,信号系统与机车是轨道交通各项招标中仅有的需要国家发展改革委员会审批的两个系统,因此具备很高的进入壁垒。在轨道交通信号系统市场上,拥有技术优势和资金实力的国外大企业仍有着主导地位。而我国国内信号行业市场中只有北京交控科技、通信信号研究院和泰雷兹等6~7家公司具备较强实力,在轨道交通信号系统的投标中可以获得国家发展改革委员的认可。可见,国内企业如能掌握核心技术,相关企业将具有较强的盈利能力和极大发展潜力。

4.4.3 通信信号行业可投资性结论

在城市轨道交通通信信号行业中,通信系统的国产化率较信号系统的国产化率高,一般能达到60%以上。这样相对信号系统来说,我国企业在轨道交通通信系统供应项目中的利润空间较大一些。但由于通信行业在整个轨道交通的投资额中所占比例较小(一般只有2%左右),而且我国通信行业的几大企业在轨道交通中提供的产品多为电话、时钟等终端产品,轨道交通通信行业的投资获利空间有限。

城市轨道交通信号的投资额在整个轨道交通建设工程中所占的比例在3%左右,但其本身的工程设备造价高,高科技内容含量高,涉及通信技术、计算机技术、网络技术和远程控制技术等。我国信号企业在国家倡导的提高轨道交通信号系统国产化率的号召下,积极加快自主研发的进度,逐步掌握信号系统ATC的核心技术,提升我国企业在信号系统市场中的毛利率。所以综上得出的结论是,我国轨道交通信号系统的发展潜力和空间较大。

4.5 智能化管理行业价值分析

4.5.1 基本情况

城市轨道交通智能化管理系统涉及的方面很广,此次研究以综合监控系统、综合安防系统、票务管理智能化系统为重点。

2006—2012 年,我国城市轨道交通智能化系统市场规模年增长率均超过10%。按照智能化管理系统在轨道交通总投资额中平均占4%左右估算,“十二五”期间,轨道交通智能化系统行业将有约500亿元的市场规模。

随着我国轨道交通智能化与信息化的发展、智能化系统在轨道交通与其他系统的高集成性的需求,智能化管理系统的地位越来越重要,其在轨道交通总投资额中所占的比例也会逐步上升。

4.5.2 智能化管理行业主要子行业分析

4.5.2.1 综合监控行业

综合监控系统将环境与设备监控系统、电力监控系统及隧道火灾探测系统进行了深度集成,并实现了与安防系统、AFC 系统的互联,促进了轨道交通大系统的资源共享和信息互通,实现了各机电系统的联动和快速反应,提高了轨道交通运营人员对各类事件的应急反应能力和处理速度,最大限度地保证了乘客的安全,提高了轨道交通的服务质量和综合运营效率。

轨道交通综合监控系统的市场规模从2009至2012年呈现不断上升的趋势,预计2012年的需求量将达到12.5亿元。目前,综合监控系统处于垄断竞争状态,主要参与群体见表1。

参与城市轨道交通的公司　　表1

公司名称	成立年份	注册资本	产品类别	参与城市轨道交通项目
北京和利时集团	1993年	—	综合监控、环境控制、电力监控、火灾报警系统	北京地铁10号线一期(含奥运支线)、亦庄线、13号线;广州地铁3号线、4号线、5号线;深圳地铁1号线续建工程
国电南瑞	2001年	10.5亿元	综合监控系统、环境监控系统	北京地铁5号线、房山线;上海地铁10号线;苏州地铁1号线;西安地铁2号线;广州珠江新城轨道交通综合监控系统;广州地铁4号线、南京地铁2号线环境与设备监控系统
富士通	1995年	—	综合监控	北京地铁房山线、9号线的综合监控系统
深圳达实智能	1995年	1.014亿元	综合监控、安防监控设备、IC卡	香港地铁将军澳支线、港岛线、九广铁路西铁车站;深圳地铁1号线华侨城站、深圳地铁3号线、5号线;成都地铁2号线
浙大中控	1998年	—	综合监控系统	杭州地铁1号线

以上公司在行业内都具有较强的竞争实力,以国电南瑞为代表,行业毛利率保持在30%左右。整体来看,市场竞争比较激烈。同时综合监控系统对软件集成、与其他系统接口的兼容性要求较高,进入壁垒较高,竞争格局比较稳定。

4.5.2.2 综合安防行业

目前,我国轨道交通安防系统主要有视频监控、门禁和报警三大部分。其中,视频监控系统占轨道交通安防建设总耗费的70% ~80%,门禁份额相对小一些,占轨道交通安防建设总耗费的10% ~20%,其次是报警系统,在轨道交通安防中所占份额最小。为了加强安全保障,许多高科技产品如扫描仪、X光机等都被各城市应用于轨道交通的安防中。

汉鼎咨询调研报告显示,2009—2012年,轨道交通综合安防系统的市场规模将呈稳步增长的趋势,即从2009年的5.5亿元增长到2012年的8.125亿元,市场空间潜力较大。目前,轨道交通安防系统的供应商主要包括赛为智能、深圳中航以及同方股份等企业。在综合安防系统中,各企业生产的安防产品有一定的差异性,随着数字化、网络化的发展,市场的进入壁垒也在不断提高。总体上综合安防系统市场的进入壁垒较低,呈现垄断竞争的竞争格局,竞争激烈。

4.5.2.3 AFC行业基本情况

票务清算管理中心(ACC)系统是线路自动售检票(AFC)系统对外信息服务的窗口,可实现与城市交通"一卡通"系统的互联互通,是城市公交联网收费后各条线路的收益分配中心。目前只有如北京、广州、南京等少数城市采用了ACC与AFC互联的方式。现以轨道交通票务管理智能化系统的子系统——AFC系统为主要研究对象进行相关行业的市场分析。

随着中国大陆轨道交通和高铁投资建设加速,2011—2020年中国AFC设备市场也将迎来一轮高增长。截至2010年底,中国大陆建成地铁的城市有12个,线路总长度为1395km;预计到2020年,中国大陆城市轨道交通AFC设备市场规模将达到164亿元。

AFC的市场竞争分为系统集成、硬件设备、模块三个层面的竞争,其中AFC系统集成是AFC市场竞争的制高点。2006年之前,国内AFC项目大都采取总包方式招标,要求竞标方必须有AFC系统应用业绩。因此,只有国际上少数的AFC系统集成商和国内的几家AFC软件系统集成商才有资格参与竞争,硬件及模块提供商由于只能配合系统集成商参与投标,其利润空间在一定程度上被压缩。现阶段,随着AFC系统和设备分别设置标段的开展(如广州地铁),硬件设备企业也开始直接参与轨道交通AFC的竞标。与此同时,我国企业已经开始从单纯的设备供应商转向AFC系统集成研发商、并提供整体解决方案的方向发展。

AFC市场经过近10年的迅速发展,现阶段厂商众多,竞争激烈。且呈现明显的地域性。目前我国AFC市场主要呈现寡头垄断格局,三星、泰雷兹、欧姆龙、京投亿雅捷、熊猫电子等企业为市场领先企业。同时,随着国家政策支持推动AFC系统逐步国产化,国内AFC厂商开始逐渐占据主要市场份额。AFC市场的运维同建设直接相关,企业通过建设介入项目,而后通过运维获得较高的毛利率也逐渐成为行业中的主要发展模式,未来随着轨道交通的发展,该行业具有较大的利润空间。

4.6 智能化管理行业投资结论

综合监控与综合安防行业市场竞争比较激烈,以国电南瑞、和利时以及赛为智能、同方等为代表的比较有实力的公司分摊轨道交通综合监控和安防市场市场;由于综合监控和安防系统集成较强,对软硬件的兼容性要求较高,因此进入的技术壁垒较高。行业的市场竞争已经由硬件设备及其价格方面的竞争,上升为整体解决方案的竞争。因此,市场的利润空间可观,可投资性较强。

AFC系统行业方面,随着国内企业科研技术水平的提高,我国AFC企业已经开始由单纯的设备提供商向产业链附加价值高的上游产业转变。因此,行业的利润空间将有所增加,可投资性较大。

5 结语

城市轨道交通自“十一五”期间开始爆发式增长,“十二五”期间的高投入使轨道交通进入高速成长期,同时巨额投入将使整个轨道交通产业链受益,并全面拉动相关行业的发展,其行业投资价值已经凸显。

通过以上对轨道交通相关产业链建设阶段装备业务中的五大主要行业进行分析,我们可以看到整车总装行业中的车体结构行业、牵引系统行业、制动系统行业;风水电中的牵引供电行业和通风空调行业;通信信号中的信号行业和智能化管理行业是其中相对具有较高投资价值的细分领域。

通过开展这样一项研究工作,有助于我们增进对轨道交通产业的整体理解,有助于加强对相关子行业和细分领域的市场容量和竞争状态的判断,有利于增强对股权投资工作的引导,为公司“十二五”“一体两翼”发展战略的实现作出贡献。

构建和谐企业是个系统工程

北京市基础设施投资有限公司党委

摘　要:在社会主义和谐社会的构建过程中,企业作为和谐社会系统工程建设的基本构成载体,担负着重大的历史使命和社会责任。和谐企业能够积极调和企业各种矛盾,正确兼顾企业各种利益,整合发挥企业各种资源和激发调动企业各种力量。构建和谐企业是构建和谐生产关系的需要,有利于企业竞争力的提升;是构建和谐合作关系的需要,有利于企业发展;是构建和谐员工人际关系的需要,有利于员工发展。构建和谐企业要从建设和谐的领导班子、管理机制、员工团队和企业文化等四方面着手,和谐的班子是核心、和谐的机制是保证、和谐的团队是基础、和谐的文化是灵魂。具体实践中要创新工作思路,提出解决办法,集中各方面的有生力量和可用资源形成最大合力,使和谐企业建设事业快速推进,协调发展。

关键词:和谐企业;领导班子;管理机制;员工队伍;企业文化

党的十六届四中全会上,我们党第一次明确提出“构建社会主义和谐社会”的科学命题,这是深刻总结中国社会发展的客观规律和人类文明进步的普遍经验做出的正确选择,是在关键历史时刻做出的决定国家民族未来方向的关键决策,是时代和历史发展的必然诉求。在社会主义和谐社会的构建过程中,企业担负着重大的历史使命和社会责任。因为企业是和谐社会系统工程建设的基本构成载体,是社会和谐发展的基本物质载体,是维护社会稳定的基本就业载体,是人们安居乐业生活的基本民生载体。与此同时,企业的运行与社会环境又息息相关,在一定意义上说企业运行的规则正是社会规则的缩微映衬,企业的和谐发展活动是构建和谐社会全面改革事业的基本活动单元,企业的和谐发展成为构建和谐社会的源动力之一。可以说,构建和谐社会是我们这个时代的主旋律,企业的和谐发展是时代的要求。在构建社会主义和谐社会的伟大进程中企业如何实现和谐企业的构建,担负起自己的历史使命,承担起社会责任,笔者做出如下探讨。

1 和谐企业的界定和特征

笔者认为:和谐企业是能够积极调和企业各种矛盾的统一体;是能够正确兼顾企业各种利益的共同体;是能够整合发挥企业各种资源的组合体;是能够激发调动企业各种力量的联合体。

首先,和谐企业要能调和矛盾。因为矛盾无处不在、无处不有,万事万物都存在矛盾,这是辩证法的真理。我们企业内部当然不可避免存在这样那样的矛盾。有些矛盾处理不好还可能积聚、转化,甚至是个别的、普通的矛盾,有可能转变成普遍的、特殊的矛盾,从而影响整个企业的战略发展。

第二,和谐企业应该能够兼顾企业各种利益。我们在企业里工作,它是我们共同的家园。因此和谐企业要协调和维护的第一利益应该是公司的整体利益。同时公司的科学发展又建立在每个员工个人发展之上,没有个人的良好发展就没有公司的进步成长,所以这里和谐企业又涉及协调个人的利益问题。这两种利益问题是和谐企业面对的最基本的问题,像这样的利益关系问题,在企业的发展过程中,林林总总,不一而足。

第三,和谐企业要能够整合发挥企业各种资源。企业整合发挥各种资源能力是企业发展的关键环节。企业的科学发展必须要整合经济资源和政治资源、有形资源和无形资源、直接资源和间接资源、技术资源和人力资源、智力资源和情感资源、现实资源和潜在资源等各种资源的关系,使各种资源优化配置,充分发挥各种资源的优势。

第四,和谐企业要能够激发调动各种力量。企业每天都处于竞争的危机中。面对激烈的竞争,有的企业如日中天,而有的企业面临倒闭,这其中非常重要的一个因素就是企业的凝聚力。凝聚力作为企业一种无形的力量有利于员工紧密团结在一起,鼓舞员工的士气,协调员工与员工之间、员工与领导者之间的关系,有利于增强员工对企业的信心,激发员工工作的积极性、主动性、创造性,有利于企业的发展,提高企业的竞争力。

除此之外,和谐企业还应具备以下四点基本特征:一是内部要和畅;二是外部要通畅;三是管理要顺畅;四是心情要舒畅。

首先,内部要和畅。和畅的企业内部关系是和谐企业最鲜明和显著的外部特征。企业内部关系包括员工与员工的关系、员工与领导的关系、领导与领导的关系,以及部门内部的关系、部门之间的关系等。能够有效处理好这些关系是一个公司兴旺发达、和谐发展的必要保证。正所谓:“人勤春光好、家和万事兴”、

"和气生财"。作为一个家庭如此,作为一个企业更是这样。

第二,外部要通畅。所谓外部通畅就是一个企业能够熟练驾驭市场经济条件下,同本企业打交道的各个兄弟单位、政府主管部门及相关单位的各种关系。对于京投公司这样的主业为政府筹措地铁建设资金的投融资平台公司来讲,所要协调和处理的各种关系要更为复杂,很多事情单凭京投公司的一己之力是很难实现的。因此,只有同政府相关部门和单位,以及兄弟公司建立信任、友好、互助的外部关系,才能真正实现一个企业的外部通畅,才能实现企业的和谐发展。

第三,管理要顺畅。人是管理的主体也是管理的客体。科学管理对于企业来讲至关重要。现在几乎大部分企业都认同"以人为本"的人性化管理模式。其实人性化管理的实质,就是达到人心顺进而一切和谐。无论是哪一种管理,重点难点都指向一点:人性。管理涉及上下左右内外,但任何一个方向任何一项事情都是有人在的。人决定着事情的发展方向,决定着事情的成功与否,决定着事情的效率和效益。管理顺畅就是制度和流程、职责和职能清晰明确,以达到政令畅通,令行禁止。大家都能在共同的理念之下,为了共同的工作目标,按照共同的价值理念和规范要求做人做事,那么企业就能够处于一种规范有序、有条不紊、高效运转的状态下运行。因此,一个和谐的企业的再一个重要特征就是,管理要顺畅。

第四,心情要舒畅。个人做任何事情是和心态和心情有关的,一件事情的结果如何应当取决于一个人是否有健康的心态,要学会耕耘自己的心情。笔者的体会,要想保持心情舒畅就是争取做到"四个不为":就是"不为权所争、不为名所诱、不为钱所累、不为灯红酒绿所惑"。对待工资、待遇、级别等个人利益的问题,要有清醒的认识和良好的心态,不要心里融进了狭隘,填满了嫉妒。古人曾经说过:"千里寄书为一墙,让她三尺又何妨?";"路径窄处,留一步与人行";"滋味浓时,减三分让人尝"。如此以往,保持舒畅的心情,感觉做人做事,心境坦荡,自在自如。

2 建立和谐企业的重要意义

2.1 是构建和谐企业生产关系的需要,有利于企业竞争力的提升

马克思主义基本原理告诉我们:生产力和生产关系,经济基础和上层建筑之间的矛盾,是人类社会的基本矛盾。生产力决定生产关系。生产关系又反作用于生产力。国有企业作为机器大工业的主体,是新生产力的代表。企业生产经

营涉及方方面面的生产关系要素。构建和谐企业就是要使企业系统中的各个部分、各种要素处于一种相互依存、相互协调、相互促进、共生共长、稳定有序的状态。和谐企业的构建过程也就是企业内部各要素构成逐渐趋向合理，而且要素之间的匹配程度不断提高、企业协同优化和适应能力提升的过程。和谐企业的构建可以更好的发挥企业内各要素之间的一加一大于二的协同互动作用，从而能够利用企业的有限资源取得较满意的效益。因此，和谐企业的构建有利于企业内部生产要素更有效的运作，从而有利于企业竞争力的提升。

2.2　是构建和谐企业合作关系的需要，有利于企业发展

人和为贵，人和为宝。构建和谐企业尤其是企业间的和谐，有利于为企业长期发展营造一个诚实守信、竞争有序的良好经营环境。一方面，构建企业间的和谐可以促使同行业企业之间避免恶意竞争，有利于建立良好的同业竞争秩序。同业竞争是企业之间最主要的竞争，很多企业为了在行业内取得优势地位，不惜采取各种非正当的措施，进行恶意竞争，结果导致两败俱伤、行业整体竞争力下降。构建企业间和谐，有利于企业间为了行业长远利益和企业的共同利益而团结起来，避免恶意竞争，从而有利于在行业内建立起一种既竞争又合作的良性关系，促进行业整体健康发展。另一方面，构建企业间的和谐可以促使上下游企业之间建立起诚实守信的商业关系，减少或者避免各种商业纠纷，有利于企业在未来的商业交往中更顺畅，从而有利于企业的发展。

2.3　是构建和谐员工人际关系的需要，有利于员工发展

国有企业构建和谐企业，促进企业与员工和谐是根本。员工既是和谐企业的主体，又是“和谐”的创造者，只有企业与员工和谐了，企业构建其他方面的和谐才有了根基和依托。因为，在企业的各种资源中，人力资源是企业的重要资源，“企”字无人则止。构建企业与内部员工之间的和谐，要求企业要尊重和维护员工的利益，把企业利益最大化和实现员工自身价值最大化做到有机的统一，在谋求企业经济利益的同时，不以损害员工的利益为前提。这样，不仅有利于在企业与员工之间建立起相互信任机制，增强员工对企业的忠诚度，提高员工对企业献身的精神，同时，还有利于在企业内建立起和谐共进、相互忠诚的良好的企业文化。而企业员工对企业忠诚度的提高以及和谐共进的企业文化的建立有利于增强企业内部的向心力和凝聚力，这将有利于企业的长远发展，在企业持续发展的大背景下，员工也实现了个人的自我发展。

一部人类历史，便是不断吐故纳新的过程；一个优秀企业的存在，便是不断超越对手和自我，不断创新和发展的结果；一个员工的个人价值，就体现在个人

和团队的创新与协作,为企业和社会创造效益的过程之中。历史是由无数个团体和无数个事件组成的,也包括众多的企业,而企业是以广大员工的存在为基础,创建和谐企业,不但能为个人带来利益,也可以促进企业的发展,推动社会的进步,进而推动历史的进程。

3 建立和谐企业的建议和对策

3.1 要建设和谐的领导班子

3.1.1 树立整体意识、分工而不分家

领导班子要树立整体意识,做到分责不分心,分工不分家,分工不分力。既按照岗位各司其职,又要在一些重要工作、急难事务中通力合作,密切配合,充分发挥整体优势。俗话说:"一个篱笆三个桩、一个好汉三个帮"。要做到经验互补、职能互补、责任互补、专业互补、气质互补、能力互补。领导班子每个人的个性气质和知识特长各有不同,要扬其所长发挥优势,实现人尽其才、才尽其用。更重要的是,领导班子是一个整体,它的整体形象由其中的每一个体形象来整合,树立整体的威信的前提是树立好每个领导个体的形象。班子成员都要摆正个人与整体的关系,不搞各自为政,不能搞封闭式、垄断式管理,应该自觉把分管的工作融入全盘工作中去,才能为各级部门做好表率,才能带领全员做到上下一盘棋,团结一致,开拓进取的良好局面。

3.1.2 树立协作意识、补台而不拆台

领导班子成员应坚持在政治上起导向作用,工作上起协调作用,作风上起表率作用,决策上起拍板作用,团结中起凝聚作用。应做到能容人、容事、容智、容过、容权;从我做起,身先士卒;大事讲原则,小事讲风格,是非问题不含糊,求大同、存小异。这样,才能使一班人互相信任不猜疑,互相尊重不为难,互相补台不拆台,互相配合不推诿,从而树立起良好的团结协作意识,形成一个坚强的领导集体。

3.1.3 树立沟通意识、理性而不任性

沟通是成功领导的核心因素。花些时间去理解别人,远比替他"打补丁"或者纠正双方之间的误会所花的时间要少得多。一个单位领导班子之间不和谐,往往是因为沟通不够。领导班子成员之间定期和不定期的思想交流和沟通,有利于统一思想认识,及时消除误会和隔阂,化解矛盾,增强相互了解和信任,更好地合作共事。领导班子成员可以通过参加民主生活会、中心组学习、个别交流等多种途径,让大家畅所欲言,加强交流、沟通思想,交换意见和探讨问题,互相帮

助。要确保领导班子有足够的机会和时间进行思想碰撞,及时掌握情况,进行批评与自我批评,减少工作摩擦,达成基本共识,形成团结合力,遇到重大问题意见不一致时,不急于决策,把各种不利于团结的因素扼杀在摇篮、消除在萌芽状态。

3.1.4 树立民主意识、果断而不武断

民主集中制是我党的根本组织原则和领导制度,既是班子团结和谐的组织要求,又是班子发挥整体功能的制度保证。要正确处理好民主与集中的关系,首先要有民主意识,自己作为班子中的一员,应该出题目不定调子,应该让全体成员充分发挥自己的才智,而不应该家长制、一言堂,大包大揽;其次要敢于果断拍板,要充分吸收各种意见的成分,将正确的意见集中好,将分歧的意见统一好,否定的意见说明好,果断做出决定。在做决定或决策中往往会受到方方面面因素的干扰,这就需要保持清醒的头脑,要不为名利所惑,不为压力所动,不为人情所困,使所做出的决策经得起实践的检验。

3.1.5 树立换位思考意识、到位而不越位

和谐就是力量,和谐出凝聚力,出生产力,出战斗力。有领导班子的和谐,事业才会有成功的前提和基础。“和”既是一种传统美德,更应该是一条严格的组织原则。讲和谐要树立大局观念,领导班子当中的每个人都要经常换位思考,互相尊重,多交流,多沟通,求大同,存小异,努力做到思想上“同心”,目标上“同向”,行动上“同步”,事业上“同干”,也就是做到上下团结、左右同心。我们工作目标的实现靠的是集体力量,个人力量毕竟是有限的。要创造性地工作,要有分工、不唯分工。努力做到领导工作要到位不越位,有点子,有思路,相互之间要一条心,一股绳,一个劲,一个音,形成合力。

3.1.6 树立思想工作意识、说服而不压服

随着对外开放的扩大,各种文化相互激荡,各种思潮不断涌现,社会意识形态出现多样化趋势。在今天这样一个开放、复杂、多样、变化快的社会,人们的思想行为呈现出独立性、选择性、多样性、多变性特点。对于一个领导班子的成员来讲,由于不同学习工作经历、不同生活生产环境、不同家庭背景、不同性格特点人群的个性化思想动态,在实际工作中,就会出现对于个别问题不同的认识和理解,如果对于某件事以力压服可能会暂时让人服从,但这就同时埋下了以后不和谐甚至是矛盾激化、爆炸的引子。如果换一种思维方式,换一个方法,用春风化雨、润物细无声的说服的思想政治工作方法,解疑释惑,理顺情绪,整合思想,化解矛盾,就会取得截然不同的效果,达到班子和谐团结的目的。

3.2 要建立和谐的管理机制

3.2.1 健全科学的领导机制

公司着力构建了“权责分明、各司其职、科学决策、规范运作、高效运转”的法人治理结构,为京投公司实现科学发展奠定制度和机制基础。董事会、党委会和经营层既各负其责,又协调配合,体现了“一盘棋”的大局观。三方作为一个领导整体建立起有机的联系。一是对于公司经营理念和工作方法思路等一些重大问题,党政各方均可提议召开联席会,通过务虚会的形式,认真讨论达成共识;二是经营层如对自身职权范围内的一些事项感到难以确定时也可以提交党委会和董事会讨论议定;三是党委会成员通过列席经理办公会对日常决策知情参与。这些做法弥补了机制设计中刚性规定的不足,使三方做到了“统分结合、协调有序”,使京投公司的法人治理结构初步实现了和谐高效的运转。

3.2.2 建立和谐的工作机制

制度建设、制度创新贯穿于企业改革发展的全过程,建立健全科学的制度体系,用制度来规范和调节各种关系,使一切生产经营活动都有制度可依、有制度可循,以此形成有效的构建和谐企业的工作机制是构建和谐企业的前提。2006年,京投公司扎扎实实地开展了“管理年”活动,全体员工共同参与,党政主要领导亲自参加了文化建设访谈活动,对公司重要制度、流程、职责等进行专题研究,实现了“五个一”的工作目标,即:建立健全了一批(71 项)重要的管理制度,建立理顺了一套(181 项)主要的工作流程,修订健全了一套(44 个)岗位职责,初步建立形成了一个资源共享的管理数据库,提炼形成了一个共同的管理理念。明确和规范了公司上级和下级之间的关系、部门与部门之间的关系、本部与下属公司之间的关系、公司内部与外部之间的关系。

3.2.3 建立科学的教育引导机制

和谐企业离不开和谐的舆论氛围。舆论氛围的和谐是企业和谐的必要条件,舆论氛围和谐的程度反映和影响着企业和谐的程度。在构建和谐企业的过程中,要实现企业发展的和谐、思想观念的和谐、利益关系的和谐,都需要正确的舆论导向提供保证,而正确的舆论导向的营造离不开科学的教育引导机制。以京投公司的经验来看,把党、政、工、团联合起来,围绕和谐建立立体化综合的教育引导机制是一种比较行之有效的办法。在教育引导过程中,党要讲信念、讲发展、讲统筹、讲保障;政要讲目标、讲建设、讲管理、讲业绩;工要讲团结、讲维护、讲关爱、讲监督;团要讲理想、讲价值、讲奉献、讲培养。四方合力,站在企业的根本利益和长远发展的角度,牢牢把握正确舆论导向,提高舆论引导水平,广泛深入地宣传构建和谐企业的重大意义、科学内涵、重要原则和主要任务，激发员工构建和谐企业的创造活力，把员工的积极性、创造性引导到全身心地投入到生产经营、构建和谐企业上来，真正使和谐企业的思想深入人心，成为员工的共同理想和自觉行动，积极营造一切有利于企业进步的创造愿望得到尊重、创造活动得到支持、创造才能得到发挥、创造成果得到肯定的良好的舆论环境，着力营造顾全大局、珍视团结、维护稳定的和谐舆论氛围。

3.3 要打造和谐的员工团队

3.3.1 树立和谐理念，构建和谐团队的思想条件

思想是行动的先导，只有思想和谐，才能行动和谐。和谐从心开始，心和才能人和，才能工作顺利，事业兴旺。建设和谐团队，首先要树立和谐的思想，才能在心灵世界中实现和谐，为和谐团队建设解决好思想上的“开关”问题。

一是要树立“同事是最重要朋友”的理念。人们在一个团队中工作打拼，成为同事，具有共同的理想、一致的目标、相同的任务，具有很大的偶然性，是一种缘分，一种机遇，应当珍惜共处的人生，珍惜共同的事业，成为好朋友、好同志。

二是要树立“合作是最重要纽带”的理念。合出凝聚力、出战斗力、出生产力。合作就是力量，合作就是胜利，内讧必然内耗，内耗必然衰败。只有以合作为纽带，视合作为生命，团队和谐才有可能。和谐要求人们以大局为重，以集体为先，求同存异，团结合作，不计较个人的恩怨得失，不苛求别人跟自己合作，而应当积极争当善于团结别人、协调各方、易于合作的典范。

三是要树立“宽容是最重要美德”的理念。“海纳百川、有容乃大”，人生存在社会当中，应当有宽容之心，容人之量。弘一法师说：“以冰霜之操自励则品日清高，以穹隆之量容人则德日广大”。和谐所追求的境界是“和而不同”，主张宽恕和包容别人的缺点和不足，尊重和倾听别人的不同意见。在人生的道路上谦让三分就能天宽地阔，相互宽容、相互体谅往往能开创人际关系的崭新局面。生活在一个团队中难免会碰到许多来自别人的磕磕碰碰，需要秉持宽容之心对待别人的不当之举，宽容、谅解和理解别人，不能针尖对麦芒，更不能冤冤相报。

3.3.2 提升员工素质，构建和谐团队的群众基础

团队是由若干个体组成的。个体成员是和谐团队建设的微观基础，只有多数成员具有良好的素质，和谐的氛围才能形成。要加强加大对员工培训力度，体现培训是福利的理念。

一是要教育团队成员正确对待工作，临事以敬。团队是为了共同的事业组成的集体，有着共同的工作目标、任务和理念。构建和谐团队需要各个成员勇于

任事,敢于担当,敬业奉献,不能对工作拈轻怕重,挑肥拣瘦,讨价还价。既要认清工作形势,结合时代要求,又要发扬优良传统,大力倡导爱岗敬业的职业道德,引导人们敬重自己的职业,专心致力于自己的事业,千方百计把工作做好。要把工作视为人生的第一需要,展示个人的才干,享受劳动的快乐,实现人生的价值。

二是教育团队成员正确对待他人,待人以诚。古人崇尚:“己所不欲,勿施于人;己之所欲,当施于人”。人就应该待人以诚,设身处地为他人着想。能见人好,不戴有色眼镜,不吹毛求疵,能看到他人的优点和长处,肯定他人的成绩与贡献;能容人好,不眼红,不妒贤嫉能,不因为别人强于自己而耿耿于怀,怀小人之心,出诽谤之言,行排挤之事,打击别人;能助人好,乐于助人,有人梯精神,甘当绿叶配红花,注意发挥别人的长处,放大别人的优点,祝他人成事立业。

三是教育团队成员正确对待自己,律己以严。“责己严者受人敬”,“律己足者以服人”。摆正自己与他人、个人与集体的关系,严于律己,才可以使周围的人心悦诚服,赢得人际关系的绿色环境。要坚持自省自励,要有“吾日三省其身”的勇气和自觉,多点谦虚,少点盛气;多点自励,少点自负。坚持淡泊名利,先公后私,先人后己。真正对人公正,对己清廉,别人就容易理解,团队就容易和谐。

3.3.3 发挥领导作用,构建和谐团队的领导保障

俗话说:“群雁高飞头雁领”。建设和谐团队,领导是关键,是保障。只有领导身体力行,指挥有方,举措得力,团队才能够和谐。

一是要以身作则,做好示范表率。和谐团队的打造关键在于领导者从自身做起,号召大家做的事,自己首先要做到;要求大家抵制的事,自己绝不染指。这样团队的和谐就在领导的影响下形成,在领导的影响下进步。领导体现的思想境界和道德情操,直接影响着一个团队和谐风气的形成,是团队和谐程度的风向标。

二是要发扬民主,坚持群众路线。领导在团队中处于核心地位,起关键作用,必须面对团队成员,善于听取不同意见,充分了解民意,广泛集中民智,实行民主决策,必须尊重人、关心人、爱护人、发展人,对团队成员态度上要平等、感情上要真诚,思想上要沟通,工作上要理解,生活上要关心,成长上要爱护,让大家在团队中感受到家的温暖,感受到集体的和谐。

三是要履职尽责,抓班子带队伍。为官一任,则在一方。领导不仅要带头实践和谐理念,还要担当起领导责任,把班子抓好,把队伍带好,打造出和谐的团队。要善于出主意,想办法,在团队中大力提倡好风气,抵制坏风气;要建章立制,按制度办事,靠制度规范成员,要加强思想政治工作,换位思考,敞开心扉,说

知心话,解疑难事。只有这样才能营造友好、友谊、友爱的环境,使团队充满善良、善意、善举,才能建设一个人心情舒畅,处处温暖如春的团队。

3.4 要培育和谐的企业文化

和谐企业文化是现代企业管理的重要组成部分,是一种无形的管理方式,是企业管理的灵魂。和谐企业文化犹如企业机体的神经中枢和潜意识,是企业凝聚力和活力的源泉,它决定着企业的价值观。管理学大师德鲁克曾说过:"管理以文化为基础,企业任何的变革必然需要有文化相支撑,才能使相应的观念深入人心"。

3.4.1 要内化于心

在观念形态文化上内化于心,即把企业文化理念转化成被广大员工所共同认同的、遵守的做人做事的准则,促使抽象的文化理念根植于员工的内心、传承于员工的血脉,全面培养员工对企业的认同感、归属感和凝聚感,形成企业共有的价值取向特征。文化理念的内化,首先需要达成理念故事化、故事理念化和理念人格化,也即把抽象的文化理念,通过形象的企业事迹来具体化、通俗化,使得员工易于看懂、理解与消化;把在企业里产生的先进的企业事例,通过抽象思维将其高度浓缩为企业文化理念,促使先进的事迹继续发扬光大;把概念化的企业文化理念通过企业精英、企业英雄、劳动模范和先进人物,使得它转化到活生生的人身上,实现人格化。京投公司近两年采取了文化征文、表彰先进等主题活动形式,有力推动了企业文化内化于心的工作,起到了很好的效果。

3.4.2 要固化于制

即把抽象的文化理念,通过企业管理机制、体制和制度体现与反映出来,促使文化理念用规章与制度得以固定、稳固,让员工既有价值观的导向,又有制度化的规范和激励。硬件不支持,再好的软件,也无法正常运行。缺乏制度化保障的文化是虚无缥缈的,因为文化理念的抽象性、笼统性的特征,一步到位地要求人员按照文化理念去贯彻执行是很困难的,唯有把企业制度作企业文化的载体,才能更好地促使文化理念成为员工的行为指南。同时,当体现文化理念的制度与机制被员工心理广泛接受、自觉遵守的时候,企业文化无形之中就实现了落地。基于企业理念的高度抽象性,当企业提出自己的某一理念时,能够直接认同并接受下来的人是少数,用这一理念作指导及做出具体行动的人更是少数,因此,企业就得建立以企业理念和价值观为导向的制度,在制度的强制下,使广大员工发生与企业理念或价值观相吻合的行为。在执行制度过程中,企业理念和价值观不断内化,最终就变成了员工自己的理念和价值观,实现了文化理念的落地。

3.4.3 要外化于形

即要使得文化理念落实到员工的具体行动之中,变成员工的自觉行为或者行为习惯,而且通过员工的行为展示企业文化、企业风貌,树立企业的良好形象。如果文化理念不能外化于行,再华丽的理念,也很难把企业文化建设的成果转化为智力生产力。企业文化建设重在“知行合一”,仅“知”,而不“行”,不讲究实践,终究难以取得成功。另外,建立企业文化管理机制,多种方式奖励积极贯彻执行企业文化者,逐步边缘化不认同、不执行企业文化的员工,既使得员工尝到企业文化建设的“甜头”,又使得员工体验不贯彻执行企业文化的“苦果”,如此,才能让员工真正反思与认识到贯彻实施企业文化的价值与意义。

以上简单总结就是:和谐的班子是和谐企业的核心、和谐的机制是和谐企业的保证、和谐的团队是和谐企业的基础、和谐的文化是和谐企业的灵魂。

综上所述,笔者认为:构建和谐企业是一项意义重大、时间紧迫而又需要长期坚持的系统工程,它需要企业的行业决策者、企业中高层管理者和企业基层建设者深入研究,集中各方面的先进理念和思想成果形成集体智慧,在开放民主的积极氛围中,探索领导班子建设、机制建设、团队建设、企业文化建设等方面的诸多课题,碰撞思想,把握方向,在实际工作中创新工作思路,提出解决办法,通力配合,集中各方面的有生力量和可用资源形成最大合力,使和谐企业建设事业快速推进,协调发展。

开展京投公司企业文化创新
服务首都基础设施建设发展

北京市基础设施投资有限公司人力资源部

摘　要：在市委、市政府、市国资委和相关委办局的领导和支持下，京投公司领导高度重视企业文化建设工作，全体员工共同努力开展了企业文化创新，以为首都城市建设做出实实在在的贡献为使命，建立了京投文化体系，京投公司《以创新文化引领京投公司科学发展》荣获"2009 年度全国企业文化优秀成果奖"称号、"2012 年度中国最佳雇主"荣誉称号等，取得了丰硕创新成果，助力首都基础设施建设和城市发展。

关键词：京投公司；企业文化；基石精神

2003 年 11 月，北京市国有资产监督管理委员会出资并依照《公司法》组建成立了国有独资公司——北京市基础设施投资有限公司（以下简称"京投公司"），承担北京市轨道交通等基础设施项目的投融资、前期规划、资本运营及相关资源开发管理等职能。截至 2012 年底，公司注册资本 628 亿元，净资产 972 亿元，总资产 2808 亿元，累计实现净利润 35.53 亿元，成为首都具有一定影响力的综合性投资公司。

作为一家非生产型企业，京投公司具有显著的投资控股型企业的特色，作为一家基础设施投资企业，京投公司又具有显著的社会价值实现动机，这些特性决定了京投公司必然会形成一种特色鲜明的企业文化，这种文化植根于经济效益与社会价值的实现，成型于创新开拓与稳健扎实并重的经营活动，依托于高素质、年轻化、专业化的员工队伍，这种企业文化的形成不仅对京投公司的发展具有重要的保障和促进作用，对研究国有企业改革，探索新型国有企业建设符合自身实际的文化都具有重要的参考作用。

1 企业文化应用认识

在市场经济的环境下，企业为社会提供各种产品和服务，是社会的主体细胞，是人们进行各种生产的组织形式。一个企业创办后，能否生存和发展取决于其所提供的产品和服务是否能够得到社会的承认和接受,并因此而得到回报。由于人类社会需求的多样性,作为主体细胞的企业和人体细胞一样也必然要具有不同的机能和属性。员工是企业的细胞。在市场经济的社会里,作为社会基本元素的劳动者,因企业而划分了归属,形成规模、属性各异的群体。凡社会群体都会有或应该有这个集体中大多数成员所接受和认可的道德规范、行为准则,在企业就称作“企业文化”,企业的定位、企业核心文化的创立与企业的资金、技术等物质条件等均是企业发展的前提和基础。

1.1 企业文化的重要意义

企业文化是企业这个群体中多数成员所接受、认同、信奉的道德标准和行为规范。企业一旦形成了多数成员所接受、认同、信奉的道德标准和行为规范,就使这一企业平添了一种精神动力。这与军队打仗士气高低是胜败之关键是同一个道理。《孙子兵法》开篇就说:“道者,令民与上同意也,故可以与之死,可以与之生,而不畏危也”。这个道,就是军队文化,是和企业文化一样的群体文化。同时,企业文化的形成也使这一企业有了明确清晰的宗旨、信仰和品格,必然会大大的提升企业在外部的信任度和亲和力。也就是说,一个企业如果形成了一套先进又有特色的企业文化,则必然内强凝聚力、外增亲和力,企业发展空间和动力则必然成倍增长。

1.2 企业文化的创立是企业最高决策者的重要职责

一个企业的创立是股东的职责,如果创立公司的股东自己经营,那么是否具有适合的优秀的品质和性格则是这一企业能否发展的前提。若是委托经营,则股东的任务是出资和选定经营者。而被选定的企业经营者其重要职责就是要开始创立核心的企业文化。甚至应该说一个企业经营者(或团体)被选定的重要条件应该是他(他们)具有适合主持统领这一企业的优秀品质和性格。

对于企业文化的创立与形成是企业最高决策者将自身的优秀品质性格提升、完善,转化体现于企业,使之系统化并赢得员工接受、认同、信奉的重要过程。优秀企业文化的创立、形成、维护对企业的持续发展至关重要,理当成为决策者的重要工作职责。而且尽管企业文化的系统化和维护需要公司相关部门和全体员工的共同努力,但其核心内容一定是最高决策者本人某些优秀品质性格的延伸和转化。若不能成为其重要职责亲自梳理,则其他人无从下手,“企业文化”也就无从谈起。

1.3 企业文化既要基于社会现实,又要凸现自身特点

企业是社会的主体细胞,企业的追求与性格必然要与企业所处的社会在总

体上相适应。一个企业的企业文化是企业成员道德标准、行为规范的集合。同时,具体的企业文化又应该是全社会企业文化的子项,而全社会企业文化又是这个社会文化的子项。所以企业文化首先要不违背社会的主流文化的前进方向,不违背全社会企业文化的基本原则,否则这个企业则成为了另类,必将难以生存,终将被社会所淘汰。比如,诚信是人类普世道德标准,如果企业文化推崇欺诈骗钱,迟早必然毁灭。比如中国文化普遍推崇尊敬老人,而如果一个企业极力排斥老人,工作几年必须辞退,这也很难被员工认同,很难被社会认同。中国人有一定的民族情结,如果一个企业专门设定了某些有伤中华民族情结的制度机制也必将难以维持。

企业文化在与社会主流文化和谐一致的前提下,又一定要有自身突出强调的品质,有自身独特的内容,否则就不能称其为本企业文化。比如美国微软的战略是"集中精力攻占一个有潜力且竞争对手未几的市场","尽量以较大的规模提早进入看好的市场"。这样,微软的企业文化则一定是一个"敢为天下先"的文化,它强调创新而不拘泥于陈规。在微软工作,着装很随便,T恤衫、牛仔裤就很合适,若是西装笔挺,多半是外来的客户。办公室的布置也允许个性凸现,上班时间可以弹性,但同时每一个员工都认为自己做着全世界最伟大的事业,都因为自己是微软员工而感到荣耀。而海尔、TCL、联想这些企业的战略是品牌战略,是以强烈的民族自尊心和责任感来振兴民族产业参与世界之竞争。它们的目标分别是"海尔,中国造"、"世界的联想"、"TCL,世界级的企业",为此,它们突出的强调的品质是执行力强、工作效率高、决策反映快,团队统一,步调一致。张瑞敏要求员工打卡上班,自己也打卡。李东生要求员工上班穿西装,自己也永远是西服革履。企业文化的创立还要结合本企业所处的环境以及历史沿革。不同的地区、具体的历史事件以及特定的人员来源等都是创立企业文化的基础因素。

与企业战略相吻合,结合企业所处的历史与环境的现实,依托领导者的品质与智慧,加上团队、员工的讨论与梳理,才能创立优秀的本企业文化。

1.4　企业文化的价值在于它的维护和贯彻

企业文化的创立依赖于企业家的品质和智慧,但这创立的只是核心理念,而这核心理念真正形成一种精神动力,并全面转化为企业的核心竞争力,还需要将这核心理念上升为系统的企业文化。同时,它又被员工所认同、信奉并真心实意的以实际的言行来维护来贯彻。一位专家在一篇文章中提到:一位海尔的员工在被问到"这么忙到底为什么"的时候,他认真的回答"为了中国的民族工业啊",在当时的场合及当事人的情况下,这一员工绝没有作秀的必要,只有两种可能:

一是他真如此认为,二是他被教化成这样。专家所举的这个事例说明,不管怎样,为中国的民族工业振兴做出自己的贡献已成为了海尔员工普遍认同的道德标准,也成为了他们工作动力的源泉。这种精神的力量为海尔创造了大量的物质收益。

企业文化是否成功体现于它是否能够在企业员工心中生根存活。这要求企业文化的核心理念本身的优秀,它一定吻合于人类普世美德的真谛,一定适应于社会主流文化的原则。同时,一定具有较强的感染力和亲和力,还应该充盈着豪情和智慧。

根据核心理念梳理而成的企业文化体系,若要得到广大员工的真心信奉,必然要求企业家及管理团队真心予以践行,要在企业的各项制度机制中充分予以体现,一以贯之。在经营管理过程中,要采取各种方式来向员工宣讲、组织学习并引导员工参与讨论,随时发现先进,以各种方式表扬优秀,有条件可以树立典型,形成榜样。

企业文化的维护包括对企业文化内容的不断提升,使其具体内容与时俱进,保持其优秀和先进。同时还包括在企业生产经营管理以及整个企业生活中对企业文化的忠诚,要坚决维护贯彻企业文化所标榜的道德规范与行为准则,不能因小利而失大节,更不能阳奉阴违、说一套做一套。要将优秀企业文化维护与贯彻当作企业的生命。

如果一个企业将一整套优秀先进的企业文化植根存活于广大员工之中,那么这一企业不但能够持久发展,而且必将成为一个成功的企业、一个伟大的企业。

1.5 国企企业文化建设的特点

在完全市场经济的环境中,国有企业是特例。但在当今我国现实中,国有企业确具有较大的普遍性。对于国有企业来说,企业的企业文化建设是企业发展的重要保证。所不同的是创立企业文化的主体其身份不够清晰,使得在具体操作层面上有了一些逻辑上的缺陷。

对于企业文化建设,应该是国有企业的长项。国有企业中,经营管理者与员工之间更具有天然的亲和力,国有企业的文化更容易与社会主流文化保持一致。国有企业的党团组织应该是建立推广企业文化的重要资源和骨干系统。但是创立优秀的企业文化对于国有企业来说也有着难以弥补的弱点:首先,国有企业经营者不够稳定,使得有特色的企业文化难以形成;其次,国有企业的决策者有时其个人的利益取向与企业利益并不一致;再有,国有企业的领导团队是组织安排,并不是志同道合者的集合。所以团体本身并不一定能够接受、信奉一套较为一致的文化理念。这些弱点可能会消弱国有企业文化所应具有的价值。不过企业文化的建设不需要承担较大风险成本,且国有企业党团组织本身天然就应具有这一职责,应该在国有企业中提倡、要求创建优秀的企业文化。同时根据企业领导人的素质和团体情况,尽可能使具体的企业能够形成真实、有效、先进、优秀的企业文化,以此来使国有企业更为和谐,更具有凝聚力,保证和促进国有企业的健康发展。

2 全员共同参与,建立了京投文化体系

京投公司通过开展“管理年”活动,公司领导和全体员工一起共同梳理提炼了主要内容是“坚实、质朴、开拓、承载”的企业文化核心——“基石精神”,从不同的方面高度概括了实现企业战略需要达到的精神状态,同时也具体地勾勒出典型的京投人的精神特质。截至目前,京投公司已经建立起以创新为核心的企业文化。主要表现在以下方面。

2.1　明确了公司的使命追求

京投公司的使命追求:是以全面完成市委市政府赋予的城市基础设施投融资建设任务为使命,以轨道交通建设为重点,通过市场化运作,保证资金供给,降低投资风险,优化资源配置,提高服务质量,为北京市城市建设做出实实在在的贡献。

2.2　确定了公司的共同愿景

公司根据自身的职能定位和未来的发展规划确定的共同远景是:京投公司致力于推动中国城市基础设施投融资事业的创新与进步,并成为该领域的探索者、实践者与建设者;京投公司致力于打造公司的核心竞争力和可持续发展能力,立志成为政府信赖、民众满意、富有成效的投资控股企业;京投公司致力于营造和谐向上的文化氛围,搭建奋发有为的事业平台,成为全体员工共同成长、实现理想的工作家园。

2.3　形成了公司的核心价值观

核心价值观是京投公司企业文化的核心内容,主要包括三个层面:一是经营宗旨、二是管理理念、三是企业精神。

(1)京投公司的经营宗旨是“五个服务”即服务政府讲责任、服务社会创效益、服务伙伴谋共赢、服务客户重诚信、服务员工暖人心。①服务政府讲责任——要员

工铭记京投公司的神圣使命与历史责任,明确自身的职能定位与目标要求,出于公心,不抢戏,要补台,站在整体立场上思考问题,积极主动、大胆果敢地承担责任,不负政府重托。②服务社会创效益——服务和谐社会,建设首善之都,打造卓越企业,积极寻求并努力实现社会效益与经济效益的共同提升,在创造最大社会效益的同时,实现国有资产的保值增值,实现企业的良性发展。③服务伙伴谋共赢——尊重合作伙伴,提倡换位思考,相互理解,平等相待,积极维护和谐、高效、严谨、共赢的协作关系,谋求在合作共赢中成就共同的事业。④服务客户重诚信——工作中注重以诚待人,以信取人,做遵章守法、诚信经营的典范。⑤服务员工暖人心——关心员工成长,创建事业平台,提供发展机会,成就美好人生。公司珍视每一名员工的价值,不拘一格选人才,不遗余力促发展。公司提倡员工间的相互关心关爱、互帮互助,努力营造和谐、健康、奋发有为的工作环境。

(2)京投公司的管理理念是求真务实,开拓创新,精细严谨,高效规范。①求真务实——“求真”就是要通过解放思想,来进一步挖掘事物内在的本质规律,不断探求基础设施投融资事业的发展规律。“务实”就是按照规律办事的态度与行为。求真务实是我们的传统风范,它要求我们努力探索规律并自觉按照规律办事,倾心尽力地创造更佳的工作业绩,在稳健经营中追求卓越。②开拓创新——创新带来生机,创新孕育发展。创新是京投的基本精神品格。我们从事的事业,既无成熟模式可寻,又无成功经验可依。面对尚不完善的城市基础设施投资管理体制,肩负城市基础设施建设的繁重任务与事业承诺,唯有解放思想,开拓创新。③精细严谨——“精细”强调精益求精、精打细算的要求,城市基础设施建设投融资规模大、周期长、方案复杂,并且大部分是财政投资,必须精打细算,把好当家理财关。“严谨”强调认真负责的态度,重调研,重细节,一丝不苟,注重安全,防范风险。④高效规范——工作重成效,管理讲规范。严格执行制度,遵循流程要求,遵守管理制度与决策程序,努力提高工作效率,做到积极主动,高效运转,关注成果。

(3)京投公司的企业精神:从事城市基础设施投融资的京投人,为完成自己的事业使命,甘做城市建设的基石,崇尚“基石精神”。①坚实——只有每块基石的坚固结实,方能构成坚实可靠的城市基础。只有每个京投人的团结合作,牢不可破,方能构筑和形成京投公司的坚强合力;只有每个京投人从我做起,不断提升个人素质能力,方能提升和形成京投公司的核心竞争力,这是京投人的内在品格。②质朴——基石虽是朴实无华的,却能托起广厦万千,京投公司力求朴实而不虚浮，踏实而不矫饰。对政府、对兄弟单位、对客户、对同事胸怀坦诚，这是京投人的外在风貌。③开拓——基石总是敢为人先，无论环境多么复杂，它总能不断地创新与前进，凭借自身的坚毅果敢迈出高楼大厦的第一步。这正是京投人事业品格的写照。④承载——基石构成轨道交通的基础，承载着城市交通运输的重压。每个京投人面对事业的压力、挑战，要坚强不屈，勇挑重担，默默无闻，甘于奉献，这是成就京投事业的保证。

2.4　行为规范

行为规范则指明了京投人在工作中所应恪守的职业规则及应体现出来的职业风范。

切实践行社会主义荣辱观，遵纪守法，文明礼貌，争做合格优秀的社会公民，爱国守法、明礼诚信、廉洁自律、崇德敬业、服务社会是对京投员工的基本要求；京投的未来，取决于一批又一批卓有成效的管理者，取决于他们能否以高尚的道德、职业的精神、专业的风范，恪尽职守，勇担重担，积极做出贡献。

公司各级管理者是京投事业的中坚力量。按照公司三个层面，高层领导、中层领导和员工三个层面，从决策、组织、执行三个层面，我们提出了一些基本的职责和要求：一是要以人为本，尊重员工，人人成才；二是要以实为基，做好细节，事事扎实；三是要以德为尚，德才兼备，时时敬业；四是要以和为贵，团结协作，处处和谐。

2.5　企业形象展示

企业标志（企业 logo），如图 1 所示。

企业形象广告（包括企业宣传口号），如图 2 所示。

图 1　企业标志

图 2　企业形象广告

2.6　企业文化创新成果

京投公司成立以来,以“贯彻落实科学发展观,提升公司投融资能力,为北京轨道交通发展和城市建设提供有力保障”为统领,探索创新了多项融资模式,在圆满完成政府赋予的轨道交通投融资业务的同时,公司领导率先垂范,身体力行,打造了一支团结和谐、富于战斗力的企业团队,开创建立了独具特色的以“基石精神”为核心的企业文化体系。京投公司以先进的企业文化引领公司科学发展,创新践行于轨道交通投融资各项工作中,并得到了社会各界的赞誉。2009年11月公司荣获了由中国企业家协会、中国企业联合会组织评选的“2009年度全国企业文化优秀成果”,公司前任董事长王琪获得“2009年度全国企业文化突出贡献人物”称号,2012年12月经中国雇主品牌论坛理事会和中国雇主品牌遴选专家团调研、评选,公司荣获“2012年度中国最佳雇主”荣誉称号,进一步提升了京投公司作为积极肩负重大政治责任和社会责任、助力首都轨道交通科学发展的国有独资公司的社会影响力。此外,京投公司获得其他多项国家级、市级、行业级奖励成果。

3 京投公司企业文化建设工作进展

打造了“以全面完成市委市政府赋予的城市基础设施投融资建设任务为使命,以轨道交通建设为重点,通过市场化运作,保证资金供给,降低投资风险,优化资源配置,提高服务质量,为北京市城市建设做出实实在在的贡献。”为使命追求,以“坚实、质朴、开拓、承载”的“基石精神”为企业精神的京投公司特有的企业文化,从建设首都重大基础设施投融资平台企业文化角度丰富中国企业文化。

3.1　京投公司的企业文化完成了从“从起步到规范再到升华”的建设工作,实现了企业文化建设到企业文化管理的转变

3.1.1　完成企业文化建设初创工作

2001年北京申奥成功对于北京地铁发展是难得的历史性机遇,但也是严峻的挑战。为解决地铁建设所需大量资金问题,2003年11月,市委、市政府将原北京地铁集团公司改组,专门成立北京市基础设施投资有限公司作为地铁建设的融资平台,承担首都基础设施项目的投融资和资本运营任务。京投公司初创伊始,公司领导高度重视企业文化对企业的正向激励与凝聚作用,随时总结京投公司运营一段时间以后工作上的成功经验和难点挑战,公司领导班子一道形成了解决问题、看待挑战的方式方法。在此基础上,京投公司形成了以“坚实、质朴、开拓、承载”为精神内涵的“基石精神”。建基于市一级重大基础设施投融资平台

基础上的“基石精神”精准地把握了京投公司的独有气质，为京投公司全面落实市委、市政府奥运工作任务及其他各项政府项目奠定了坚实的基础。

3.1.2　实现企业文化建设到企业文化管理的跨越

在京投公司开展的“管理年”活动中，公司领导班子参加文化建设访谈，对公司重要制度、流程、职责等进行专题研究，对企业经营理念进行总结，对企业文化理念进行提炼，对独具京投公司特色的文化纲领、价值立场、行为规范进行完善，集思广益，形成了京投公司《企业文化手册》。京投公司企业文化建设工作完成后，公司领导班子立足实际，着眼大局，着力在企业文化管理上下功夫，清晰确立公司运行的价值核心，由领导班子强烈传达核心价值信号，并围绕核心价值直接从公司最关键的问题着手，展开战略、架构、人力、流程等各个关键环节的调整，不断推动公司的系统变革。为确保公司战略目标的实现，适应公司自身业务不断扩展和外部环境变化的实际，按照加强专业化、精细化管理的原则，对公司本部组织架构进行调整，将原来的7个部门增至15个部门，从而进一步适应了公司未来发展的需要。目前，京投公司为进一步落实科学发展观，2012年开启了新一轮制度修订工作。在以“基石精神”为核心的企业文化引领下，京投公司的管理水平又将迈上一个新的台阶。高效的企业文化管理为京投公司打造成为一个“政府满意、民众信赖、富有成效”具有可持续发展能力的市一级重大基础设施投融资平台注入了强劲动力。

3.2　不懈努力，不断发扬“基石精神”中的创新元素

进一步提高践行科学发展观的自觉性和主动性，进一步提高把握大局、科学决策的能力和水平，不断推动战略和管理创新，取得了多项突出成果。例如：组织运作，完成地铁4号线PPP项目（公私合营模式）；统筹推动，创造了国内基础设施和轨道交通建设史上的多项第一，实现基础设施投融资领域创新；果断决策，形成轨道交通网络化管理机制，建成了目前世界上集轨道交通指挥调度和票务清算两大功能于一体，规模最大、接入线路最多、智能化水平最高、处理客流信息量最大的城市轨道交通管理中枢——北京市轨道交通指挥中心；战略把控，成功运作上市公司项目，在市国资委的支持下，公司通过定向增发方式进入资本市场，成功控股上市公司京投银泰；2012年，公司在轨道交通沿线土地一级和二级开发、上盖物业、轨道交通相关产业投资、多种经营等业务领域取得了多项成果，公司实现净利润10.47亿元。

3.3　勇于担当，积极履行企业家的社会责任

对于一个企业来说，只有真正理解并且正确实践社会责任，才会拥有长远的

未来。对于一个国有企业的领导,更应把履行政治和社会责任作为义不容辞的重要使命。

3.3.1 带头向灾区捐款捐物

2008年5月12日,汶川特大地震发生后,京投公司积极响应市委、市国资委的号召,心系灾区群众,第一时间组织员工开展赈灾义捐活动,先后向四川广元市捐赠60辆退役地铁车辆(价值1386万元),并以公司名义捐款20万元人民币,公司员工捐款、捐物共计96550元人民币,人均近400元。

在2012年,积极响应市委市政府号召,体现社会责任感,公司向房山受灾区捐赠了50万元的资金。

3.3.2 统筹规划安排,坚决执行"扩保促"各项任务

2008年金融危机发生以来,为贯彻落实中央和市委、市政府关于"扩内需、保增长、促发展"的指示精神,着力从四个方面为首都的轨道交通建设和城市发展提供有力保障,为首都抵御金融危机的消极影响做出了应有的贡献。即加大轨道交通投资力度,主动应对金融危机对首都实体经济的冲击和影响;积极扩大资源开发方面的投资,造福当地百姓,着力实现拉动内需保增长要求;参与京沪高铁国家重大项目建设,及时足额拨付拉动内需专项资金;扩大轨道交通相关人才就业需求,积极缓解就业压力。

3.4 企业宣传

为加大对公司经营业务公司和工作典型的宣传力度,公司在通过简报、外网等形式进行宣传的同时,注重加强同新闻媒体、主管部门的联系,在报纸、杂志以及主管部门的网络平台上加大对公司典型事迹的宣传和报道。几年来,《北京日报》、《北京青年报》、《首都建设报》、《劳动午报》、《首都国资》、《支部生活》、千龙网、新浪网、中央电视台、北京电视台、新华社等党报党刊、电视媒体以及市国资委网站都对京投公司的先进事迹和人物进行了宣传报道。通过多渠道、多层次的宣传报道,扩大了公司的影响,提升了公司的形象,为公司经营业务工作开展营造了良好氛围。

4 京投公司企业文化建设的策略特色和做法

4.1 注重企业可持续发展,企业文化建设始终着眼于企业的发展战略

为北京轨道交通大发展提供资金保障,同时大力发展自营业务,探索轨道交通资源开发模式,盘活存量资源是京投事业发展的大战略,坚实的文化决定了京投人专注主业,聚精会神谋发展,一心一意搞建设,整合社会、政府、企业、人才优

势资源,集中优势力量办大事,把公司的大战略落到实处,为政府分忧,让社会满意。应该说京投公司的战略不仅仅是简单的经济目标,更多的是完成政府的长期建设规划,实现解决首都交通问题,提升首都交通、经济综合效益水平的大课题,如果没有质朴的创业精神和奉献精神,单纯追求经济利润,不可能平心静气搞事业,不可能潜下心来图长远。

特别是随着 2007 年北京市政府 2 元票价的惠民政策出台和加快轨道交通建设战略思路的明确,京投公司所面临的形势和任务发生了很大的变化,发展战略调整已成必然。因为,京投公司作为市政府基础设施建设的投融资平台,虽然其主要职能就是为以轨道交通为主的基础设施建设筹措资金。但是,作为一个平台公司,如果没有一定的经营利润,就失去了向银行贷款、到市场发债以及一系列融资创新的前提和基础。所以,京投公司认真分析公司自身的职能定位和形势任务要求,决定进行一些风险较小,与轨道交通相关的资源开发,力求产生一定的经营利润,进一步提升公司的投融资能力。

为此,在学习实践科学发展观的背景下,公司充分利用领导调研、解放思想讨论、民主生活会、党员专题组织生活会等形式,利用意见征求等渠道,摸清干部员工对发展战略的认识理解状况,统一发展共识,科学划分京投公司的经营业务格局,提出了"两大板块"的发展战略:一块是政府项目的投融资主业,目前主要是轨道交通投融资;一块是包括土地一级、二级开发以及上盖物业开发等自营项目。公司在全力为政府尽可能降低投融资成本、完成市政府下达的城市基础设施建设投融资任务的同时,利用公司较强的融资能力和品牌优势,积极开展自主投资经营业务,增强公司自主经营、持续发展、保值增值的能力,实现资源开发板块对融资任务板块的反哺,更好地保证政府建设项目的资金需求,履行国有企业的政治责任和社会责任,建设政府信赖、民众满意、富有成效的投资控股企业。

4.2　注重企业发展的内在动力,企业文化建设始终凸现创新特色

京投公司成立以来,在各项业务中不断开拓探索,形成了"以创新谋发展"的企业文化。自公司成立以来,在轨道交通投融资实践中,坚持"保障供给、降低成本、优化结构、控制风险、创新机制"的融资方针,以轨道交通投资项目为依托,创新实践多种融资方式,在轨道交通项目直接融资和间接融资方面创造了国内基础设施和轨道交通建设史上的多项第一。

除此之外,京投公司在 2009 年成功运作国内最大一笔股权信托项目 200 亿元;成功获批保险债券投资计划,总规模 30 亿元,京投公司成为保监会颁布相关政策后获批第一家将保险资金引入轨道交通领域的企业。众多的投融资模式创

新奠定了京投公司在国内城市基础设施投融资领域的领先地位,同时也是京投公司创新型企业文化的集中反映。京投公司还坚持自主创新、持续创新和组合创新。在投融资实践中,京投公司组合金融工具和行业特点、组合金融政策和金融工具、组合金融工具和金融工具,形成了推动公司业务拓展的新的方法和途径,为京投公司的持续创新提供了坚实的基础和保障。

4.3 注重把握自身职能定位,企业文化建设始终服务于企业使命愿景

从成立之日起,京投公司就明确的意识到企业使命是企业对自身社会角色价值的定义,是企业在现实社会中存在的目的、意义和理由,是企业的立身之本和终极追求。因此,旗帜鲜明的提出了自己的使命追求:全面完成市委市政府赋予的城市基础设施投融资建设任务为使命,以轨道交通建设为重点,通过市场化运作,保证资金供给,降低投资风险,优化资源配置,提高服务质量,为北京市城市建设做出实实在在的贡献。

京投公司的使命追求,简洁有力、方向明确,由此而催生与之对应的企业文化和员工性格。使命的前瞻性和全局性,落地后成为全体员工的共同愿景。经过10年的发展,围绕公司的使命愿景逐渐形成了鲜明而富有特色的企业文化,并逐渐影响到企业里的每一个员工。沉稳而不保守,低调而不呆板,创新而不冒进,进取而不急躁,细致扎实、稳健平和是京投员工的典型性格。京投公司有完善的管理职责体系和岗位职责分工,但在日常工作中,没有员工因为不是分内的工作就放手不管,而是对于可以为其他员工的工作效果产生帮助的事情都积极的承担,尽力去完成,公司的重大项目,不管是新投融资模式的研究创新,大型工程项目的评标招标、指挥中心的技术难题攻关,无不是团队协作、集体智慧的结晶,可以说很好地形成了“补台而不拆台,补位而不越位”的员工协作关系。远大的使命愿景、明确的事业方向造就了勤勉踏实、宽宏平和的企业文化,优秀的企业文化同时又为愿景使命的实现提供了良好的保证。

4.4 注重夯实企业发展的智力基础,企业文化建设始终践行“以人为本”理念

企业文化是在企业发展过程中形成的组织行为方式和员工行为方式,其所包含的共同理想、价值观念和行为准则作为一个群体心理定势及氛围存在于企业员工中,它约束着员工的行为,使员工按照企业的共同价值观念及行为准则去从事工作、学习、生活。京投公司深刻体会到企业文化建设必须以人为本,人是文化的要素和载体。京投公司成立10年来,员工人数从15人增加到590多人,员工规模快速增加。但在人员快速扩张的同时,京投公司始终恪守“以人为本”

的文化，收到了良好的效果。

4.4.1　用人所长，以德为先，注重提升人员综合素质

在人才的使用上，京投公司打破传统的人才来源限制，不局限于使用国企和机关背景的人员，对于来自外资企业、民营企业的人才，充分运用其在市场化程度较高和管理体系较为完善的组织机构中的相关经验，充分发挥其理论知识和专业特长，为其提供发挥个人能力的空间。从各层面人员的构成可以看出，京投公司在选人用人中努力践行不拘一格选人用人的原则。在努力完成北京市委、市政府任务的同时，公司本身也得到了长足的发展，初步打造了一支适应公司发展的员工队伍。从成立之初的10余人发展现在的590余人。其中共有博士、博士后30人，占员工总数的5%；硕士216人，占员工总数的37%；本科毕业生308人，占员工总数的52%，本科以上学历人员占公司员工的94%；高级职称85人，占15%；中级职称185人，占31%。员工平均年龄不到35岁。

4.4.2　育人不倦，大力投入，注重培养综合管理能力

京投公司注重加强公司各层次员工职业能力和综合素质的培养，为员工提供丰富、多层次、多角度的培训机会。引入国内顶尖高校培训机构，为公司中高层管理人员提供前沿MBA课程，课程涵盖了当今MBA教育的全部核心内容，历时1年有余，提升了公司管理团队的综合管理能力和战略思维。为公司管理员工提供轨道交通专业课程，介绍行业知识和行业背景。另外，围绕公司业务，开展各种短期课程和培训，向员工传递轨道交通、金融、投资、财务、行政管理等方面的知识。目前，已经建成了以长期培训为基础、短期培训为支持、能力培训为目的、专业培训为补充、业余培训为主体、在职培训为配套的综合性、全方位的培训体系。

4.4.3　知人善用，不拘一格，严格坚持绩效为先原则

京投公司实行“能上能下，能进能出”的用人原则，破除年龄、资历、工作年限等固定指标，在提拔干部中坚持“任人唯贤”，对工作能力强、职业操守优良、员工反映好的干部，排除外部干扰因素，大力提拔使用。同时，坚决杜绝“带病提拔”的现象，在干部任前考察过程中，充分听取各方意见，尤其是基层员工的意见，严格执行任前公示制度，认真听取并记录各方意见，并参考干部考核成绩，对考核成绩差、员工反映不佳的干部，坚决不予提拔。对在任干部，表现不佳，员工不满意，考核成绩不达标的，坚决予以降调或免职。在2007年的年度考核中，公司就因一位处级干部民主测评不合格而严格执行相关规定将其解聘。

4.4.4　识人以全，科学考核，注重全方位多角度评价

京投公司不断改进和规范绩效考核体系，精心设计考核程序，科学设计考核

主体和权重比例,建立了全方位360度绩效考核体系,从员工的工作业绩和行为能力两个大方面对员工进行考核,通过科学的指标设计和程序安排,使绩效考核的准确性和预测性进一步提高。绩效考核全员参加,考核过程保密、公正、公平,考核主体全面覆盖公司各个层面,代表性强,信度效度高,考核成绩直接关系到被考核人的待遇和晋升机会。对考核成绩优秀的,对其给予提高薪酬的奖励,并重点培养使用;对考核成绩不合格者,严格执行降薪、降级等处罚条款,去年就有处级领导干部因为考核不合格而被降调使用。

4.5 注重发挥示范带动作用,企业文化建设始终坚持高层领导率先垂范

优秀的员工队伍,离不开优秀的企业领导人;优秀的企业文化,离不开优秀的企业带路人。作为对北京市基础设施建设具有重要意义的大型企业,京投公司拥有一支坚强有力、素质高超、团结和谐的领导团队,积极、健康、和谐的企业文化,正是这支领导团队孜孜以求、率先垂范的成果展示。

4.5.1 直面危机,应对挑战,圆满完成投融资任务

奥运会后,京投公司领导班子再接再励,团结带领公司干部员工,从首都城市建设发展的大局出发,在全面把握国际金融危机带来的深刻影响的基础上,努力拼搏、苦练内功、迎难而进,坚决落实市委、市政府关于进一步加快轨道交通建设及“扩内需、保增长、促发展”的各项政策措施,不断创新融投资模式,确保庞大的建设资金任务落实。截至2012年底,公司累计落实轨道交通项目建设资金4796亿元,累计节省投融资成本62.3亿元。

4.5.2 用人唯贤,广开言路,营造良性循环的人才环境

在公司领导班子的直接领导和倡议下,京投公司坚持“以人为本”的理念,努力为员工创造发展有机遇、展示有舞台、干事有支持、付出有回报的良好氛围。公司采取主要领导讲党课、作形势报告,聘请外部专家作专题辅导报告,与北京交通大学联合培养中高级经营管理人才,推进校企共建博士研究生联合培养基地等多种形式,不断丰富员工教育培训的方式和手段,提高广大员工素质。为盘活内部人力资源,公司还积极探索建立员工发展的新渠道。本着“不唯学历重能力,不唯资历重业绩”的原则,部分关键岗位实行公开选聘,一些能力突出、素质较高的员工脱颖而出、受到重用。公司结合以往工作经验,制定通过了“立足内部培养提升一批、发动员工推荐筛选一批、依托市场物色联络一批、通过挂职选拔留用一批、校企联合定向培育一批”的人力资源方案,为促进员工发展进一步奠定了基础。

4.5.3 率先垂范、身体力行,积极营造良好的企业文化建设氛围

京投公司自成立以来,公司高层领导高度重视自身示范带动作用的发挥,通

过讲党课、作形势报告等形式为公司干部员工进行宣讲。公司高层领导坚持自己的报告和讲座由本人亲自查阅材料、撰写讲义，不用别人捉刀，这些率先垂范、身体力行进行理论学习、进行企业文化建设的形式有力地营造了公司良好的企业文化建设氛围。

总而言之，企业文化是一个企业发展过程中形成的以企业精神和经营管理理念为核心，凝聚激励企业各级经营管理者和员工的归属感、积极性、创造性的人本管理理论，是企业的灵魂和精神支柱。我们用文化凝聚人心，用文化规范行为，用文化促进管理，用文化树立形象，为京投公司的繁荣和发展，为北京市基础设施建设做出实实在在的贡献，做出我们自己的努力。

参考文献

[1]《企业文化手册》、《2012 京投年报》、《“十二五”战略规划》等相关文件资料.